跟徐Sir学 Photoshop（抠图+广告+修图+调色+合成+UI）

徐小波 / 编著

清華大学出版社
北京

内容简介

本书是一本专为Photoshop初学者设计的案例教程，系统且深入地阐述了Photoshop在抠图、广告制作、修图、调色、图像合成以及用户界面（UI）设计等方面的应用。

全书共18章，分别介绍了Photoshop 2024的基本知识、文件操作、图层操作、图像操作、选区解密、修复工具、画笔工具、调整工具、文字工具、路径与形状、蒙版、调色、通道、滤镜以及AI工具等内容。本书采用循序渐进的讲解方式，结合260多个实战案例，助力读者从零起步，逐步掌握Photoshop的各项核心功能和高级技巧，从而创作出具备专业水准的作品。

本书不仅适合Photoshop初学者快速入门，也适合已有一定基础的设计人员进一步提升技能，还适合作为相关院校及培训机构的教材使用。另外，对于平面设计爱好者、UI设计师、电商设计师等专业人士来说，本书也可以作为提升工作效率与创作水准的得力助手。

图书在版编目（CIP）数据

跟徐Sir学Photoshop : 抠图+广告+修图+调色+合成+UI / 徐小波编著. 北京 : 清华大学出版社, 2024. 9. -- ISBN 978-7-302-67344-6

Ⅰ. TP391.413

中国国家版本馆CIP数据核字第2024T99Y92号

责任编辑：陈绿春
封面设计：潘国文
责任校对：徐俊伟
责任印制：杨　艳

出版发行：清华大学出版社
网　址：https://www.tup.com.cn，https://www.wqxuetang.com
地　址：北京清华大学学研大厦A座　　邮　编：100084
社 总 机：010-83470000　　邮　购：010-62786544
投稿与读者服务：010-62776969, c-service@tup.tsinghua.edu.cn
质量反馈：010-62772015, zhiliang@tup.tsinghua.edu.cn
印 装 者：三河市铭诚印务有限公司
经　销：全国新华书店
开　本：188mm×260mm　　印　张：14.75　　字　数：489千字
版　次：2024年11月第1版　　印　次：2024年11月第1次印刷
定　价：99.00元

产品编号：098706-01

前　言

Photoshop，作为 Adobe 公司旗下最负盛名的图像处理软件，无论是数码照片的精修、平面设计的创意实现，还是视觉艺术的合成演绎，或者是电商美工的细致打造、数字插画的匠心独运，乃至网页设计、交互界面设计的全方位构建，都展现出其无与伦比的实力，因此深受艺术设计精英和计算机美术爱好者的青睐。

本书在内容编写上独具匠心，特色鲜明。

1. 零起点，迅速上手

本书以初学者为核心受众，通过详尽而细腻的基础知识介绍，再配以直观的对比图示，同时结合丰富多彩的实例分析，详尽解读了 Photoshop 中的常用工具、命令及各项参数，确保即使是零基础的读者也能轻松起步，迅速掌握软件操作。

2. 内容全面，无微不至

本书全面介绍了 Photoshop 各种工具和命令的详尽功能，不仅可作为初学者的全面指导手册，也可为已有一定基础的读者提供很好的参考。

3. 案例精致，实用性强

本书精心挑选了一系列实例，不仅精致美观，而且极具实用性。这些案例旨在培养读者的审美观，同时也让读者在学习的过程中伴随美的享受。

4. 循序渐进，轻松学习

本书遵循“知识点介绍、理论与实践结合、实例练习、综合案例分析、技术深度拓展、实用技巧提示”的讲解逻辑，完全符合循序渐进、轻松学习的教学规律。

本书作者徐小波（网络昵称：徐 Sir 老师）不仅是 Adobe 中国认证的资深讲师，还与腾讯、网易、荔枝、B 站、抖音等知名平台有着深度的教学合作。徐小波拥有超过 10 年的在线设计培训经验，其撰写的“跟徐 Sir 学 Photoshop”系列教程在全网销量接近 10 万册，仅在网易一个平台的销量就突破万册，并获得五星好评，课程质量在同类型中遥遥领先。徐小波的教学方法和逻辑思维得到了广大学员的一致认可和好评。

本书配套的案例及素材源文件请扫描下方“配套资源”二维码进行下载，如果在下载过程中遇到问题，请联系陈老师，邮箱：chenlch@tup.tsinghua.edu.cn。

由于作者水平有限，书中疏漏之处在所难免。如果有任何技术问题请扫描下方“技术支持”二维码联系相关技术人员解决。

配套资源

技术支持

编者

2024 年 10 月

目　录

第6章 神奇的修复神器

第7章 画笔

第8章 处理图像的画笔

第12章 路径及形状高级操作

第13章 蒙版

第14章 图层混合和图层样式

第1章
认识Photoshop 2024

本章主要为各位读者介绍 Photoshop 的一些基础知识。在正式开始学习 Photoshop 2024 之前，我们需要先对 Photoshop 的应用领域有一个大致的了解，并熟悉其工作界面，学会进行软件设置。在夯实软件基础的前提下，再循序渐进地学习后续章节的内容。

1.1 Photoshop 工作界面

Photoshop 2024 的工作界面简洁实用，主要由七大板块构成：菜单栏、工具选项栏、工具箱、面板、文档窗口、状态栏以及标题栏。相较于前一版本，Photoshop 2024 在功能上进行了优化和升级，使用户能够享受到更便捷的图像编辑操作，同时拥有更快的处理速度和更强大的功能，助力用户创作出令人惊叹的图像作品。Photoshop 2024 的工作界面如图 1-1 所示。

图1-1

※ 菜单栏：包含可以执行的各种命令，单击菜单名称即可打开相应的菜单。

※ 工具选项栏：用于设置所选工具的各种参数，其显示的内容会随所选工具的不同而发生变化。

※ 标题栏：显示文档名称、文件格式、窗口缩放比例、颜色模式等信息。若文档包含多个图层，则当前工作图层的名称也会在标题栏中显示。

※ 工具箱：提供了各种操作工具，如创建选区、移动图像、绘画和绘图等。

※ 文档窗口：是显示和编辑图像的主要区域。

※ 面板：部分面板用于设置编辑选项，部分面板则用于调整颜色属性等。

※ 状态栏：可以显示当前文档的大小、尺寸、使用中的工具以及窗口的缩放比例等信息。

※ 标题栏：当打开多个图像时，窗口中只会显示一个图像，其余图像会最小化到标题栏中。单击标题栏中的文件名，即可快速切换并显示相应的图像。

1.2 Photoshop 的应用领域

设计元素遍布生活各处，而 Photoshop 的影响力也渗透到了每个角落。身为一名设计师，无论是在修饰图像、合成艺术作品，还是将设计创意变为现实，Photoshop 这款革命性的图像处理软件都扮演着不可或缺的角色。本节将深入探讨 Photoshop 在多个领域中的广泛应用。

1.2.1 在电商美工中的应用

在电子商务市场竞争日趋激烈的背景下，点击率和转化率（这两者都深受美工设计影响）已然成为判定电商企业成败的关键要素之一。电商美工需要借助 Photoshop 进行精湛的图片处理与合成。当网店迎来海量的浏览量时，美工的独特优势便逐渐凸显，其重要性及专业性也随之展现得尤为显著。正因如此，众多网店纷纷采用美化主页、优化产品效果图等策略，以博取顾客的青睐，如图 1-2 所示。

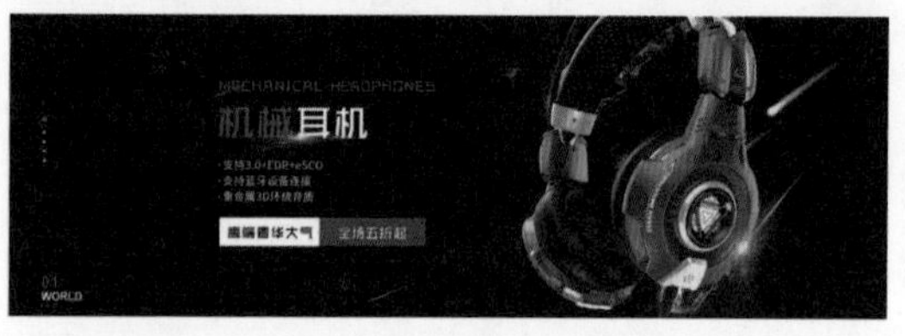

图1-2

1.2.2 在照片处理中的应用

随着数码相机和智能手机的普及，摄影已成为越来越多人的兴趣爱好。对于摄影爱好者而言，Photoshop 不仅提供了色彩校正、调色、修复和润饰等专业化处理手段，还能够实现画面中对象的创意性合成与美化。通过 Photoshop 的精湛处理，前期拍摄中可能存在的构图、光线、色彩等问题都能得到有效弥补。只要用户拥有足够的耐心和创造力，便能轻松打造出令人赞叹的摄影杰作，如图 1-3 和图 1-4 所示。

图1-3

图1-4

1.2.3 在艺术创作中的应用

Photoshop 提供了强大的图层功能，使艺术家能够将不同的图像元素巧妙地融合在一起，从而创造出别具一格的全新艺术作品。这种被称为图像合成的技术，为艺术家们提供了一个在单一图像中展现多样化视觉效果和错综复杂场景的平台，如图 1-5 所示。此外，Photoshop 不仅兼容传统的绘画工具，如画笔、喷枪、铅笔等，还提供了琳琅满目的笔刷样式和灵活多变的颜色调整选项。这使艺术家能够在 Photoshop 中尽情挥洒创意，通过数字绘画的方式，创作出独具匠心和个性的艺术作品，如图 1-6 所示。

图1-5

图1-6

1.2.4 在 UI 设计中的应用

UI 设计，即用户界面设计，涵盖了软件的人机交互、操作逻辑以及界面美观的整体构思与规划。出色的 UI 设计不仅能够赋予软件独特的个性和品位，更能提升用户操作的舒适度、简便性和自由度，从而深刻体现软件的定位与特色。设计师可巧妙运用 Photoshop 中的形状工具和图层功能，轻松绘制并布局各类 UI 元素，例如按钮、文本框以及导航栏等，进而直观地展现界面的整体架构与布局设计，如图 1-7 和图 1-8 所示。

图1-7

图1-8

1.2.5 在新媒体设计中的应用

新媒体，作为新技术支持下的产物，以其独特的形态崭露头角，能够同时向广大受众提供新颖的内容，因而被贴切地称作“第五媒体”。随着新媒体逐渐成为新时代的主流传播方式，新媒体美工这一职业也日益受到瞩目，例如设计微信公众号配图、短视频封面图等。在这一领域中，Photoshop 发挥着举足轻重的作用。无论是图像处理、创意合成，还是艺术字设计、网页设计等环节，都离不开这款功能强大的图像处理软件的鼎力相助，如图 1-9 和图 1-10 所示。

图1-9

图1-10

1.2.6 在包装设计中的应用

产品包装对顾客的购买决策具有直接影响，因此可视为最直接的广告形式。包装设计涉及多个方面，包括产品容器、内外包装、吊牌、标签、运输包装以及礼品包装等。Photoshop 软件功能全面，能够满足这一系列设计的多样化需求，如图 1-11 和图 1-12 所示。

图1-11

图1-12

1.3 自定义设置 Photoshop

Photoshop 软件设计得非常人性化，用户可以根据自己的喜好和使用习惯进行软件自定义设置。本节将主要介绍如何更改 Photoshop 的界面颜色，以及如何设置工作区和快捷键。

1.3.1 更改界面色彩

执行“编辑”→“首选项”→“界面”命令，将弹出对话框，其中有 4 种颜色方案可供选择：黑色、深灰色、中灰色和浅灰色。选择所需的颜色方案后，单击“确定”按钮即可，如图 1-13 所示。颜色调整后的界面如图 1-14 所示。

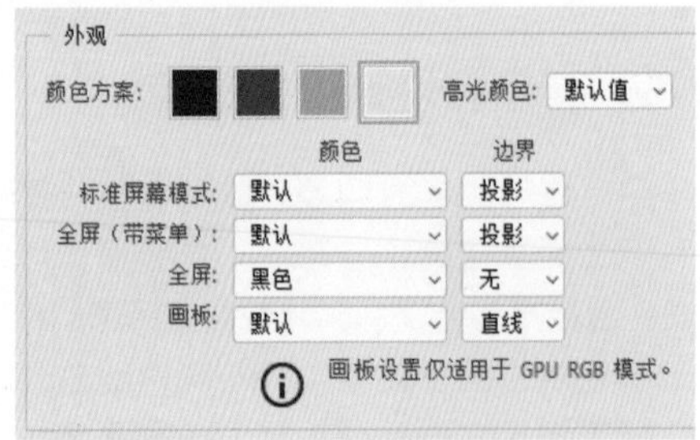

图1-13

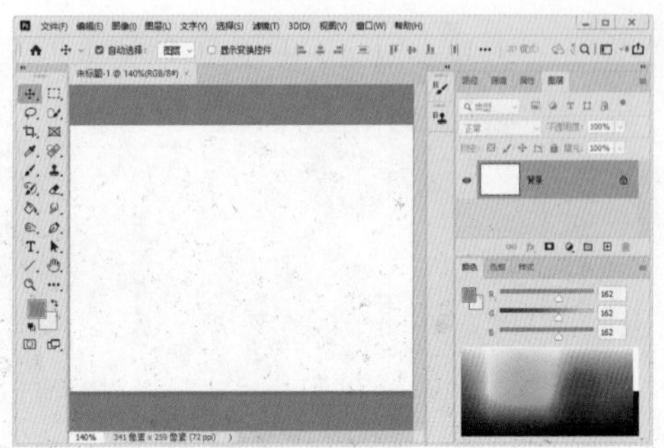

图1-14

1.3.2 设置工作区

Photoshop 为了简化特定任务，根据不同的专业领域对常用工具和面板进行了筛选，并将筛选后的内容显示在界面中，从而针对不同任务创建了预设工作区，例如动感、绘画和摄影等。当需要使用绘画功能时，用户执行“窗口”→“工作区”→“绘画”命令，如图 1-15 所示。此时，将会显示出与绘画相关的各种面板，如图 1-16 所示。

图1-15

图1-16

在很多情况下，我们需要自定义工作区以适

应个人的操作习惯。如果操作界面中的面板过多，会严重占用操作空间，进而降低工作效率。

延伸讲解

如果对工作区进行了修改（例如移动了面板的位置），可以通过执行“基本功能（默认）”命令来恢复Photoshop的默认工作区设置。若想重置所选的预设工作区，可以执行“复位（某工作区）”命令。

1.3.3 设置快捷键

在 Photoshop 2024 中，执行“编辑”→“键盘快捷键”命令（快捷键为 Alt+Shift+Ctrl+K），或者执行“窗口”→“工作区”→“键盘快捷键和菜单”命令，可以弹出“键盘快捷键和菜单”对话框。在“快捷键用于”下拉列表中选择“工具”选项，即可修改工具的快捷键，如图 1-17 所示。若需要修改菜单的快捷键，则应选择“应用程序菜单”选项。

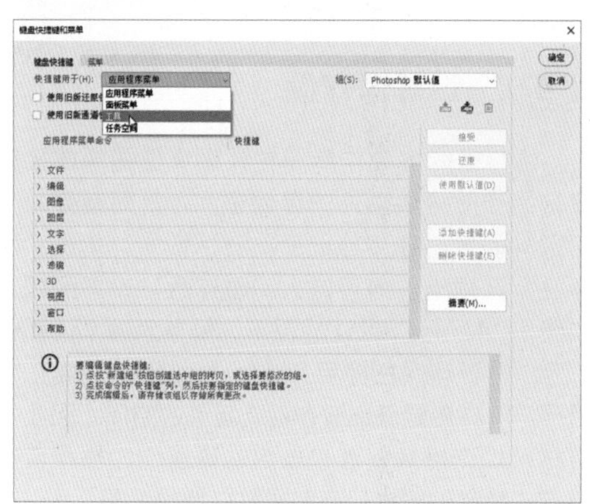

图1-17

在“工具面板命令”列表中选择“抓手工具”，此时可以看到其快捷键为 H。单击右侧的“删除快捷键”按钮，即可将该工具的快捷键删除，如图 1-18 所示。

图1-18

“模糊工具”原本没有快捷键，接下来我们将把原先“抓手工具”的快捷键 H 指定给它。在“工具面板命令”列表中选择“模糊工具”，然后在显示的文本框中输入 H，如图 1-19 所示。单击“确定”按钮关闭对话框后，在工具箱中可以看到，快捷键 H 已经被成功分配给了“模糊工具”，如图 1-20 所示。

图1-19

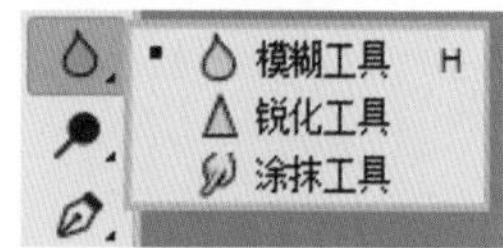

图1-20

延伸讲解

在“组”下拉列表中选择“Photoshop默认值”选项，可以将菜单颜色、菜单命令以及工具的快捷键恢复为Photoshop的默认设置。

1.4 软件性能优化

在下载安装好软件后，为了避免在后期出现软件卡顿、闪退或者提示“无法使用 ××× 功能，因为没有足够内存”等问题，用户需要对 Photoshop 进行软件优化设置。

1.4.1 设置性能参数

设置“性能”参数是优化软件最直接、最常用的操作方法。用户可以从“内存使用情况”“图形处理器设置”“历史记录与高速缓存”这三个方面来优化软件性能。

1. 内存使用情况

启动 Photoshop 2024，执行“编辑”→“首选项”→“性能”命令（快捷键 Ctrl+K），在弹出的“首选项”对话框中选择“性能”选项卡，调整 Photoshop 的内存使用量。向右拖曳“内存使用情况”选项区下方的滑块，或者在文本框内输入更大的数值，如图 1-21 所示，然后单击“确定”按钮，即可设置运行使用的最大内存使用量。

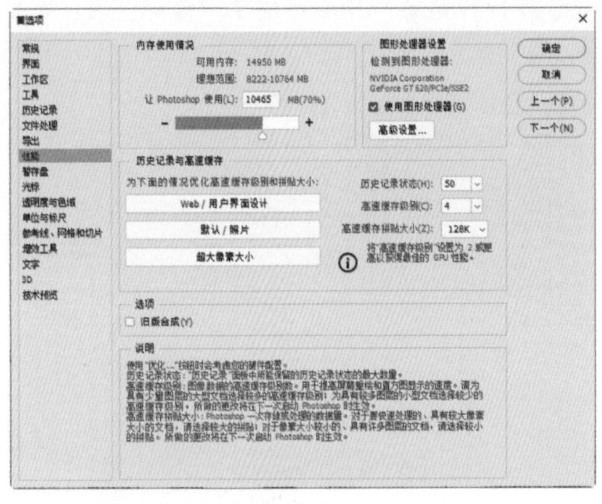

图1-21

2．图形处理器设置

“图形处理器设置”选项组涉及计算机的显卡配置。选中“使用图形处理器”复选框后，计算机的显卡将参与 Photoshop 的运算工作，这样可以显著提升 Photoshop 的运行效率。进一步单击“高级设置”按钮，在打开的对话框中选中所有相关复选框，能够确保显卡性能得到充分发挥。

延伸讲解

如果“使用图形处理器”复选框无法被选中，可能是由于计算机的显卡驱动程序未正确安装，或者显卡性能未达到Photoshop的要求，如图1-22所示。在这种情况下，可以跳过此设置。

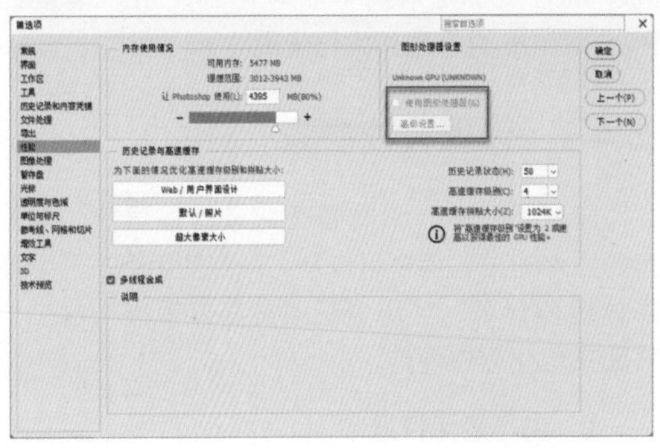

图1-22

3．历史记录与高速缓存

历史记录与高速缓存的设置对 Photoshop 的工作性能也有重要影响。“历史记录状态”参数决定了在工作过程中可以撤销的操作次数；设置过多的历史记录可能会影响 Photoshop 的性能，如图 1-23 所示。而“高级缓存级别”参数则用于设定图像数据调整的缓存级数，当处理包含少量图层的大型文档时，选择较高的高速缓存级别会更加合适。

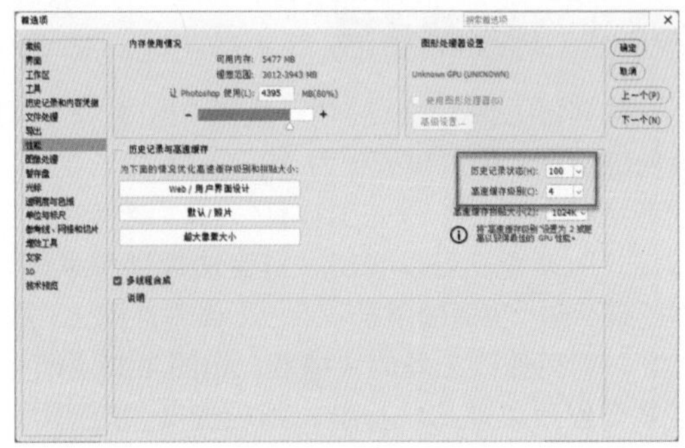

图1-23

1.4.2 设置暂存盘

暂存盘的主要作用是在处理大型图像或执行复杂操作时提供额外的存储空间，从而避免内存不足的问题。在“首选项”对话框中，单击“暂存盘”选项卡，即可进入“暂存盘”设置区域，如图 1-24 所示。默认情况下，暂存盘通常设置在 C 盘。为了确保在使用 Photoshop 时软件能正常运行，用户需要保证暂存盘有足够的空间。因此，用户可以选择其他容量较大的磁盘作为暂存盘，单击“确定”按钮即可完成暂存盘的设置。

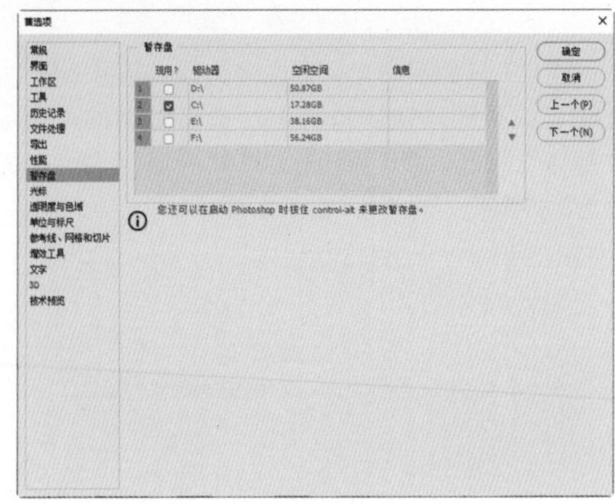

图1-24

1.4.3 设置工具

打开“首选项”对话框后，选择“工具”选项卡，并选中“用滚轮缩放”复选框，如图 1-25 所示。这样设置后，用户即可使用鼠标滚轮对视图进行缩小和放大操作，从而有效提高工作效率。

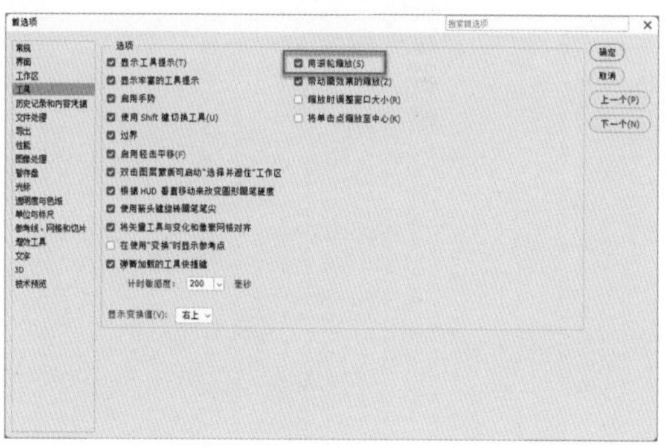

图1-25

1.4.4 清理内存

当 Photoshop 长时间运行时，会积累大量的中间数据，从而占用大量的内存空间。若不及时释放这些内存空间，可能会导致计算机运行速度下降。接下来，将详细介绍如何通过清除文件列表、历史记录等方法来释放内存空间。

※ 清理文件列表。执行“文件”→“最近打开文件”→“清除最近的文件列表”命令，如图 1-26 所示，即可清理最近打开的文件列表。

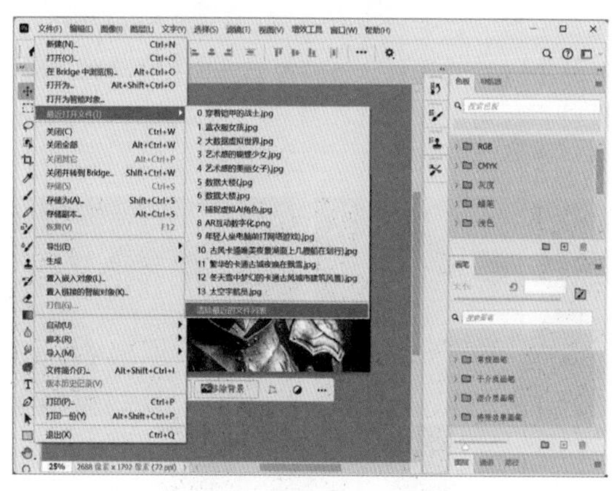

图1-26

※ 清理其他内存空间。执行“编辑”→“清理”子菜单中的命令，如图 1-27 所示，可以释放由“历史记录”面板、剪贴板和视频占用的内存，加快系统的处理速度。清理之后，项目的名称会显示为灰色。执行“编辑”→“清理”→“全部”命令，可清理上述所有项目。

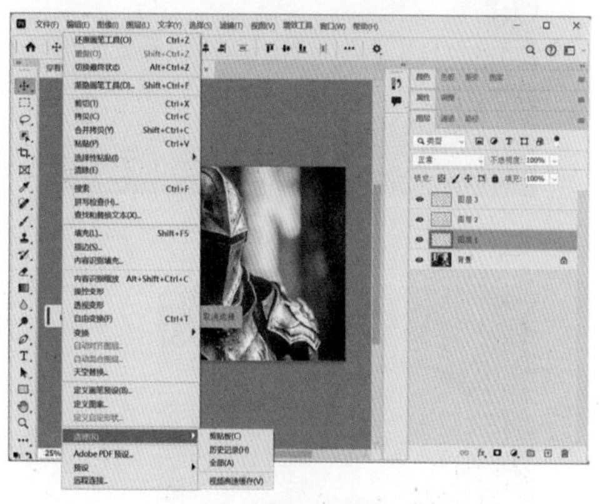

图1-27

延伸讲解

执行“编辑”→“清理”→“历史记录”命令，可以清除Photoshop中的历史记录。若执行“编辑”→“清理”→“全部”命令，则会清理Photoshop中打开的所有文档的相关数据。如果只想针对当前文档进行清理，可以在“历史记录”面板的菜单中选择“清除历史记录”选项。注意，这样做只会清除当前文档的历史记录，不会影响其他打开的文档。

1.5 Photoshop 2024 新增功能

Photoshop 2024 在原有版本的基础上进行了更新，不仅改进了已有的功能，还新增了一些功能。用户可以执行“帮助”→“新增功能”命令，在弹出的“发现”对话框中查看新功能的详细介绍。

1.5.1 创成式填充

使用创成式填充工具，能够在短短几秒内实现惊艳的效果。用户只需依据简洁的文本提示，便能轻易地添加、扩展或删除图像中的内容。打开图 1-28 所示的图片，在这张图片中，左侧装水果的盘子部分被裁剪了。为了弥补这一瑕疵，可以调整画布的宽度以进行扩展。随后，通过定义一个选框来确定需要扩展的区域，如图 1-29 所示，从而轻松完成图像的修复与优化。

图1-28

图1-29

在工具栏中单击“创成式填充”按钮，然后在不输入任何内容的情况下直接单击“生成”按钮，如图 1-30 所示。这样，就可以在选定的区域内自动扩充背景，扩充后的结果如图 1-31 所示。

图1-30

图1-31

若需要在选区内填充元素，例如花草树木、动物等，用户需要在文本框内输入相关文字，以描述希望添加的内容名称或情境。这样，系统便能识别这些文字内容，并据此执行相应的填充操作。

1.5.2　调整预设

Photoshop 2024 新增了“调整”面板，如图 1-32 所示。用户可以在该面板中选择“调整预设”类型，以便对图像进行相应的调整。例如，当选择“创意 - 暗色渐隐”预设时，系统将自动创建一个名为“创意 - 暗色渐隐”的图层组，该组中包含了亮度 / 对比度和色相 / 饱和度等调整图层。经过这样的调整，图像的效果如图 1-33 所示。

图1-32

图1-33

1.5.3　移除工具

“移除”工具可用于修饰图像并消除不需要的元素。在选择该工具后，只需将鼠标指针置于希望去除的元素之上并单击，如图 1-34 所示。此外，还可以使用此工具进行重复操作，以去除多个不需要的元素。

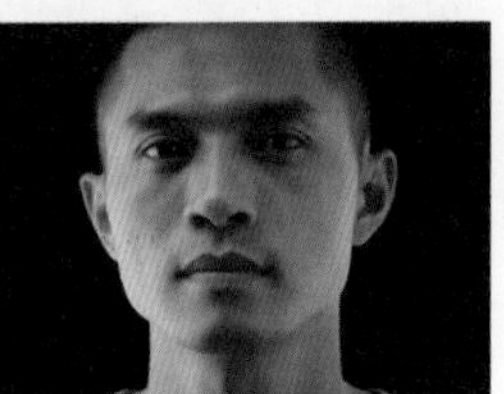

图1-34

1.5.4 工具栏

Photoshop 2024 新增了“工具栏”，这一功能为用户的下一步操作提供了更多选择。通过文本命令的形式，用户可以轻松添加、移除图像中的元素，或者实现图像的延伸和拓展。当新建一个空白文档时，工具栏会显示在画布上，如图 1-35 所示。而在打开一个图像文件时，工具栏则会呈现为如图 1-36 所示的状态。

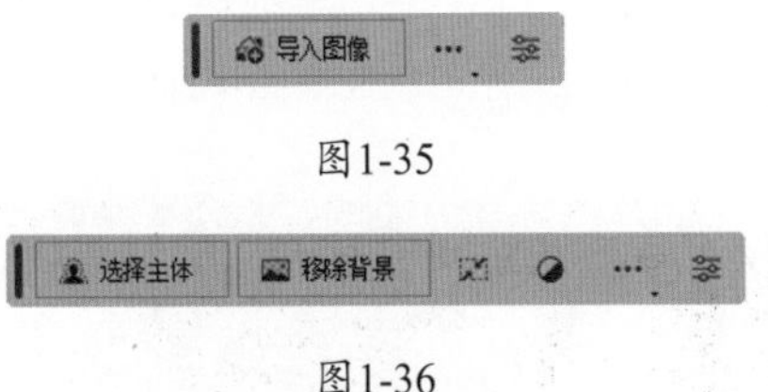

图1-35

图1-36

1.5.5 Neural Filters

Neural Filters 包含一个滤镜库，该库利用 Adobe Sensei 支持的机器学习功能，帮助用户简化复杂的工作流程。用户只需简单设置参数，即可在几秒内体验到非破坏性的、具有创造力的滤镜效果，并能实时预览图像的变化。在 Neural Filters 中，选择名为“着色”的滤镜，可以为黑白图像上色，如图 1-37 所示。

图1-37

1.5.6 共享以供审阅

使用 Photoshop，用户可以轻松地与团队和利益相关方共享创意作品。通过共享 Photoshop 云文档，并利用注释、上下文图钉及批注功能，可以方便地添加和接收反馈。只需单击工作界面右上角的“共享”按钮，然后在弹出的面板中单击“创建链接”按钮，系统便会自动生成一个链接，如图 1-38 所示。分享此链接，即可轻松与他人共享你的工作成果。

图1-38

1.5.7 改进的“对象选择”工具

经过改进的“对象选择”工具使用户只需将鼠标指针放置在图像上并单击，系统便能自动选取整个图像或特定部分，这一革新彻底摒弃了旧版中烦琐的选区绘制操作。现在，只需在工具箱中选择“对象选择”工具，然后在工具选项栏中单击“选择主体”按钮，如图 1-39 所示。

图1-39

系统会立即进行自动运算，并弹出“进程”对话框，实时展示选择进程。将鼠标指针悬停在主体之上，系统会自动识别该主体并突出显示，如图 1-40 所示。此时，单击鼠标左键即可创建选区，如图 1-41 所示。

图1-40

图1-41

1.5.8 改进的渐变工具

经过改进，渐变工具现在能够呈现更加自然的混合效果，与物理世界中的渐变现象颇为相似，诸如日出或日落时天空所展现的绚丽多姿的色彩变化。除此之外，用户还能通过添加、移动、编辑或删除色标来轻松调整渐变效果，从而实现个性化的视觉表达。

1.5.9 改进的“导出为”命令

在 Photoshop 2024 中，“导出为”命令的执行效率显著提升，同时，用户还可以方便地并排比较导出的文件与原始文件，以便进行细致的差异观察，如图 1-42 所示。

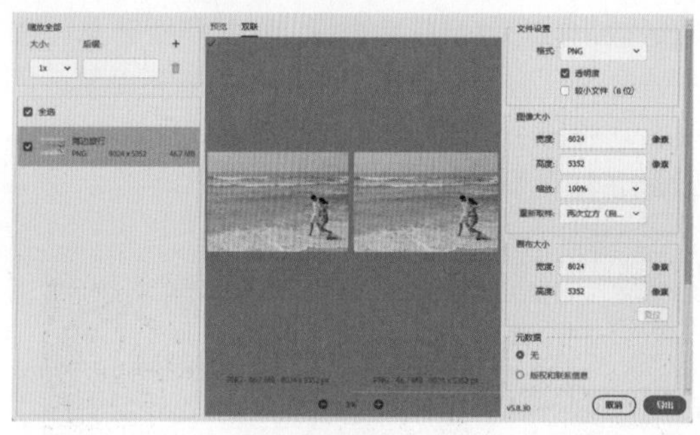

图1-42

1.5.10 更新 Camera Raw

在 Photoshop 2024 中，Camera Raw 得到了全新升级，对话框设计更为简洁，同时工具智能化水平也有所提升。现在，用户可以轻松对比原图与效果图，实时观察图像在调整参数后的变化效果。在工具栏中，只需单击“预设”按钮，即可进入预设面板。若从“自适应：人像”列表中选择“顺滑头发”选项，系统将迅速处理并在预览窗口中展示处理结果，如图1-43所示。同样地，选择其他预设时，也可以在窗口中即时预览效果。

图1-43

第2章 文件基本操作

熟练掌握文件操作是使用 Photoshop 不可或缺的基本技能。通过精通这些核心操作，用户能够在图像处理过程中规避错误，进而显著提升工作效率。

2.1 新建文件

启动 Photoshop 2024，执行“文件”→“新建”命令，或者按快捷键 Ctrl+N，弹出“新建文档”对话框，如图 2-1 所示。在该对话框中设置文件的名称、尺寸、分辨率、颜色模式和背景内容等选项，单击“创建”按钮，即可新建一个空白文件，如图 2-2 所示。

图2-1

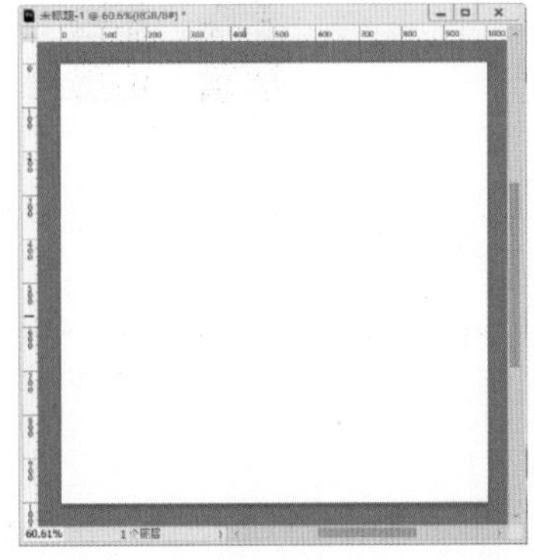

图2-2

“新建文档”对话框中主要选项介绍如下。

※ 名称：此处可输入文件的名称，若未输入，系统将使用默认的文件名“未标题-#”。文件创建后，其名称会显示在文档窗口的标题栏上。在保存文件时，文件名会自动显示在存储文件的对话框中。

※ 预设/大小：此部分提供了多种常用文档的预设选项，涵盖照片、Web、打印纸、胶片以及视频等格式。

※ 宽度/高度：可在此输入文件的宽度和高度。同时，在右侧的选项中，可选择不同的单位，例如像素、英寸、厘米、毫米、点、派卡、列等。

※ 分辨率：允许输入文件的分辨率，并在右侧选择分辨率的单位，包括像素/英寸和像素/厘米。

※ 颜色模式：可为文件选择颜色模式，包括位图、灰度、RGB 颜色、CMYK 颜色以及 Lab 颜色。

※ 背景内容：在选择文件背景内容时，用户有多个选项，包括白色、背景色以及透明。

2.2 打开常规文件

在 Photoshop 中，有多种方法可以打开文件，既可以通过命令来操作，也可以使用快捷方式。本节将详细介绍几种常用的文件打开方式。

2.2.1 “打开”命令

执行“文件”→“打开”命令，或者按快捷键 Ctrl+O，弹出“打开”对话框。在该对话框中选择一个文件，或者按住 Ctrl 键单击选择多个文件，再单击“打开”按钮，如图 2-3 所示。此外，也可以在“打开”对话框中双击文件将其打开。

图2-3

2.2.2 “打开为”命令

如果使用与文件实际格式不符的扩展名来存储文件（例如，用 .gif 扩展名来存储 PSD 文件），或者文件没有扩展名，Photoshop 可能无法准确识别文件的格式，从而导致无法打开该文件。

遇到此类情况，可以尝试执行“文件”→“打开为”命令，然后在弹出的“打开”对话框中选择文件，并在“打开为”列表中为其指定正确的格式，如图 2-4 所示。之后，单击“打开”按钮尝试打开文件。如果此方法仍然无法打开文件，则可能是所选格式与文件的实际格式不一致，或者文件已经损坏。

图2-4

2.2.3 实战：置入嵌入对象命令

扫码看资源

执行“文件”→“置入嵌入对象”命令，可以将照片、图片等位图文件或 EPS、PDF、AI 等矢量格式的文件作为智能对象置入 Photoshop 中进行编辑。通过执行“置入嵌入对象”命令，在文档中置入 AI 格式的文件，并利用“自由变换”命令调整对象，最终可以制作出一款夏日冰爽饮料的海报，具体的操作步骤如下。

01 启动Photoshop 2024，按快捷键Ctrl+O，打开配套素材中的“背景.jpg”文件，效果如图2-5所示。

图2-5

02 执行“文件”→“置入嵌入对象”命令，在弹出的“置入嵌入的对象”对话框中选择文件夹中的“饮料.ai”文件，单击“置入”按钮，如图2-6所示。

图2-6

03 弹出“打开为智能对象”对话框，在“裁剪到”下拉列表中选择“边框”选项，如图2-7所示。单击“确定”按钮，将AI文件置入背景图像文档中，如图2-8所示。

图2-7

图2-8

04 拖曳定界框上的控制点，对文件进行等比缩放，调整完成后按Enter键确认，效果如图2-9所示。在“图层”面板中，置入的AI图像文件右下角图标为█状，如图2-10所示。

图2-9

图2-10

2.2.4 打开智能对象

执行“文件”→“打开为智能对象”命令，弹出“打开”对话框，如图2-11所示。将所需文件打开后，文件会自动转换为智能对象，如图2-12所示。

图2-11

图2-12

延伸讲解

"智能对象"是一个嵌入当前文档中的文件，它能够保留文件的原始数据，从而实现非破坏性编辑。

2.2.5 以快捷方式打开文件

在 Photoshop 尚未启动时，可以将需要打开的文件拖至 Photoshop 应用程序图标上打开图像，如图 2-13 所示。当 Photoshop 运行时，可以直接将图像拖至 Photoshop 的图像编辑区域中来打开图像，如图 2-14 所示。

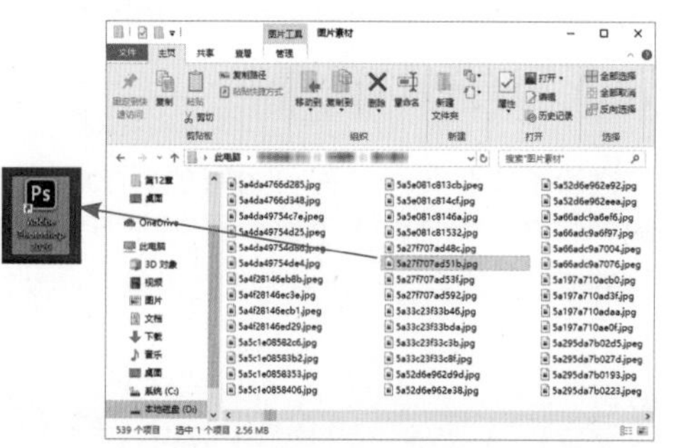

图2-13

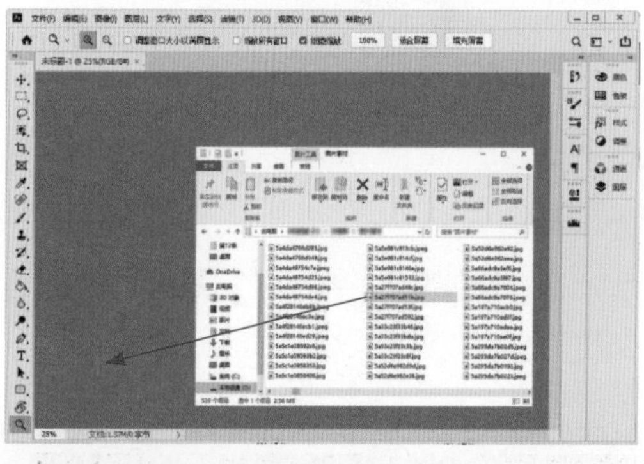

图2-14

延伸讲解

在使用拖至图像编辑区的方法打开图像时，如果已经有文档打开，需要先将该文档最小化，然后再将图像拖至编辑区域。

2.2.6 打开最近使用过的文件

在"文件"→"最近打开文件"子菜单中会列出最近在 Photoshop 中打开过的 20 个文件。单击任意一个文件名，即可快速打开该文件。若执行子菜单中的"清除最近的文件列表"命令，则可以清除保存的文件目录记录。

相关链接

执行"编辑"→"首选项"→"文件处理"命令，在弹出的"首选项"对话框中可以修改最近打开文件的保存数量。

2.3 RAW 格式文件

2.3.1 了解 RAW 格式

RAW 格式是一种未经处理和压缩的图像文件格式，能够记录数码相机传感器的原始信息以及拍摄过程中产生的一些元数据，例如 ISO 设置、快门速度、光圈值和白平衡等。

RAW 的全称为 RAW Image Format，即"原始图像格式"，广泛应用于专业摄影领域。这种格式可以最大限度地保留图像的原始细节和质量，并为后期处理提供更大的灵活性。与常用的 JPEG 格式相比，RAW 格式能捕捉更多的画面细节并呈现更优质的画质。

2.3.2 打开 RAW 格式文件

执行"文件"→"打开"命令，或者按快捷键 Ctrl+O，将弹出"打开"对话框，选择需要打开的 RAW 格式文件，如图 2-15 所示。单击"打开"，会自动进入 Camera Raw 界面，如图 2-16 所示。根据自己的需要对文件图像进行基本设置，设置好了后单击"完成"按钮即可。

图2-15

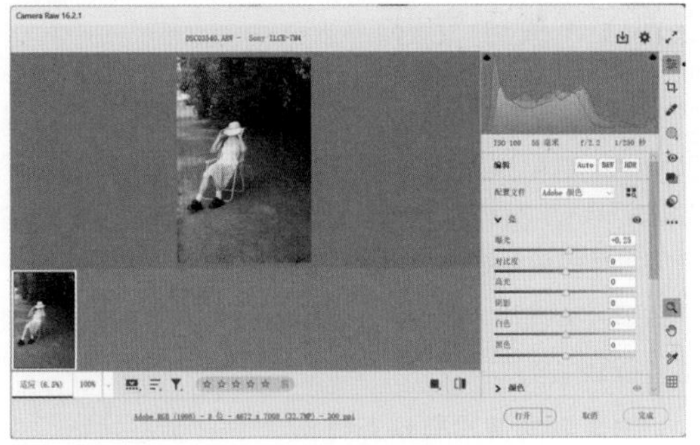

图2-16

如果要在 Photoshop 中一次要打开多张 Raw 照片，可以按快捷键 Ctrl+O，弹出“打开”对话框，按住 Ctrl 键选择多张需要打开的 Raw 照片，如图 2-17 所示，然后按 Enter 键打开。这些照片会以“连环缩览幻灯胶片视图”的形式排列在 Camera Raw 面板的左下角，如图 2-18 所示。

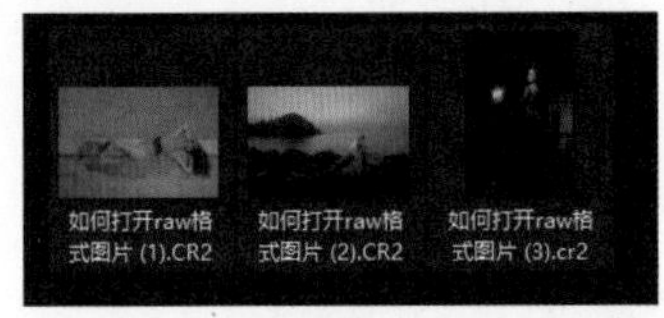

图2-17

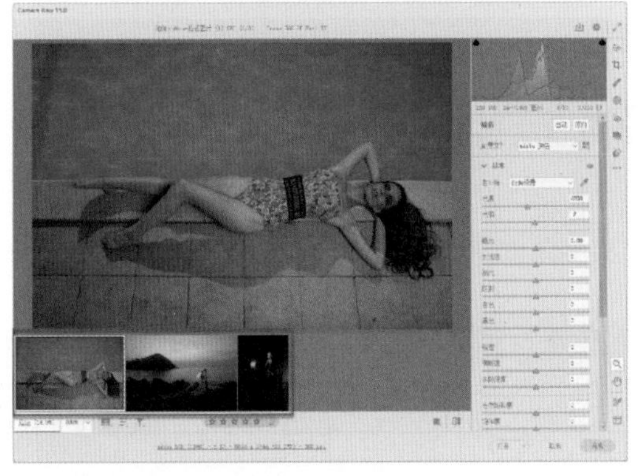

图2-18

2.4 存储文件

新建文件或对已打开的文件进行编辑后，应及时保存处理结果，以避免因断电或死机导致文件丢失。Photoshop 提供了多个用于保存文件的方法，用户也可以根据需求选择不同的文件格式进行存储，以便其他程序能够使用这些文件。

2.4.1 “存储”命令

在 Photoshop 中对图像文件进行编辑后，执行“文件”→“存储”命令，或者按快捷键 Ctrl+S，可以保存对当前图像的修改，并且图像会按照原有的格式进行存储。如果是新建的文件，在存储时会弹出“另存为”对话框，在该对话框的“格式”下拉列表中，可以选择想要保存的文件格式。

2.4.2 “存储为”命令

当初次执行“文件”→“存储为”命令时，会打开如图 2-19 所示的界面。在这个界面中，可以选择将文件保存至云文档，或者选择将文件保存在本地计算机。如果用户在之后的存储操作中不希望再弹出该界面，可以选中界面左下角的“不再显示”复选框，如图 2-19 所示。

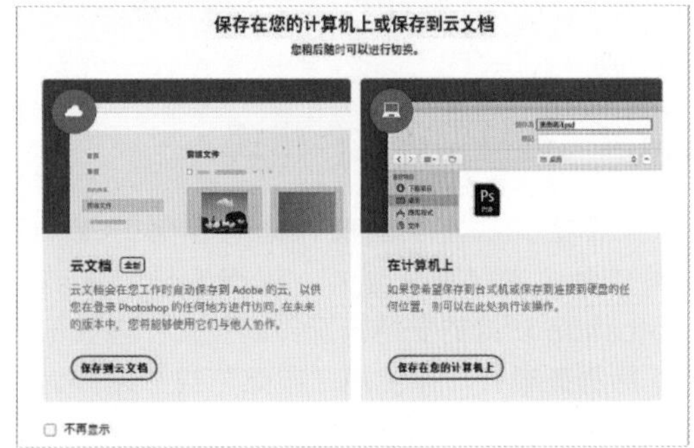

图2-19

单击“保存在您的计算机上”按钮后，会弹出如图 2-20 所示的“另存为”对话框。在该对话框中，可以选择将当前文件以不同的名称、格式保存在其他位置。如果不想保存对当前图像所做的修改，可以通过此命令来创建源文件的一个副本，随后关闭源文件即可。

图2-20

2.4.3 后台保存和自动保存

Photoshop 能够根据用户设定的时间间隔自动备份正在编辑的图像，这样可以有效避免因意外情况而丢失当前的编辑效果。要设置自动备份的间隔时间，可以执行“编辑”→“首选项”→“文件处理”命令，然后在“首选项”对话框中进行设置，如图 2-21 所示。如果文件因非正常原因关闭，那么在重新运行 Photoshop 时，软件会自动打开并尝试恢复已备份的文件。

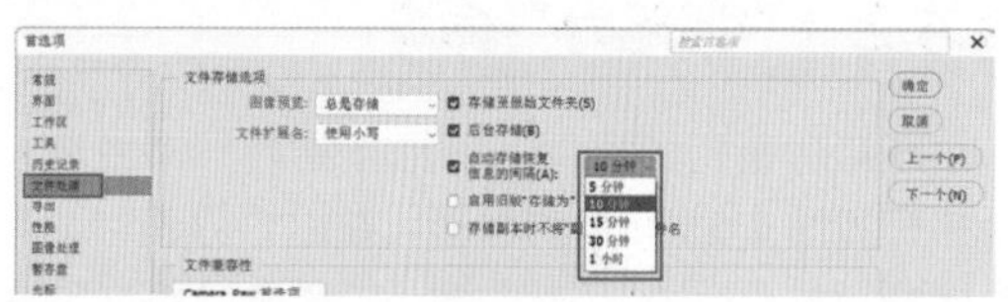

图2-21

提示

按快捷键Ctrl+S，可以快速执行“存储”命令。

2.4.4 选择保存文件格式

文件格式决定了图像数据的存储方式（无论是作为像素还是矢量）、压缩方法，影响着 Photoshop 功能的支持情况，以及文件与其他应用程序的兼容性。在使用“存储”或“存储为”命令保存图像时，可以通过弹出的“另存为”对话框选择文件保存的格式，如图 2-22 所示。

图2-22

2.5 关闭文件与退出程序

图像编辑操作完成后，可以采用以下方法关闭文件。

2.5.1 关闭文件

执行“文件”→“关闭”命令，或者按快捷键 Ctrl+W，也可以直接单击文档窗口右上角的“关闭”按钮 ×，都可以关闭当前文件。若需要同时关闭所有打开的文件，可以按快捷键 Alt+Ctrl+W，或者直接单击 Photoshop 2024 界面右上角的“关闭”按钮 ×。

如果对图像没有进行修改，文件会在执行“关闭”命令后直接被关闭。如果对图像进行了修改，执行“关闭”命令后会弹出提示对话框，如图 2-23 所示。此时，单击“是”按钮会保存修改后的文档并关闭；单击“否”按钮则会直接关闭文档而不保存修改；单击“取消”按钮则不会进行任何操作，文档保持打开状态。

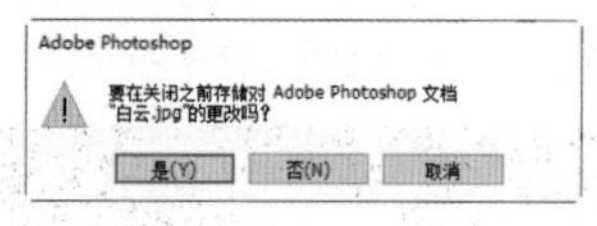

图2-23

2.5.2 关闭全部文件

执行“文件”→“关闭全部”命令，可以关闭在 Photoshop 中打开的所有文件。

2.5.3 关闭文件并转到 Bridge

执行“文件”→“关闭并转到 Bridge”命令，可以关闭当前文件，然后打开 Bridge。

2.5.4 退出程序

执行“文件”→“退出”命令，或者单击程序窗口右上角的“关闭”按钮 ×，可以退出 Photoshop。如果没有保存文件，将打开提示对话框，如图 2-24 所示，询问用户是否存储文件。

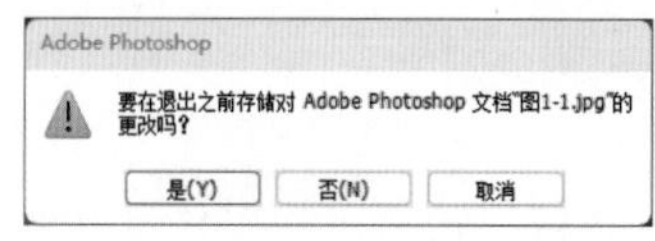

图2-24

第3章 图层基础与高级操作

图层作为 Photoshop 的核心功能之一，极大地方便了图像的编辑工作。过去，我们只能通过复杂的选区操作和通道运算来实现某些效果，而如今，借助图层及其样式，这些效果能够轻松达成。

3.1 什么是图层

图层是将多个图像元素构建成具有工作流程效果的组成模块，它们类似层层叠加的透明纸张。通过图层的透明区域，可以清晰地看到下方图层的图像内容。多个图层相互叠加，共同构成一幅完整的图像。

3.1.1 图层的特性

Photoshop 的图层具备以下 3 个特性。

1．独立

图像中的每个图层都是相互独立的，因此，在移动、调整或删除某个图层时，其他图层不会受到任何影响，如图 3-1 和图 3-2 所示。

图3-1

图3-2

2．透明

图层可以视作透明的胶片，在未绘制图像的区域能够透视到下方图层的内容。将多个图层按照一定的顺序叠加起来，便可以构建出复杂的图像。此外，通过调整上层图层的不透明度，可以清晰地看到下层的内容，如图 3-3 所示。

图3-3

3．叠加

图层是由上至下依次叠加的，但这种叠加并非简单的堆砌。通过精确控制每个图层的混合模式和不透明度，可以创造出千变万化的图像合成效果，如图 3-4 所示。

图3-4

延伸讲解

在编辑图层之前，需要在“图层”面板中单击目标图层以选择它，使其成为“当前图层”。请注意，图像绘制和颜色调整操作只能在单个图层上进行，而移动、对齐、变换以及应用样式等操作则可以一次性处理所选的多个图层。

3.1.2 图层的分类

在 Photoshop 中，可以创建多种类型的图层，这些图层各有不同的功能和用途。同时，它们在“图层”面板中的显示状态也各有差异，如图 3-5 所示。

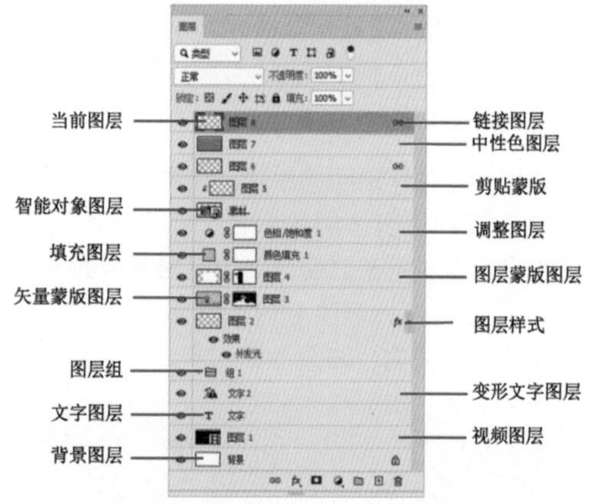

图3-5

具体说明如下。

※ 当前图层：指当前被选中的图层，所有编辑操作都将在这个图层上进行。

※ 中性色图层：这是一种填充了黑色、白色或灰色的特殊图层。当与特定的图层混合模式结合使用时，它可用于承载滤镜效果或作为绘画的基础。

※ 链接图层：指那些被设置为保持链接状态的图层，这样可以同时对它们进行移动或变换等操作。

※ 剪贴蒙版：这是蒙版的一种形式，其中下方图层的图像能够控制上方图层的显示范围，常用于图像合成。

※ 智能对象图层：这种图层包含嵌入的智能对象，允许用户对图层内容进行无损缩放、旋转等变换，同时保留原始数据。

※ 调整图层：用于调整图像的色彩和色调，但不会永久改变原始像素，提供了非破坏性的编辑方式。

※ 填充图层：通过填充纯色、渐变或图案来创建特殊视觉效果的图层。

※ 图层蒙版图层：这种图层添加了图层蒙版，允许用户通过编辑蒙版来控制图像的显示范围和方式，是图像合成的重要工具。

※ 矢量蒙版图层：带有矢量形状蒙版的图层，提供了基于矢量图形的精确遮罩功能。

※ 图层样式：指添加了特殊视觉效果的图层，如阴影、发光等，通过这些样式可以快速增强图层的视觉表现。

※ 图层组：用于组织和管理多个图层，便于用户查找和编辑特定图层。

※ 变形文字图层：指经过变形处理的文字图层，其缩略图上会有一个弧线标志以示区别。

※ 文字图层：当使用文字工具输入文字时，会创建这种图层，专门用于处理和编辑文字内容。

※ 视频图层：包含视频文件帧的图层，允许用户在 Photoshop 中直接处理和编辑视频内容。

※ 背景图层：位于“图层”面板底部的图层，通常作为图像的背景部分。在 Photoshop 中，背景图层具有一些特殊的属性和限制。

3.1.3 认识“图层”面板

“图层”面板是用于创建、编辑和管理图层，以及为图层添加样式的工具。在这个面板中，列出了文档中包含的所有图层、图层组和图层效果，如图 3-6 所示。

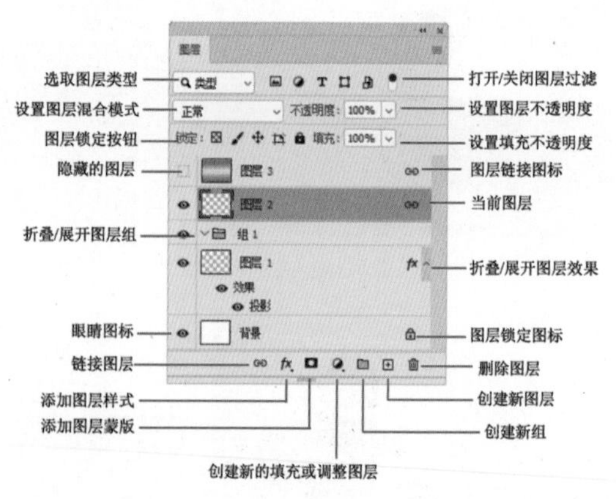

图3-6

具体说明如下。

※ 选取图层类型：当图层数量较多时，可通过该下拉列表选择特定的图层类型（如名称、效果、模式、属性、颜色等），使“图层”面板仅显示该类型的图层，而隐藏其他图层，以便更高效地管理图层。

※ 打开 / 关闭图层过滤：通过单击此按钮，可以启用或禁用图层过滤功能，从而方便地查看或筛选特定类型的图层。

※ 设置图层混合模式：从该下拉列表中选择合适的图层混合模式，以决定当前图层如何与其他图层进行颜色和亮度的混合。

※ 设置图层不透明度：通过输入具体的数值，可以精确调整当前图层的不透明度，控制图层的透明程度。

※ 图层锁定按钮：用于锁定当前图层的某些属性，包括锁定透明像素、锁定图像像素、锁定位置等，以防止不必要的编辑操作。此外，还可以防止图层在画板和画框内外自动嵌套，并锁定图层的全部属性以确保其不被修改。

※ 设置填充不透明度：调整当前图层的填充不透明度，这与图层的不透明度类似，但不会影响已应用的图层效果。

※ 隐藏的图层：通过单击“指示图层可视性”图标可以控制图层的显示或隐藏。当图标显示为眼睛时，图层可见；显示为空白时，图层被隐藏且无法进行编辑。

※ 当前图层：在 Photoshop 中，可以选择一个或多个图层进行编辑。当前选中的图层会以加色方式显示。某些操作只能在一个图层上完成，此时选中的图层即为当前图层，其名称会显示在文档窗口的标题栏中。

※ 图层链接图标：显示此图标的图层表示它们已被链接，可以一起移动或进行其他变换操作。

※ 折叠 / 展开图层组：通过单击此图标，可以折叠或展开图层组，以便更好地组织和管理图层。

※ 折叠 / 展开图层效果：单击该图标可以展开或折叠当前图层所添加的所有图层效果列表。

※ “指示图层可视性”图标：代表图层可见性，单击可切换图层的显示与隐藏状态。隐藏的图层无法编辑。

※ 图层锁定图标：当显示此图标时，表示图层已被锁定，防止误操作。

※ 链接图层：允许用户选择并链接多个图层，以便对它们进行统一的移动或变换操作。

※ 添加图层样式：通过单击此按钮并从菜单中选择所需的图层样式，可以为当前图层快速添加特效。

※ 添加图层蒙版：单击此按钮可为当前图层添加蒙版，用于精确控制图层的显示区域和效果。

※ 创建新的填充或调整图层：通过此按钮可以快速添加填充图层或调整图层，以非破坏性地调整图像的色彩和色调。

※ 删除图层：选择不需要的图层或图层组后，单击此按钮可将其删除。

※ 创建新图层：单击此按钮可快速创建一个空白图层。

※ 创建新组：通过单击此按钮可以创建一个新的图层组，便于对多个图层进行分组管理。

延伸讲解

在“图层”面板中，图层名称左侧的图像即为该图层的缩览图，它展现了图层中所包含的图像内容。缩览图中的棋盘格表示的是图像的透明区域。若在图层缩览图上右击，便可通过选择快捷菜单中的选项来调整缩览图的大小。

3.2 编辑图层

本节将介绍图层的基本编辑方法，涵盖图层的新建、复制、删除以及命名操作。

3.2.1 新建图层

在“图层”面板中，有多种方式可以创建图层。同样，在编辑图像时，也能够创建图层。举例来说，从其他图像中复制图层、在粘贴图像时系统会自动新建图层。接下来，将具体学习图层的创建方法。

1. 在“图层”面板中新建图层

单击“图层”面板中的“创建新图层”按钮

⊞，即可在当前图层上方新建图层，新建的图层会自动成为当前图层，如图 3-7 所示。按住 Ctrl 键的同时，单击“创建新图层”按钮⊞，可以在当前图层的下方新建图层，如图 3-8 所示。

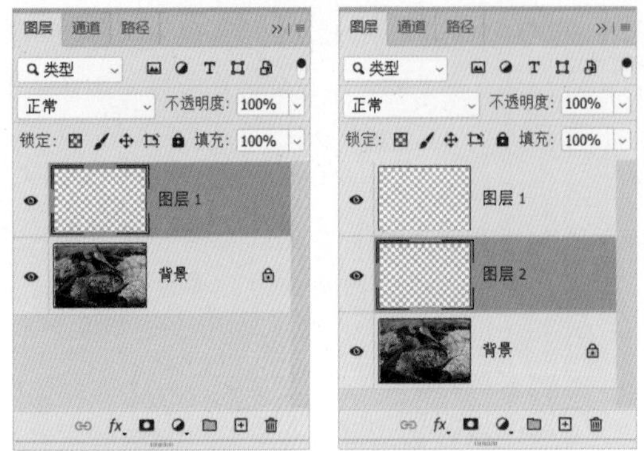

图3-7　　图3-8

2. 使用新建命令

如果想要创建图层并设置图层的属性，如名称、颜色和混合模式等，可以执行“图层”→“新建”→“图层”命令，或者按住 Alt 键单击“创建新图层”按钮⊞，在弹出的“新建图层”对话框中进行设置，如图 3-9 所示。

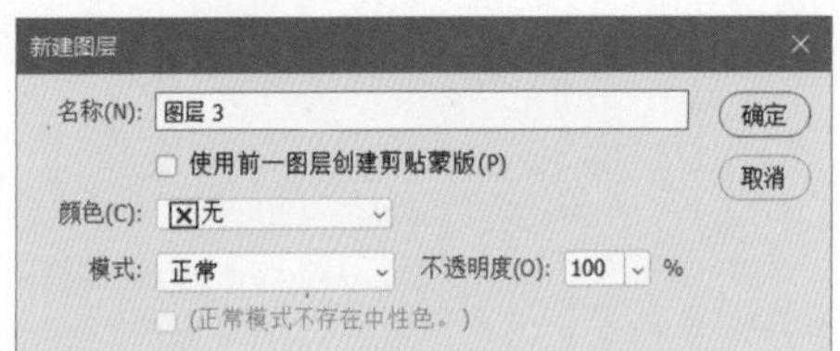

图3-9

> **延伸讲解**
>
> 在“颜色”下拉列表中选定一种颜色后，即可用该颜色来标记图层。在Photoshop中，这种做法被称为颜色编码。通过为特定图层或图层组设置一个独特的颜色，可以轻松区分不同用途的图层，从而提高工作效率。

3．使用通过拷贝的图层命令

若在图像中创建了选区，如图 3-10 所示，执行“图层”→“新建”→“通过拷贝的图层”命令，或者按快捷键 Ctrl+J，便能将选中的图像部分复制到新图层中，而源图层的内容会保持不变，效果如图 3-11 所示。若未创建选区，执行相同命令则会迅速复制当前整个图层，如图 3-12 所示。

图3-10

图3-11　　图3-12

4．使用“通过剪切的图层”命令

在图像中创建选区以后，执行“图层”→“新建”→“通过剪切的图层”命令，或者按快捷键 Shift+Ctrl+J，可将选区内的图像从源图层中剪切到新的图层中，如图 3-13 和图 3-14 所示。

图3-13

图3-14

5．创建背景图层

新建文档时，若选择白色、黑色或背景色作为背景内容，那么在“图层”面板中，最下面的图层会被命名为“背景”图层，如图3-15和图3-16所示。然而，如果选择“背景内容”为“透明”，则不会创建“背景”图层。

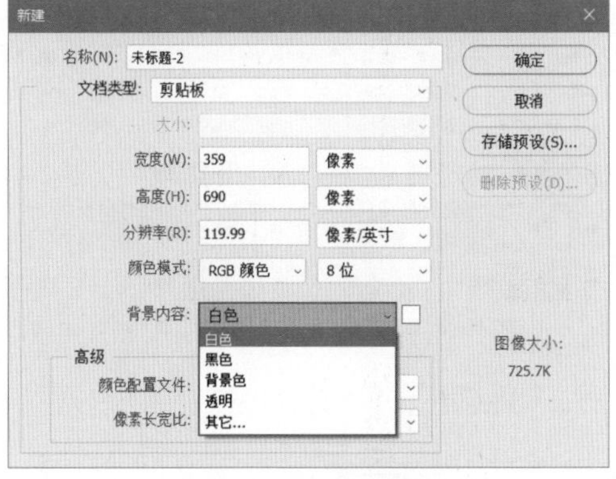

图3-15

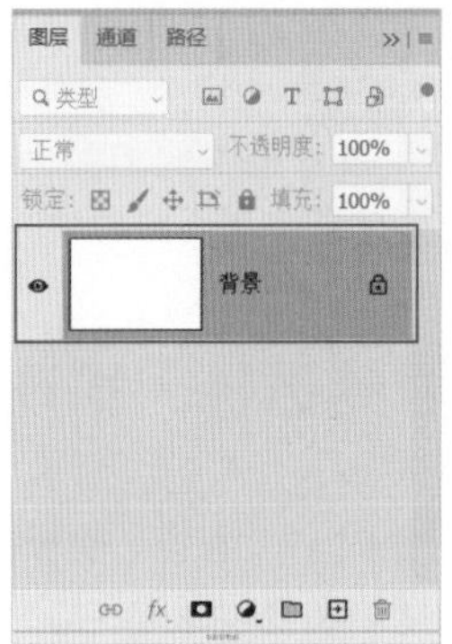

图3-16

当文档中没有“背景”图层时，选择一个图层，如图3-17所示，然后执行“图层”→“新建”→“背景图层”命令，可以将该图层转换为“背景”图层，如图3-18所示。

图3-17　　图3-18

6．将背景图层转换为普通图层

“背景”图层具有其特殊性，它始终位于“图层”面板的底层，且其堆叠顺序不可调整。此外，“背景”图层的不透明度、混合模式均不可设置，也无法为其添加效果。若需要进行这些操作，必须先将“背景”图层转换为普通图层。具体操作步骤为：双击“背景”图层，如图3-19所示，在随后弹出的“新建图层”对话框中输入图层名称（或使用默认名称），然后单击“确定”按钮，即可完成“背景”图层向普通图层的转换，如图3-20所示。

图3-19

图3-20

在Photoshop中，“背景”图层是可以使用绘画工具和滤镜等进行编辑的。值得注意的是，一个Photoshop文档中可以不包含“背景”图层，但如果有“背景”图层，那么最多只能存在一个。

延伸讲解

按住Alt键并双击“背景”图层，或者直接单击“背景”图层右侧的锁状图标🔒，都可以在不打开“新建图层”对话框的情况下，直接将“背景”图层转换为普通图层。

3.2.2　图层复制技巧

当需要在不破坏原图的情况下对图片进行修

改时，可以通过复制图层来实现。复制图层即复制图层中的图像内容。在 Photoshop 中，不仅支持在同一图像文件内复制图层，还允许在不同的图像文件之间复制图层。接下来，将详细介绍图层的复制方法及相关技巧。

1. 在面板中复制图层

在“图层”面板中，若需复制某个图层，只需将该图层拖至“创建新图层”按钮⊞上即可，如图 3-21 和图 3-22 所示。此外，按快捷键 Ctrl+J 也可以迅速复制当前选中的图层。

图3-21

图3-22

2. 通过命令复制图层

选择一个图层后，执行“图层”→“复制图层”命令，将弹出“复制图层”对话框。在此对话框中输入新的图层名称并设置好相关选项，然后单击“确定”按钮，即可完成对该图层的复制，如图 3-23 和图 3-24 所示。

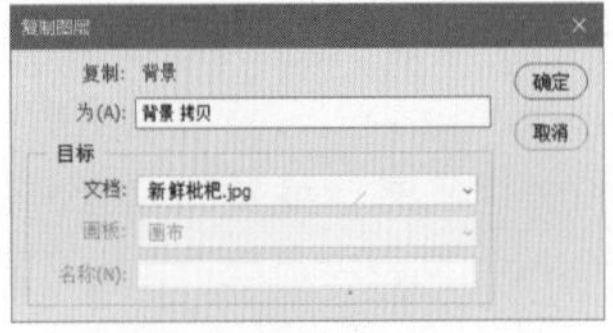

图3-23

图3-24

3.2.3 修改图层的名称

若要修改图层的名称，可以先选中该图层，然后执行“图层”→“重命名图层”命令，或者直接双击图层名称，如图 3-25 所示，接着在出现的文本框内输入新的图层名称，如图 3-26 所示。

图3-25　　图3-26

3.2.4 删除图层

若需删除某个图层，只需将该图层拖至“图层”面板中的“删除图层”按钮上。另外，通过执行“图层”→“删除”子菜单中的相关命令，也可以删除当前选中的图层或面板中所有隐藏的图层。

3.3 图层的选择、移动及编组

在编辑图像时，“图层”面板中的图层是依据从上至下的顺序堆叠排列的。位于上方的图层，其不透明部分会覆盖住下方图层中的图像。因此，若改变面板中图层的堆叠次序，图像的整体效果也会随之变化。在对图层进行操作前，必须先选中相应的图层。当项目中包含大量图层时，通过将图层进行编组，可以极大地简化操作流程。接下来，将详细介绍相关的操作方法。

3.3.1 选择图层

在 Photoshop 中，选择图层的方法有以下几种。

※ 选择一个图层：只需在“图层”面板中单击相应的图层，即可选中并成为当前操作图层。

※ 选择多个图层：若要选择多个连续的图层，可先单击第一个图层，然后按住 Shift 键再单击最后一个图层，如图 3-27 所示；若要选择

多个不连续的图层，可按住Ctrl键并依次单击这些图层，如图3-28所示。

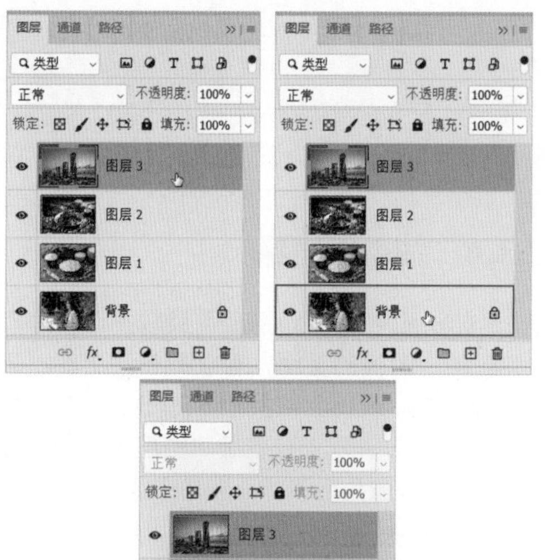

图3-27

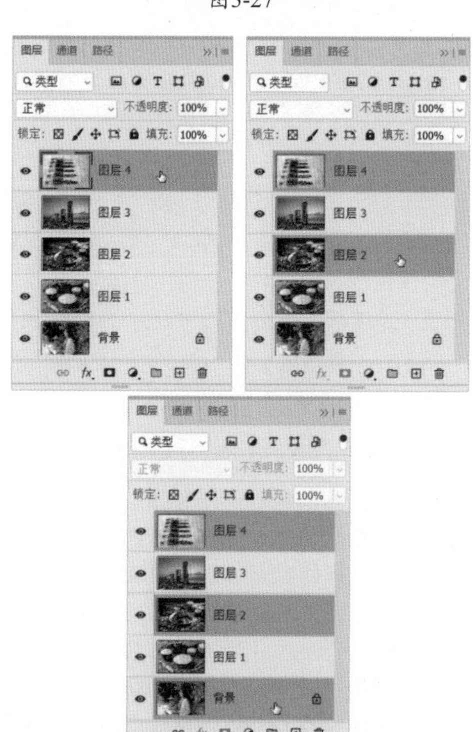

图3-28

※ 选择所有图层：通过执行“选择”→“所有图层”命令，可以选择“图层”面板中的所有图层，但需要注意，“背景”图层并不包括在内，如图3-29所示。

※ 选择链接的图层：首先选择一个已链接的图层，然后执行“图层”→“选择链接图层”命令，即可选中所有与该图层链接的图层。

※ 取消选择图层：若想要取消所有已选图层的选择状态，可以在“图层”面板的空白区域单击，如图3-30所示，或者执行“选择”→“取消选择图层”命令来实现。

图3-29　　图3-30

3.3.2 移动图层

移动图层最常见且简单的方式是在“图层”面板中直接操作。只需将一个图层拖至另一个图层的上方或下方，当目标位置出现突出显示的线条时，释放鼠标即可完成图层堆叠顺序的调整。此外，还可以通过执行“图层”→“排列”子菜单中的“前移一层”“后移一层”等命令来调整图层的顺序，如图3-31所示。

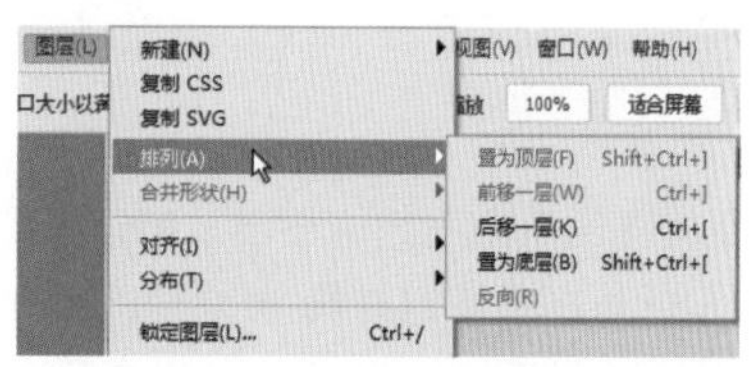

图3-31

延伸讲解

若所选图层位于某个图层组内，执行“置为顶层”和“置为底层”命令时，该图层将会被调整至当前图层组的顶层或底层位置。

3.3.3 创建图层组

在“图层”面板中，单击“创建新组”按钮▭，或者执行“图层”→“新建”→“组”命令，即可在当前所选图层的上方新建一个图层组，如图 3-32 所示。要修改图层组的名称，只需双击图层组名称的位置，然后在出现的文本框中输入新的名称即可。

图3-32

通过上述方法创建的图层组在初始状态下并不包含任何图层。若要将图层添加到图层组中，可以采取以下操作步骤：选中需要移动的图层，并将其拖至图层组的名称或图标上方，然后释放鼠标，这样即可将图层放入图层组内，如图 3-33 所示。操作完成后的结果如图 3-34 所示。

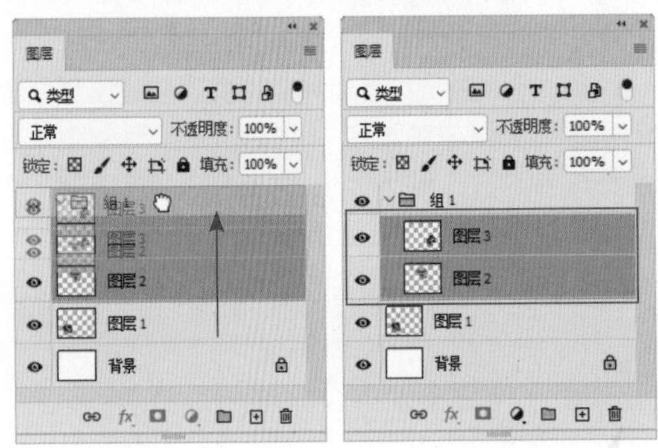

图3-33　　　　图3-34

若要将图层从图层组中移出，可以将该图层拖至图层组的上方或下方并释放鼠标，或者直接将其拖出图层组区域。此外，还可以直接从当前选中的图层创建图层组，这样新建的图层组会自动包含所有选中的图层。具体操作为：按住 Shift 键或 Ctrl 键，选中希望添加到同一图层组中的所有图层，然后执行“图层”→“新建”→“从图层建立组”命令，或者按快捷键 Ctrl+G，即可快速创建包含所选图层的图层组。

延伸讲解

选中图层后，执行“图层”→“新建”→“从图层建立组”命令，将弹出“从图层新建组”对话框。在此对话框中，可以设置图层组的名称、颜色以及混合模式等属性，从而创建一个具有特定属性的图层组，并将选中的图层包含在内。

3.3.4 使用图层组

当图层组中包含的图层数量较多时，为了节省“图层”面板的空间，可以折叠图层组。折叠图层组只需单击图层组左侧的三角形图标⌄，如图 3-35 所示。若需要查看或编辑图层组内的图层，可再次单击该三角形图标以展开图层组。

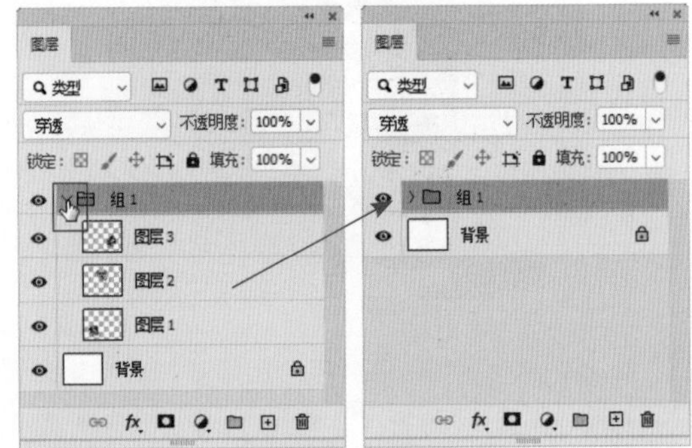

图3-35

相关链接：

右击图层组空白区域，在弹出的快捷菜单中选择对应的颜色选项，即可更改图层组的颜色。此外，图层组也可以像单独的图层一样进行各种操作，包括设置属性、移动位置、调整不透明度、复制或删除等，其操作方法与处理单独图层时完全相同。

单击图层组左侧的“指示图层可视性”按钮👁，可以隐藏图层组中的所有图层，再次单击该按钮则可重新显示这些图层。若要复制当前图层组，只需将图层组拖至“图层”面板底端的“创建新图层”或“复制图层”按钮上即可。当选择图层组并单击“删除”按钮🗑时，会弹出如图 3-36 所示的对话框。若单击“组和内容”按钮，将会删除整个图层组及其包含的所有图层；而若单击“仅组”按钮，则只会删除图层组本身，图层组内的图层将被移出并保留在“图层”面板中。

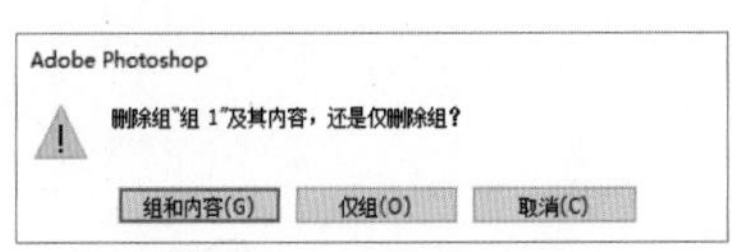

图3-36

3.4 图层的锁定与解锁

3.4.1 锁定图层

Photoshop 提供了图层锁定功能，以限制图层编辑的内容和范围，从而避免错误操作。单击"图层"面板中的锁定按钮，即可将相应的图层锁定，如图 3-37 所示。

图3-37

锁定按钮说明如下。

※ 锁定透明像素：在"图层"面板中选择图层或图层组，然后单击此按钮，图层或图层组中的透明像素将被锁定。当使用绘图工具进行绘图时，只能编辑图层的非透明区域（即有图像像素的部分）。

※ 锁定图像像素：单击此按钮后，只能对图层进行移动和变换的操作，不能在图层上进行绘画、擦除或应用滤镜等编辑操作。

※ 锁定位置：单击此按钮后，图层不能进行移动、旋转和自由变换等操作，但可以正常使用绘图和编辑工具进行图像编辑。

※ 防止在画板和画框内外自动嵌套：单击此按钮，锁定图层位置，防止其在画板内自动对齐或调整。

※ 锁定全部：单击此按钮，图层将被全部锁定，不能移动位置，不能执行任何图像编辑操作，也不能更改图层的不透明度和混合模式。"背景"图层默认为全部锁定状态。

3.4.2 解锁图层

当需要继续编辑图层内容时，可以对图层进行解锁。单击"图层"面板中被锁定的图层旁边的锁定按钮，即可将相应的图层解锁，如图 3-38 所示。

图3-38

答疑解惑

当图层只有部分属性被锁定时，图层名称右侧会出现一个空心的锁状图标；而当所有属性都被锁定时，锁状图标则是实心的。

3.5 图层隐藏与显示及颜色编码

显示 / 隐藏图层可以用来减少占据编辑版面的内容，显示 / 隐藏当前图层便于观察编辑效果，从而更好地执行下一步操作。也可以在众多图层中，通过标注图层颜色来凸显重点图层，方便快速查找、定位和识别。

3.5.1 显示与隐藏图层

图层缩览图前面的"指示图层可视性"图标，可以用来控制图层的可见性。带有图标的图层为可见的图层，如图 3-39 所示；无图标的是隐藏的图层。单击一个图层前面的"指示图层可视性"图标，可以隐藏该图层，如图 3-40 所示。如果要重新显示图层，可在原图标处再次单击。

图3-39

图3-40

将鼠标指针放在一个图层的“指示图层可视性”图标上，单击并在该图标列拖动鼠标，可以快速隐藏（或显示）多个相邻的图层，如图 3-41 所示。

图3-41

3.5.2 颜色编码

在 Photoshop 中，用颜色标记图层被称为“颜色编码”。为某些图层或图层组设置一个可以区别于其他图层或组的颜色，可以有效地区分不同用途的图层。在“图层”面板中，右击需要标注的图层，如图 3-42 所示，然后在弹出的对话框中选择合适的颜色，如图 3-43 所示。取消颜色标注也是同样的操作方法，只需将颜色改为无颜色即可。

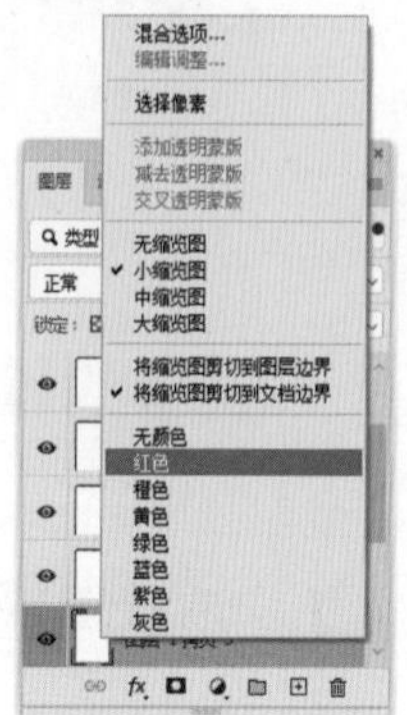

图3-42 图3-43

3.6 图层合并及盖印

尽管 Photoshop 对图层的数量没有限制，可以新建任意数量的图层，但需要注意的是，文档中的图层越多，打开和处理项目时所占用的内存，以及保存时所占用的磁盘空间也会越大。因此，在操作中，建议及时合并一些不需要修改的图层，以减少图层的数量。

3.6.1 合并图层

如果需要合并两个及两个以上的图层，可以在“图层”面板中将其选中，然后执行“图层”→“合并图层”命令。合并后的图层会使用上方图层的名称，如图 3-44 和图 3-45 所示。

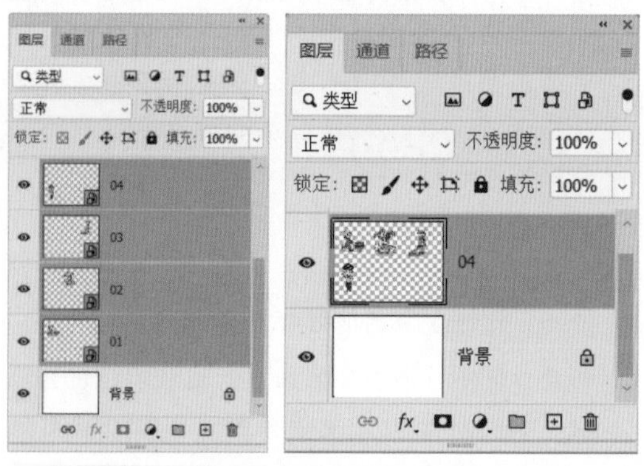

图3-44 图3-45

3.6.2 合并可见图层

如果需要合并可见的图层，可以选中所有图

层，然后执行“图层”→“合并可见图层”命令，或者按快捷键 Ctrl+Shift+E，这样可将它们合并到一个新的图层上（通常不是“背景”图层，除非“背景”图层是唯一可见的图层），而隐藏的图层则不会被合并进去，如图 3-46 和图 3-47 所示。

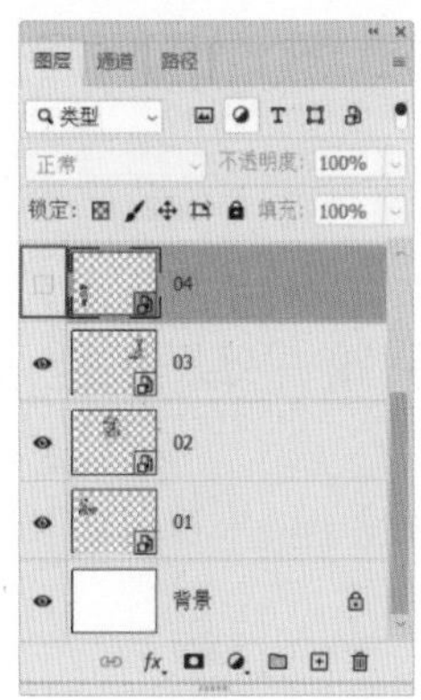

图3-46

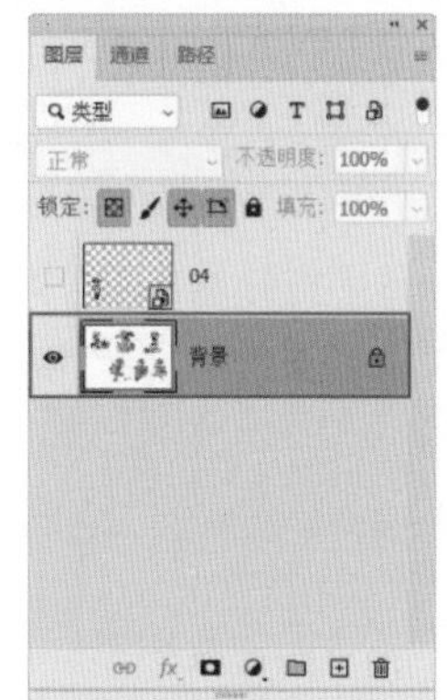

图3-47

3.6.3 拼合图层

如果要将所有的图层都拼合到“背景”图层中，可以执行“图层”→“拼合图像”命令。如果合并时有隐藏的图层，系统将弹出提示对话框。单击“确定”按钮，隐藏的图层将被删除，并继续执行拼合操作；单击“取消”按钮，则取消拼合操作。

3.6.4 盖印图层

使用 Photoshop 的盖印功能，可以将多个图层的内容合并到一个新的图层，同时保持源图层不变。虽然 Photoshop 没有直接提供盖印图层的命令，但可以通过快捷键进行操作。

※ 向下盖印：选择一个图层，按快捷键 Ctrl+Alt+E，可以将该图层中的图像盖印到下面的图层中，源图层内容保持不变。

※ 盖印多个图层：选择多个图层，按快捷键 Ctrl+Alt+E，可以将所有选中的可见图层盖印到一个新的图层中，原有图层内容保持不变。

※ 盖印可见图层：按快捷键 Ctrl+Alt+E，可以将所有可见图层中的图像盖印到一个新的图层中，原有图层内容保持不变。

※ 盖印图层组：选择图层组，按快捷键 Ctrl+Alt+E，可以将组中的所有图层内容盖印到一个新的图层中，源图层组保持不变。

3.7 链接图层或组

当图层和组数量较多时，可以将同类型的多个图层关联到一起，以便对链接好的图层进行整体操作。

3.7.1 链接图层

如果要同时处理多个图层中的图像，例如同时移动、应用变换或者创建剪贴蒙版，则可以将这些图层链接在一起进行操作。

在“图层”面板中选择两个或多个图层，单击“链接图层”按钮🔗，或者执行“图层”→“链接图层”命令，即可将它们链接。如果要取消链接，可以选择其中一个图层，然后单击“取消链接图层”按钮🔗。

3.7.2 链接组

同理，如果要同时处理多个组中的图像，也可以将这些组链接在一起进行操作。

在“图层”面板中选择两个或多个组，单击“链接图层”按钮🔗，或者执行“图层”→“链接图层”命令，即可将它们链接。如果要取消链接，可以选择其中一个组，然后单击“取消链接图层”按钮🔗。

第4章

图像基本操作

Photoshop 是一款专业的图像处理软件。为了在工作中更好地处理各类图像并创作出高品质的设计作品，必须了解并掌握该软件的一些图像处理基本常识。本章主要介绍 Photoshop 2024 中的一些基本图像编辑方法。

4.1 调整图像与画布

平时大家拍摄的数码照片，或者是在网络上下载的图像，可以有不同的用途，例如，可以设置成计算机桌面、QQ 头像、手机壁纸，也可以上传到网络相册，或者进行打印。然而，有时图像的尺寸和分辨率可能不符合特定用途的要求，这时就需要对图像的大小和分辨率进行适当调整。

4.1.1 修改画布大小

画布是指整个文档的工作区域，如图4-1所示。执行“图像”→“画布大小”命令，可以在弹出的“画布大小”对话框中修改画布尺寸，以满足不同的设计或编辑需求，如图 4-2 所示。

图4-1

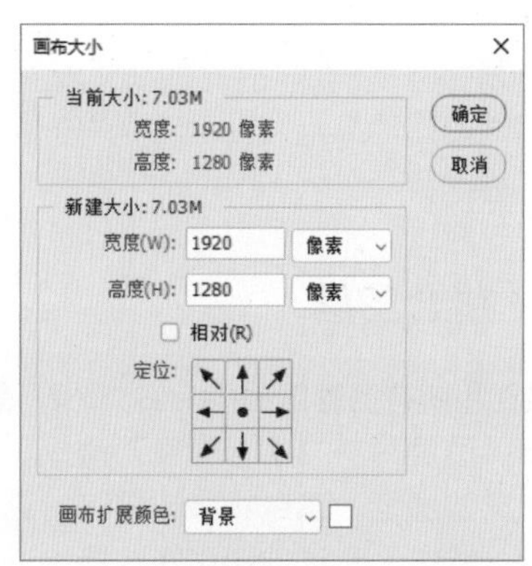

图4-2

“画布大小”对话框中主要参数说明如下。

※ 当前大小：显示图像宽度和高度的实际尺寸，以及文档的实际大小。

※ 新建大小：可以在“宽度”和“高度”文本框中输入画布的尺寸。当输入的数值大于原来尺寸时，会增大画布；反之，则减小画布。需要注意的是，减小画布会裁剪图像。输入尺寸后，“新建大小”区域将显示为修改画布后的文档大小。

※ 相对：选中该复选框后，“宽度”和“高度”文本框中的数值将代表实际增加或减少的区域大小，而不再代表整个文档的大小。此时，输入正值表示增加画布，输入负值则减小画布。

※ 定位：单击不同的方格，可以指示当前图像在新画布上的位置。如图 4-3~ 图 4-5 所示，为设置不同定位方向后再增加画布后的图像效果（画布的扩展颜色为黄色）。

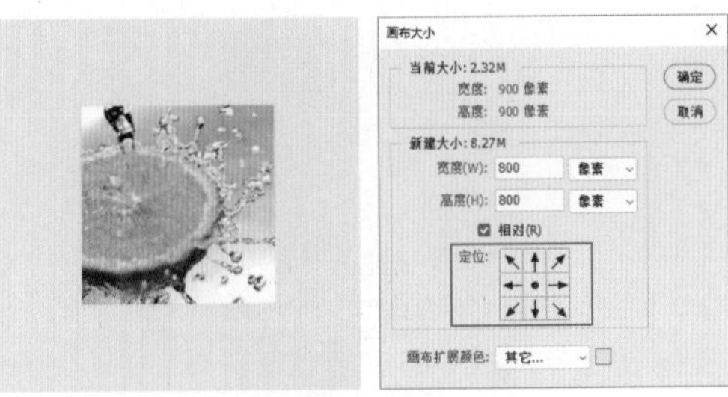

图4-3

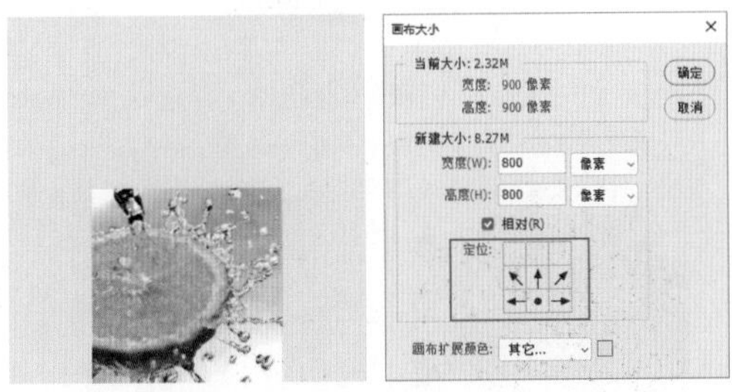

图4-4

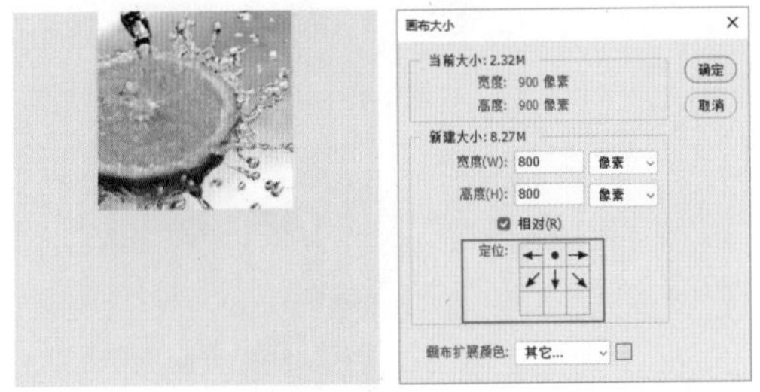

图4-5

※ 画布扩展颜色：在该下拉列表中可以选择填充新画布的颜色。如果图像的背景是透明的，则"画布扩展颜色"选项将不可用，添加的画布也会是透明的。

4.1.2 旋转画布

在"图像"→"图像旋转"子菜单中包含了用于旋转画布的命令。执行这些命令可以旋转或翻转整个图像。图4-6为原始图像，而图4-7则是执行"水平翻转画布"命令后的图像状态。

图4-6

图4-7

延伸讲解

执行"图像"→"图像旋转"→"任意角度"命令，将弹出"旋转画布"对话框。在此对话框中输入画布的旋转角度，即可按照设定的角度和方向精确旋转画布，如图4-8所示。

图4-8

答疑解惑

"图像旋转"命令用于旋转整个图像。如果只需旋转单个图层中的图像，则应执行"编辑"→"变换"子菜单中的相应命令来进行操作。而如果要旋转选区，则需要执行"选择"→"变换选区"命令。

4.1.3 显示画布之外的图像

当在文档中置入一个较大的图像文件，或者使用"移动工具"将一个较大的图像拖入一个比较小的文档时，图像中的一些内容可能会超出画布范围，因此不会完整显示出来。此时，执行"图像"→"显示全部"命令，Photoshop会自动判断图像中像素的位置，并相应地扩大画布，以确保全部图像都能被完整显示。

4.1.4 实战：修改图像的尺寸

执行"图像"→"图像大小"命令，可以调整图像的像素大小、打印尺寸以及分辨率。需要注意的是，修改图像大小不仅会影响其在屏幕上的视觉效果，还可能对图像的质量、打印效果以及所占用的存储空间产生显著影响。修改图像尺寸的具体操作步骤如下。

01 启动Photoshop 2024，按快捷键Ctrl+O，打开本书素材中的"食物.jpg"文件，效果如图4-9所示。

02 执行"图像"→"图像大小"命令，弹出"图像大小"对话框，在预览图像上单击并拖动鼠标，定位显示中心，此时预览图像底部会出现显示比例的数值，如图4-10所示。按住Ctrl键单击预览图像，可以增大显示比例；按住Alt键单击预览图像，可以减小显示比例。

图4-9

图4-10

03 在“图像大小”对话框中，在“宽度”“高度”和“分辨率”文本框中输入数值，可以设置图像的打印尺寸，操作方法有两种。第一种方法是选中“重新采样”复选框，然后修改图像的宽度或高度，这会改变图像的像素数量。例如，减小图像的大小时（6cm×10cm），就会减少像素数量，如图4-11所示，此时图像虽然变小了，但画质不会改变，如图4-12所示。

图4-11

04 而增加图像的大小或提高分辨率时（24厘米×40厘米），如图4-13所示，会增加新的像素，这时图像尺寸虽然增大了，但画质会下降，如图4-14所示。

图4-12

图4-13

图4-14

05 第二种方法，先取消选中“重新采样”复选框，再来修改图像的宽度或高度（依旧是6厘米×10厘米）。这时图像的像素总量不会改变，也就是说，减小宽度和高度时，会自动增加分辨率，如图4-15和图4-16所示。

图4-15

图4-16

06 增加宽度和高度时（依旧是24厘米×40厘米），会自动降低分辨率，图像的视觉大小看起来不会有任何改变，画质也没有变化，如图4-17和图4-18所示。

图4-17

图4-18

4.1.5 了解“移动工具”选项栏

“移动工具”是常用的工具之一，无论是在文档中移动图层、选区中的图像，还是将其他文档的图像拖至当前文档，都需要使用到“移动工具”。如图4-19所示，展示了“移动工具”选项栏，其中主要的选项介绍如下。

图4-19

※ 自动选择：如果图像中包含了多个图层或图层组，可以在后面的下拉列表中选择要移动的对象。如果选择“图层”选项，使用“移动工具”在画布中单击时，可以自动选择“移动工具”下面包含像素的顶层图层。如果选择“组”选项，在画布中单击时，可以自动选择“移动工具”下面包含像素的顶层图层组。

※ 显示变换控件：选中此复选框后，当选择一个图层时，就会在图层内容的周围显示定界框，可以拖曳控制点来对图像进行变换操作。

※ 对齐图层：当同时选择了两个或两个以上的图层时，单击相应的按钮可以将所选图层进行对齐。对齐方式包括顶对齐、垂直居中对齐、底对齐、左对齐、水平居中对齐和右对齐。

※ 分布图层：如果选择3个或3个以上的图层时，单击相应的按钮可以将所选的图层按一定规则进行均匀分布排列。分布方式包括按顶分布、垂直居中分布、底分布、左分布、水平居中分布和右分布。

4.1.6 实战：使用“移动工具”合成创意图像

扫码看资源

移动对象是处理图像时常用的操作之一。接下来，将针对移动图像的两个不同方式（在不同的文档间移动和在同一文档中移动对象）来探讨如何合成创意图像，具体的操作步骤如下。

01 启动Photoshop 2024，执行“文件”|“打开”命令，选中素材文件，单击“打开”按钮，如图4-20所示。

图4-20

02 选择“移动工具”✥，再选择“奔跑的人.png”图像，将其移至“城市”文档中。

03 继续选择“移动工具”✥，选中“奔跑的人”所在图层，将其移至合适的位置，如图4-21所示。

图4-21

4.1.7 定界框、中心点和控制点

在“编辑”→“变换”子菜单中，包含了各种变换命令，如图4-22所示。执行这些命令时，当前对象周围会出现一个定界框。定界框中央有一个中心点，四周有控制点，如图4-23所示。默认情况下，中心点位于对象的中心，用于定义对象的变换中心。拖曳它可以移动其位置，而拖曳四周的控制点则可以进行相应的变换操作。

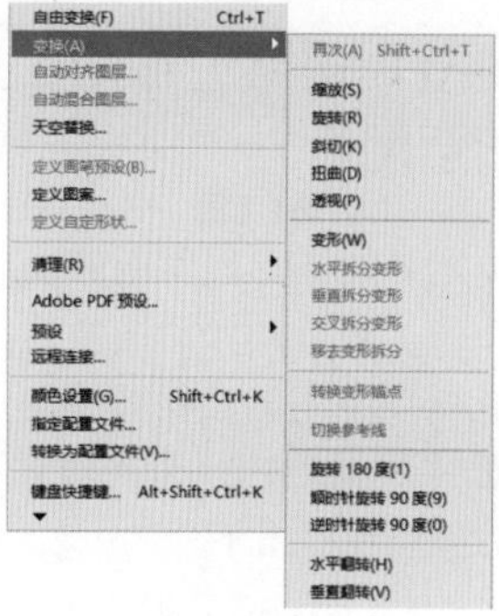

图4-22

图4-23

延伸讲解

执行“编辑”→“变换”→“旋转180度”“顺时针旋转90度”“逆时针旋转90度”“水平翻转”或“垂直翻转”命令时，Photoshop会直接对图像进行相应的变换操作，而不会显示定界框。

4.1.8 移动图像

“移动工具”✥是Photoshop中最常用的工具之一。不论是移动图层、选区内的图像，还是将其他文档中的图像拖入当前文档中，都需要用到“移动工具”✥。

1．在同一文档中移动图像

在“图层”面板中，首先选择要移动的对象所在的图层，如图4-24所示。接着，使用“移动工具”✥在画面中单击该对象并进行拖动，即可移动所选图层中的图像，如图4-25所示。

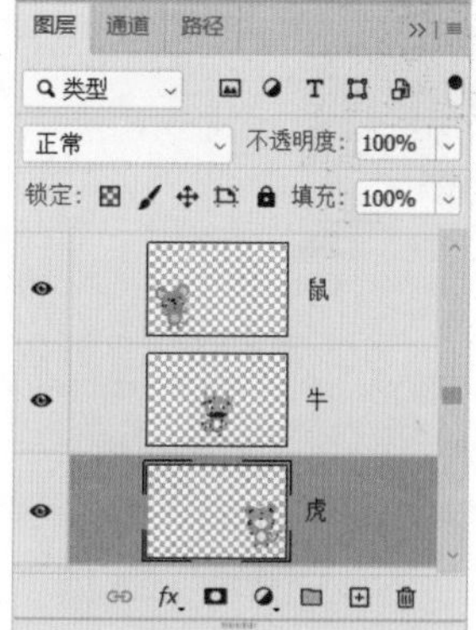

图4-24

图4-25

如果创建了选区，如图4-26所示，那么在选区内单击对象并进行拖动，可以移动选区中的图像，如图4-27所示。

图4-26

图4-27

延伸讲解

使用“移动工具”时，按住Alt键单击并拖动图像，可以复制图像，同时生成一个新的图层。

2．在不同的文档间移动图像

打开两个或多个文档，并选择“移动工具”。将鼠标指针放在画面中，如图 4-28 所示。接着，单击并拖曳鼠标至另一个文档的标题栏，停留片刻后会自动切换到该文档。最后，在画面中释放鼠标，即可将选中的图像拖入该文档，如图 4-29 所示。

图4-28

图4-29

延伸讲解

将一个图像拖入另一个文档时，如果按住Shift键进行操作，可以使拖入的图像位于当前文档的中心位置。如果这两个文档的大小相同，那么拖入的图像会与当前文档的边界对齐。

3．移动工具选项栏

如图 4-30 所示为“移动工具”选项栏。

自动选择： 图层 显示变换控件 3D 模式：

图4-30

“移动工具”选项栏中常用选项说明如下。

※ 自动选择：如果文档中包含多个图层或组，可选中该复选框，并在下拉列表中选择要移动的内容。

※ 显示变换控件：选中该复选框后，当选择一个图层时，将会在图层内容的周围显示界定框，如图 4-31 所示。此时，拖曳控制点可以对图像进行变换操作，如图 4-32 所示。如果文档中的图层较多，并且需要经常进行缩放、

旋转等变换操作时，该选项会非常有用。

图4-31

图4-32

※ 对齐图层：选择两个或多个图层后，可以单击相应的按钮让所选图层进行对齐。这些按钮的功能包括顶对齐、垂直居中对齐、底对齐、左对齐等。

※ 分布图层：如果选择了3个或3个以上的图层，可以单击相应的按钮，使所选图层按照一定的规则均匀分布。这些分布方式包括按顶分布、垂直居中分布、按底分布等。

※ 3D模式：提供了可以对3D模型进行移动、缩放等操作的工具，具体包括旋转3D对象工具、滑动3D对象工具和缩放3D对象工具等。

延伸讲解

使用“移动工具”时，每按一次键盘中的→、←、↑、↓键，即可将对象移动一个像素的距离。如果按住Shift键的同时再按方向键，则图像每次可以移动10个像素的距离。此外，如果在移动图像的同时按住Alt键，则可以复制图像，并同时生成一个新的图层。

4.1.9 操控变形

“操控变形”工具可以扭曲特定的图像区域，同时保持其他区域不变。例如，使用此工具可以轻松地让人像的手臂弯曲，让身体摆出不同的姿态。它也可用于小范围的修饰，如修改发型等。“操控变形”工具可以编辑图像图层、图层蒙版和矢量蒙版。

在Photoshop中，执行“编辑”→“操控变形”命令，此时工具选项栏如图4-33所示。在显示的变形网格中添加图钉并拖动，即可应用相应的变换效果。

图4-33

“操控变形”工具的工具选项栏中主要的选项说明如下。

※ 模式：选择“刚性”模式，变形效果精确，但缺少柔和的过渡；选择“正常”模式，变形效果准确，过渡柔和；选择“扭曲”模式，可以在变形的同时创建透视效果。

※ 浓度：选择“较少点”选项，网格点较少，相应地只能放置少量图钉，并且图钉之间需要保持较大的间距；选择“正常”选项，网格数量适中；选择“较多点”选项，网格最细密，可以添加更多的图钉。

※ 扩展：设置变形效果的衰减范围。

※ 显示网格：选中该复选框，显示变形网格。

※ 图钉深度：选择一个图钉，单击 / 按钮，可以将其向上层 / 下层移动一个堆叠顺序。

※ 旋转：设置图像的扭曲范围。

※ 复位 / 撤销 / 应用：单击按钮，删除所有图钉，将网格恢复到变形前的状态；单击“取消操作变形”按钮或按Esc键，可放弃变形操作；单击“提交操作变形”按钮或按Enter键，可确认变形操作。

4.1.10 实战：运用“操控变形”工具制作分层猕猴桃效果

在制作海报或者产品宣传图时，有些难以通过拍摄直接实现的效果，就需要借助 Photoshop 进行特效合成。下面，将运用“操控变形”工具来制作一个具有分层悬浮效果的猕猴桃图像，具体的操作步骤如下。

01 启动Photoshop 2024，执行“文件”|“打开”命令，选中素材文件，单击“打开”按钮，打开一张素材图像，如图4-34所示。

图4-34

02 在“图层”面板中双击“猕猴桃”图层，将其转换为可编辑图层。接着在工具箱中选择“快速选择工具”，在工具选项栏中设置“大小”为10像素，如图4-35所示。

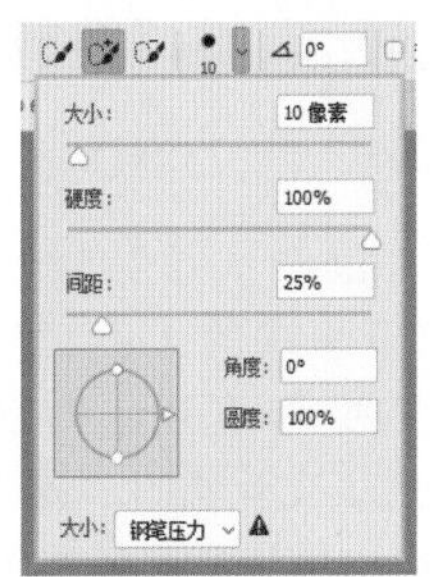

图4-35

03 在要选取的猕猴桃对象上单击并沿着轮廓拖动鼠标，创建选区，按快捷键Ctrl+J复制一层，并在其下方填充墨绿色（#919328）。

04 选择“钢笔工具”，沿着猕猴桃果肉部分绘制闭合路径，按快捷键Ctrl+Backspace创建选区，继续按快捷键Ctrl+J复制一层，执行“编辑”→“自由变换”命令，或者按快捷键Ctrl+T显示定界框，调整至合适位置，如图4-36所示。

图4-36

05 同理，选择“钢笔工具”，沿着猕猴桃果皮部分绘制合适的闭合图形，按快捷键Ctrl+Backspace创建选区，继续按快捷键Ctrl+J复制一层，并调整至合适位置，如图4-37所示。

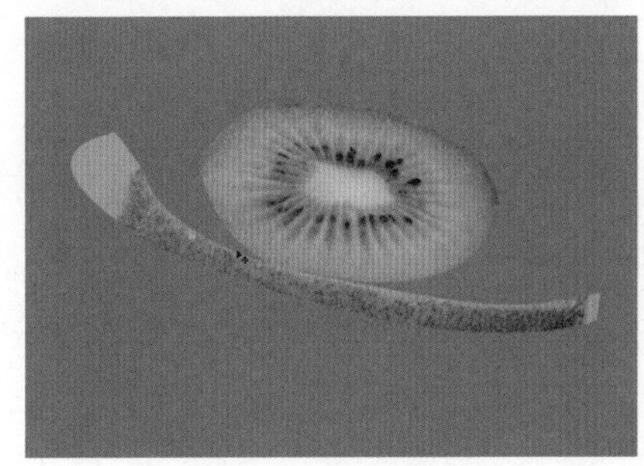

图4-37

06 执行“编辑”→“操控变形”命令，果皮图像上会显示变形网格，单击果皮边缘创建图钉，将其贴近果肉，然后按Enter键，使用“橡皮擦工具”擦除多余部分即可，如图4-38所示。

图4-38

提示

单击一个图钉后，按Delete键即可将其删除。此外，按住Alt键的同时单击图钉，同样可以将其删除。如果要一次删除所有图钉，可以在变形网格上右击，在弹出的快捷菜单中选择“移去所有图钉”选项。

07 复制完成的果片图层，执行“编辑”→“自由变换”命令，或者按快捷键Ctrl+T显示定界框，调整至合适的位置和大小，如图4-39所示。添加合适的光影如图4-40所示，即可完成制作。

图4-39

图4-40

延伸讲解

在添加光影效果时，最好能表现出水果的自然受光效果。对于猕猴桃，可以在其下方使用黑色画笔描绘出阴影，并适当降低不透明度，使阴影能够自然地融合到对象中。后期制作需要足够的耐心和细心，通过结合“画笔工具”细致地描绘各部分的阴影、高光等细节，可以使画面更加立体、逼真。

4.2 裁剪图像

在对数码照片或扫描图像进行处理时，经常需要裁剪图像，以保留需要的部分并删除不需要的部分。可以使用“裁剪工具”“透视裁剪工具”以及“裁切工具”来完成图像的裁剪操作。接下来，将学习这些工具的具体使用方法。

4.2.1 了解“裁剪工具”

使用“裁剪工具”可以对图像进行裁剪，并重新定义画布的大小。选择此工具后，在画面中单击并拖出一个矩形定界框。按 Enter 键，即可将定界框之外的图像裁剪掉。图 4-41 所示为“裁剪工具”选项栏。

图4-41

“裁剪工具”选项栏主要选项介绍如下。

※ 比例：单击按钮，可以在打开的下拉列表中选择预设的裁剪比例选项。

※ 拉直：单击按钮，然后在图像中拉出一条直线。这条直线可以与倾斜的地平线、建筑物等元素对齐，从而校正倾斜的画面。

※ 叠加：单击按钮，在打开的下拉列表中提供了一系列参考线选项。这些参考线可以帮助用户进行合理的构图。

※ 裁切选项：单击按钮，可以打开一个下拉面板。其中提供了几种不同的编辑模式，选择不同的模式可以得到不同的裁剪效果。

4.2.2 实战：运用“裁剪工具”裁剪图像

虽然使用“画布大小”对话框能够精确地调整画布的大小，但这种方式不够方便和直观。为此，Photoshop 提供了交互式的“裁剪工具”。使用此工具，可以自由地控制裁剪的位置和大小，并且还可以对图像进行旋转或变形操作，具体的操作步骤如下。

01 启动Photoshop 2024，执行“文件”|“打开”命令，选中素材文件，单击“打开”按钮，如图4-42所示。

02 选择“裁剪工具”，移动鼠标指针至图像窗口，按住鼠标拖动图像边缘上的裁剪范围控制框，如图4-43所示。

图4-42

图4-43

提示

在裁剪图像时，如果未选中“裁剪工具”选项栏中的“删除裁剪的像素”复选框，那么在裁剪完成后，使用“裁剪工具”再次单击图像时，仍然可以看见裁剪前的图像。这一功能方便用户重新进行裁剪操作。

03 按下Enter键，或者在范围框内双击即可完成裁剪操作，裁剪范围框外的图像被去除，此时如果希望在选定裁剪区域后取消裁剪，可以按Esc键。如图4-44所示为裁剪完成的最终效果。

图4-44

提示

在拖动鼠标的过程中，按下Shift键可以得到正方形的裁剪范围框；按下Alt键可以得到以鼠标单击位置为中心的裁剪范围框；同时按下Shift和Alt键，则可以得到以单击位置为中心点的正方形裁剪范围框。

4.2.3 了解“透视裁剪工具”选项

在拍摄高大的建筑时，由于视角较低，竖直的线条会向消失点集中，从而产生透视畸变。“透视裁剪工具”能够很好地解决这个问题。但值得注意的是，此工具只适用于不包含文字或形状的图层。图4-45所示为“透视裁剪工具”选项栏，其中主要的选项含义如下。

图4-45

※ W/H：在此输入图像的宽度（W）和高度（H）值，可以按照设定的尺寸裁剪图像。单击按钮可以对调这两个数值。

※ 分辨率：可以在此输入图像的分辨率。裁剪图像后，Photoshop会自动将图像的分辨率调整为设定的大小。

※ 前面的图像：单击此按钮，可在W、H和“分辨率”文本框中显示当前文档的尺寸和分辨率。如果同时打开了两个文档，则会显示另一个文档的尺寸和分辨率。

※ 清除：单击此按钮，可以清除W、H和“分辨率”文本框中的数值。

※ 显示网格：选中此复选框，可以在裁剪时显示网格线；取消选中此复选框，则隐藏网格线。

4.2.4 实战：运用“透视裁剪工具”校正倾斜的建筑物图像

以仰拍的方式拍摄户外广告牌时，会因拍摄视角较低而产生透视错误。本例将运用“透视裁剪工具”来校正照片视角的问题，具体的操作步骤如下。

扫码看资源

01 启动Photoshop 2024，执行“文件”→“打开”→命令，选中素材文件，单击“打开”按钮，打开素材，如图4-46所示。

图4-46

02 选择“透视裁剪工具”，在画面中依次单击广告牌的四角，创建裁剪框，如图4-47所示。

图4-47

03 将鼠标指针放在裁剪框左上角的控制点上，使4个角上的控制点与广告牌完全重合。

04 单击工具选项栏中的“提交当前裁剪操作”按钮✓或按Enter键裁剪图像，即可校正透视畸变，最终效果如图4-48所示。

图4-48

4.2.5 了解“裁切”对话框

执行“图像”→“裁切”命令，会弹出“裁切”对话框，如图 4-49 所示，可以删除图像边缘的透明区域，或者删除指定颜色的像素。

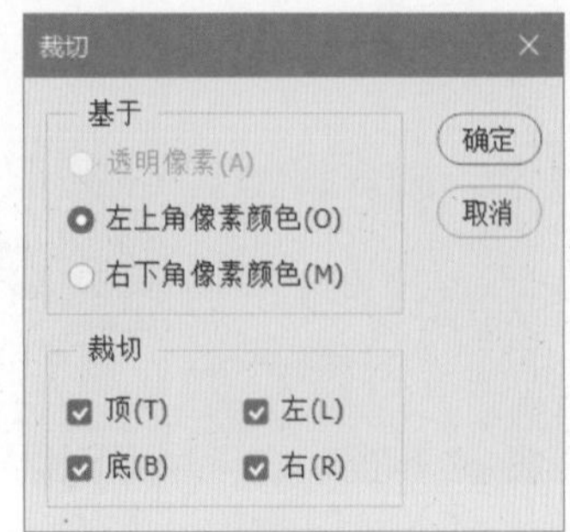

图4-49

4.2.6 实战：使用“裁切”命令裁切黑边

“裁切”命令用于去除图像四周的空白区域。下面将通过具体案例详细讲解操作方法，具体的操作步骤如下。

01 启动Photoshop 2024，执行“文件”|“打开”命令，选中素材文件，单击“打开”按钮，打开素材图像，如图4-50所示。

图4-50

02 执行“图像”→“裁切”命令，弹出如图4-51所示的“裁切”对话框，设置相应的参数。

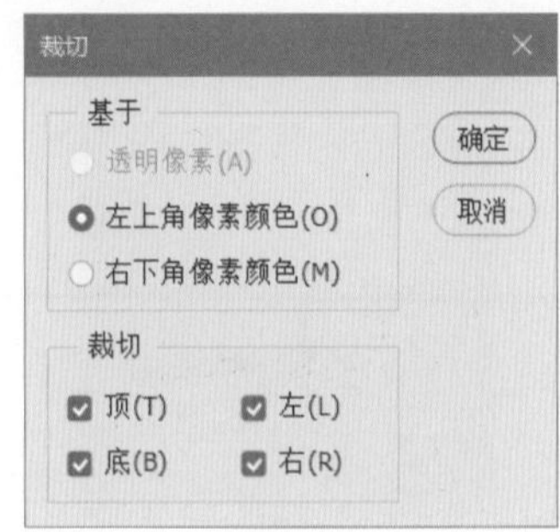

图4-51

03 单击“确定”按钮应用裁切，效果如图4-52所示，照片左侧的黑色区域被裁切。

图4-52

4.3 视图辅助工具

为了更准确地对图像进行编辑和调整，我们需要了解并掌握 Photoshop 中辅助工具的使用方法。这些常用的辅助工具包括“抓手工具”“标尺工具”、参考线、网格以及注释、对齐和分布等。借助这些工具，可以进行参考、对齐和定位等操作。

4.3.1 抓手工具

“抓手工具”可用于拖动画面。在工具箱中选中“抓手工具”，然后按住鼠标左键即可随意拖动画面。另外，其快捷键是按住空格键的同时按住鼠标左键，这样也可以移动画面。

4.3.2 缩放工具

“缩放工具”用于放大或缩小画布。在工具箱中选择“缩放工具”，该工具默认处于放大状态。按住 Alt 键，可以将“缩放工具”切换到缩小状态。另外，也可以使用快捷键 Ctrl++ 来放大图片，或者使用快捷键 Ctrl+- 来缩小图片。

4.3.3 标尺工具

“标尺工具”的作用是测量两个点之间的距离和角度。在工具选项栏中，会显示起点与终点的坐标（X，Y）、角度（A）以及距离（L1、L2）等信息。在画完一条线段后，若在其中一个端点上按住 Alt 键并拉动出第二条线段，此时显示的角度将以这两条线的夹角为准。距离 L1 与 L2 分别表示两个端点距离某个中心点的距离。当画面上只有一条直线时，角度是根据该线段与水平方向的夹角来计算的，而距离 L 则表示两个端点之间的距离。

需要注意的是，标尺只是一种参照信息，并不属于图像内容的一部分。因此，在导出图像时，标尺是不会被显示或导出的。此外，当切换到其他工具时，标尺会被暂时隐藏。

4.3.4 智能参考线

智能参考线有助于对齐形状、切片和选区。启用智能参考线功能后，在绘制形状、创建选区或切片时，智能参考线会自动出现在画布中。

执行“视图”→“显示”→“智能参考线”命令，可以启用智能参考线。其中，紫色线条即为智能参考线，如图 4-53 所示。

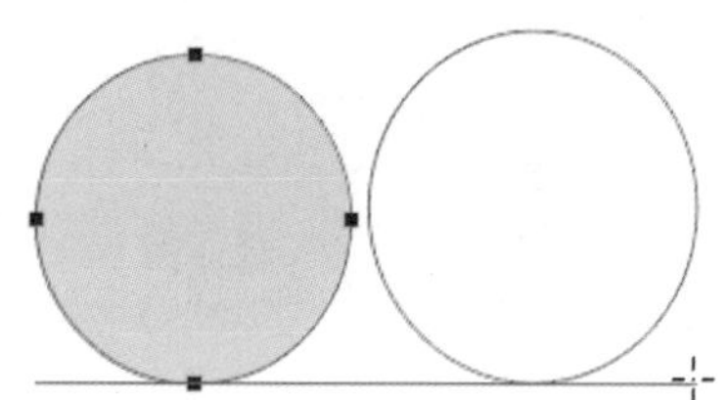

图4-53

> **答疑解惑**
>
> 执行“视图”→“参考线”→“新建参考线”命令，弹出“新建参考线”对话框。在“取向”选项区中选择创建“水平”或“垂直”参考线，然后在“位置”文本框中输入参考线的精确位置。单击“确定”按钮，即可在指定位置创建参考线。

4.3.5 网格

网格对于物体的对齐和鼠标指针的精确定位非常有用，特别适用于对称布置的对象。

打开一个图像素材，如图4-54所示。执行“视图”→“显示”→“网格”命令，可以显示网格，如图4-55所示。显示网格后，可执行“视图”→“对齐到”→“网格”命令启用对齐功能。此后，在进行创建选区、移动图像等操作时，对象会自动对齐到网格上。

图4-54

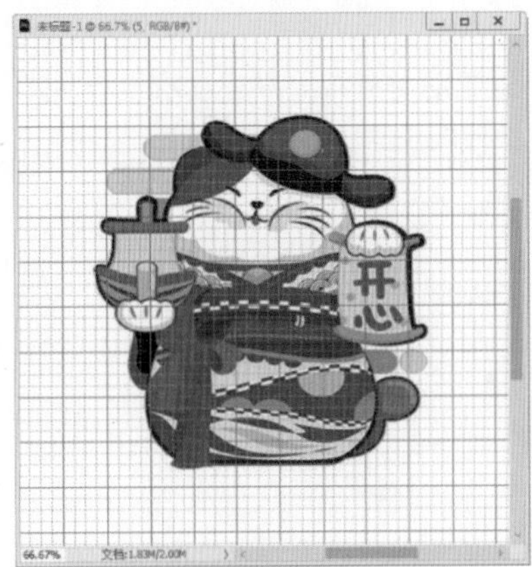

图4-55

在图像窗口中显示网格后，可以利用网格功能，沿着网格线对齐或移动物体。如果希望在移动物体时能够自动贴齐网格，或者在建立选区时自动贴齐网格线的位置进行定位选取，可以执行“视图”→“对齐到”→“网格”命令，当该命令左侧出现√标记即可。

4.3.6 注释工具

“注释工具”允许在图像中的任意区域添加文字注释，非常适用于协同制作图像、添加备忘录等场景。设计师或摄影师在处理图像时，可以使用“注释工具”记录自己的处理步骤和设计思路。这对于后续的修改、重复操作或回顾非常有帮助，因为所有的注释都会附加在图像上，可以随时查看。

4.3.7 实战：为图像添加注释

下面将通过具体案例，详细讲解如何为图像添加注释的方法，具体的操作步骤如下。

01 启动Photoshop 2024，执行“文件”→“打开”命令，或者按快捷键Ctrl+O，打开“橙子.jpg”素材文件，效果如图4-56所示。

图4-56

02 在工具箱中选择“注释工具”，在图像上单击，出现记事本图标，并且自动打开“注释”面板，如图4-57所示。

图4-57

03 在“注释”面板中输入文字，如图4-58所示。

图4-58

04 在文档中再次单击，“注释”面板会自动更新到新的页面，在“注释”面板中单击或按钮，可以切换页面，如图4-59所示。

图4-59

05 在“注释”面板中，按Backspace键可以逐字删除注释中的文字，文字全部删除后，注释页面依然存在，如图4-60所示。

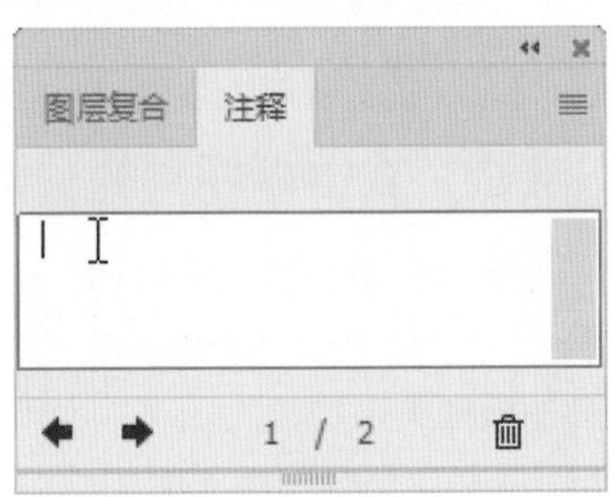

图4-60

06 在“注释”面板中选择相应的注释并单击“删除注释”按钮，即可删除选中的注释，如图4-61所示。

图4-61

4.3.8 对齐与分布

Photoshop的对齐和分布功能用于精确定位图层的位置。在进行对齐和分布操作之前，首先需要选中这些图层，或者将这些图层链接起来。

在选中“移动工具”的状态下，可以单击工具选项栏中的、、、、、按钮来对齐图层；单击、、、、、按钮来分布图层。

4.3.9 实战：图像的对齐与分布操作

下面将通过具体案例，详细讲解图像对齐和分布的具体操作方法。

扫码看资源

01 启动Photoshop 2024，执行“文件”→“打开”命令，或者按快捷键Ctrl+O，打开“浣熊.psd”素材文件，如图4-62所示。

图4-62

02 选中除“背景”图层外的所有图层。执行“图层”→“对齐”→“顶边”命令，可以将选定图层上的顶端像素与所有选定图层的顶端像素对齐，如图4-63所示。

图4-63

03 按快捷键Ctrl+Z撤销上一步操作。执行“图层”→“对齐”→“垂直居中”命令，可以将每个选定图层的垂直像素与所有选定图层的垂直中心像素对齐，如图4-64所示。

图4-64

04 按快捷键Ctrl+Z撤销上一步操作。执行“图层”→“对齐”→“水平居中”命令，可以将选定图层的水平中心像素与所有选定图层的水平中心像素对齐，如图4-65所示。

图4-65

05 按快捷键Ctrl+Z撤销上一步操作。取消对齐，随意打乱图层的分布，如图4-66所示。

图4-66

06 选中除“背景”图层外的所有图层。执行“图层”→“分布”→“左边”命令，可以从每个图层的左端像素开始，间隔均匀地分布图层，如图4-67所示。

图4-67

4.4 综合实战

本章综合实战的目的是对图像的基本操作进行巩固练习，熟悉快捷键的使用，并主要运用本章所学的图像处理相关工具。

4.4.1 实战：立体草坪人物制作

制作立体草坪效果需要熟练掌握自由变换的方法，并了解物体的透视关系，具体的操作步骤如下。

扫码看资源

01 启动Photoshop 2024，按快捷键Ctrl+O，打开相关素材中的“草地.jpg”文件，并按快捷键Ctrl+J复制一层。

02 在“图层”面板中，单击操作对象所在的“草地”图层。执行“滤镜”→“模糊”→“高斯模糊”命令，在弹出的对话框中设置“半径”值为80，单击“确定”按钮，得到的效果如图4-68所示。

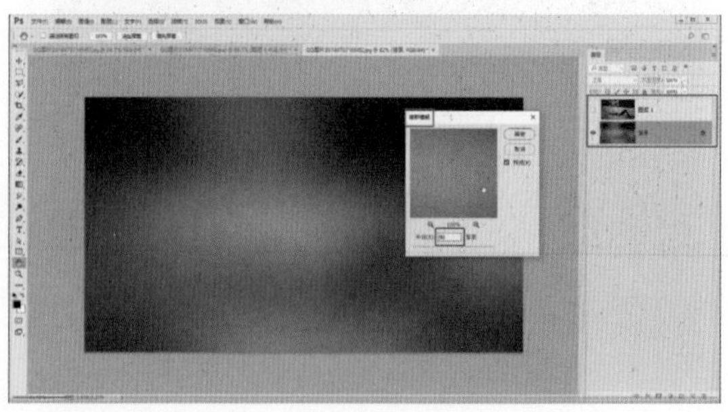

图4-68

03 在“图层”面板中，单击操作对象所在的“草地复制”图层。

04 按快捷键Ctrl+T显示定界框，将鼠标指针放在定界框四周的控制点上，按住Shift+Alt键拖动鼠标，等比例缩小图像，如图4-69所示。

图4-69

05 继续将鼠标指针放在定界框四周的控制点上，按住Shift+Ctrl+Alt键，鼠标指针会变为▷状，此时单击并拖动鼠标可进行透视变换。操作完成后，按Enter键确认，效果如图4-70所示。

图4-70

06 拖入“土地裂纹.jpg”素材，按快捷键Ctrl+T显示定界框，将“土地裂纹.jpg”素材自由变换至合适的位置和大小，如图4-71和图4-72所示。

图4-71

图4-72

07 最后调节“色相/饱和度”并添加“图层样式”丰富画面细节，相关操作将会在后文中具体介绍，然后即可得到如图4-73所示的最终画面效果。

图4-73

4.4.2 实战：使用拉直工具校正倾斜照片

校正倾斜图片时，如果直接旋转视图并裁剪，可能会破坏画面的完整性。使用“拉直工具”将图像调至水平状态，再填充空余部分，即可有效解决此问题，具体的操作步骤如下。

扫码看资源

01 启动Photoshop 2024，按快捷键Ctrl+O，打开相关素材中的“铁轨.jpg”文件。

02 在工具箱中选择“裁剪工具”，单击激活工具选项栏中的“拉直”按钮，沿着倾斜的铁轨拉出一条直线，即可校正图像，如图4-74和图4-75所示。

图4-74

图4-75

03 选择“快速选择工具”，在工具选项栏中单击激活“加选”按钮，执行“选择→修改→扩展”命令，弹出“扩展选区”对话框，设置“扩展量”为10像素，然后单击4个角落的空白区域创建选区，如图4-76所示。

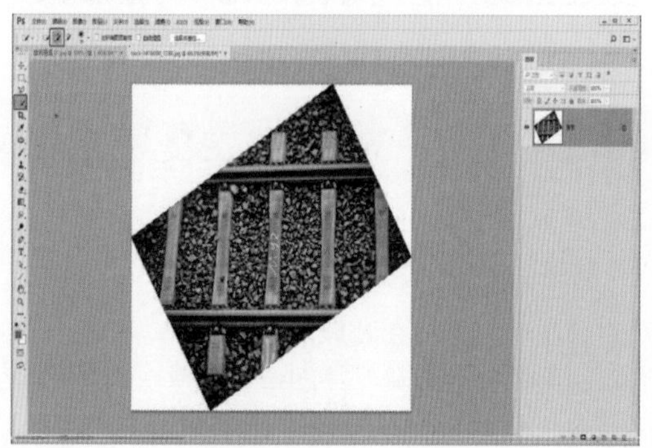

图4-76

04 执行“编辑→填充”命令，弹出“填充”对话框，在“内容”下拉列表中选择“内容识别”选项，单击“确定”按钮关闭对话框，最终效果如图4-77所示。

图4-77

第5章 选区

选区在图像编辑的过程中扮演着非常重要的角色，创建选区即指定图像编辑操作的有效区域，可以用来处理图像的局部像素。灵活而巧妙地应用选区，能制作许多精妙绝伦的效果。因此，很多Photoshop高手将Photoshop的精髓归纳为“选择的艺术”。创建选区是通过选区工具完成的，包括规则的选框类选区工具和不规则的套索类选区工具。本章将详细讨论选区的创建和编辑方法，以及选区在图像处理中的具体应用技巧。

5.1 认识选区

“选区”指的是选择的区域或范围，在Photoshop中，选区是指在图像上用来限制操作范围的动态（浮动）蚂蚁线，如图5-1所示。在Photoshop中处理图像时，经常需要对图像的局部进行调整，通过选择一个特定的区域，即“选区”，就可以对选区中的内容进行编辑，同时保证未选定区域的内容不会被改动，如图5-2所示。

图5-1

图5-2

5.2 选区的通用操作

Photoshop中所有选区的通用操作是都能进行羽化、描边和填充，并且都可以进行加减运算。不同的选取工具之间可以结合使用。在学习和使用选择工具和命令之前，我们先来学习一些与选区基本编辑操作有关的命令，以便为深入学习选择方法打下基础。

5.2.1 全选与反选

执行“选择”→“全选”命令，或者按快捷键Ctrl+A，即可选择当前文档边界内的全部图像，如图5-3所示。

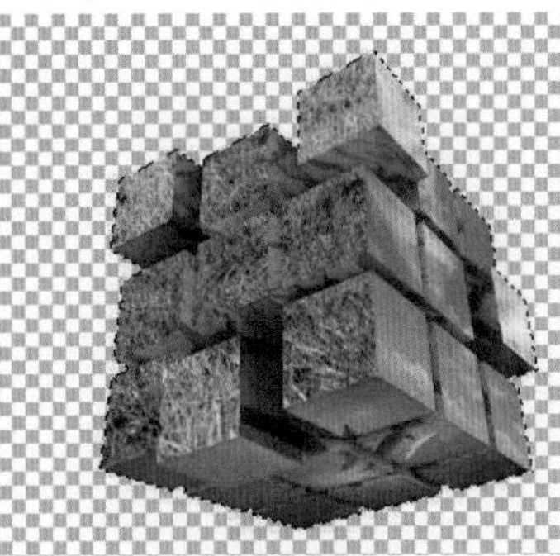

图5-3

创建的选区效果如图5-4所示，执行“选择”→“反向”命令，或者按快捷键Ctrl+Shift+I，可以反选当前的选区（即取消当前选择的区域，选择未选取的区域），如图5-5所示。

图5-4

图5-5

执行“选择”→“全部”命令后，再按快捷键Ctrl+C，即可复制整个图像。如果文档中包含多个图层，则可以按快捷键Ctrl+Shift+C进行合并复制。

5.2.2 取消选择与重新选择

创建如图5-6所示的选区后，执行“选择”→“取消选择”命令，或者按快捷键Ctrl+D，可以取消所有已经创建的选区。如果当前激活的是选择工具，如“选框工具”“套索工具”，将鼠标指针放置在选区内并单击，也可以取消当前的选择，如图5-7所示。

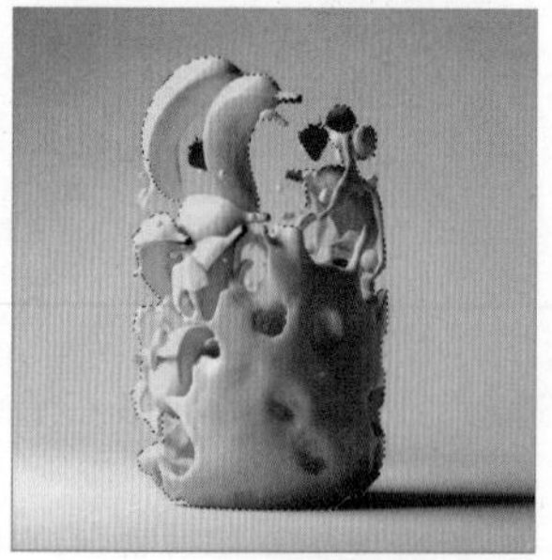

图5-6

图5-7

Photoshop会自动保存前一次的选区。在取消创建的选区后，执行“选择”→“重新选择”命令或按快捷键Ctrl+Shift+D，可调出前一次的选区，如图5-8所示。

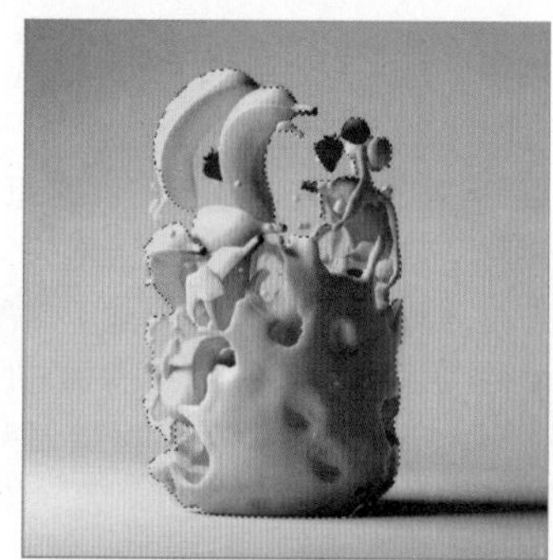

图5-8

5.2.3 移动选区

移动选区操作可以改变选区的位置。使用选区工具在图像中绘制了一个选区后，将鼠标指针放置在选区范围内，此时指针会显示为▸状，单击并拖动鼠标，即可移动选区，如图5-9和图5-10所示。在拖动过程中，鼠标指针可能会显示为黑色三角形状，表示正在移动选区。

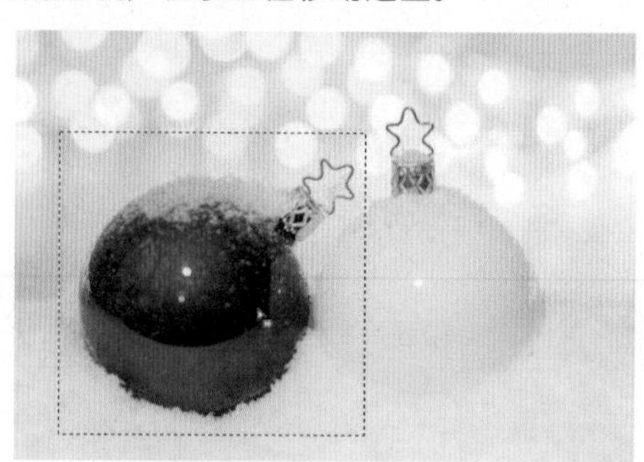

图5-9

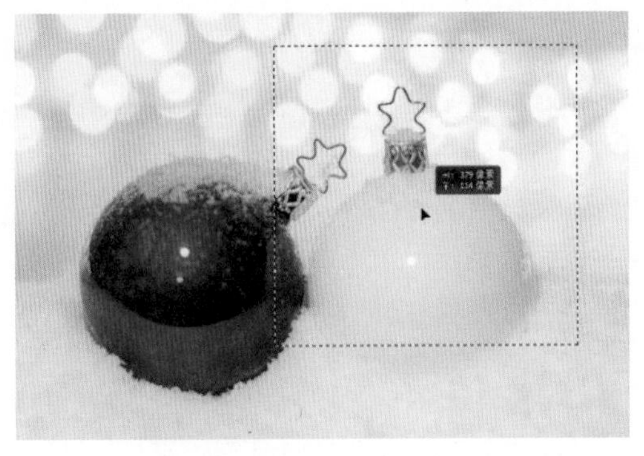

图5-10

如果只是小范围地移动选区，或者要求准确地移动选区，可以使用键盘上的←、→、↑、↓这4个方向键来移动选区，每按一次方向键，选区会移动1个像素。如果按住Shift键的同时按方向键，选区可以一次移动10个像素的距离。

5.2.4 隐藏与显示选区

创建选区后，执行“视图”→“显示”→“选区边缘”命令，或者按快捷键Ctrl+H，可以隐藏或显示选区的边缘。如果用画笔绘制选区边缘的轮廓，或者对选中的图像应用滤镜，将选区隐藏之后，可以更加清楚地看到选区边缘图像的变化情况。

延伸讲解

隐藏选区后，选区虽然看不见了，但它依然存在，并且仍然限定着操作的有效区域。如果需要重新显示选区，可以按快捷键Ctrl+H。

5.2.5 填充与描边

填充是指在选区或图像内填充颜色，而描边是指为选区描绘可见的边缘。进行填充和描边操作时，可以执行“填充”与“描边”命令，以及使用工具箱中的“油漆桶工具”。

1. “填充”命令

“填充”命令可以说是填充工具的扩展，它的一项重要功能是有效地保护图像中的透明区域，可以有针对性地填充图像。执行“编辑”→“填充”命令，或者按快捷键Shift+F5，即可弹出“填充”对话框，如图5-11所示。

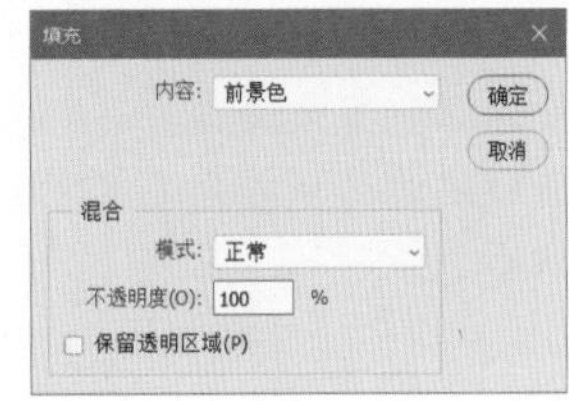

图5-11

2. “描边”命令

执行“编辑”→“描边”命令，将弹出如图5-12所示的“描边”对话框，在该对话框中可以设置描边的宽度、位置和混合模式。

图5-12

5.2.6 选区运算

在图像的编辑过程中，有时需要同时选择多个不相邻的区域，或者增加、减少当前选区的面积。在选区工具的选项栏上，可以看到如图5-13所示的按钮，使用这些按钮，可以进行选区的加减等运算。这些按钮的具体使用说明如下。

图5-13

※ 新选区：单击该按钮后，可以在图像上创建一个新选区。如果图像上已经包含了选区，则每新建一个选区，都会替换上一个选区，如图5-14所示。

图5-14

※ 添加到选区：单击该按钮或按住 Shift 键，此时的鼠标指针下方会显示 + 标记，拖动鼠标即可将新建的选区添加到已有的选区，如图 5-15 所示。

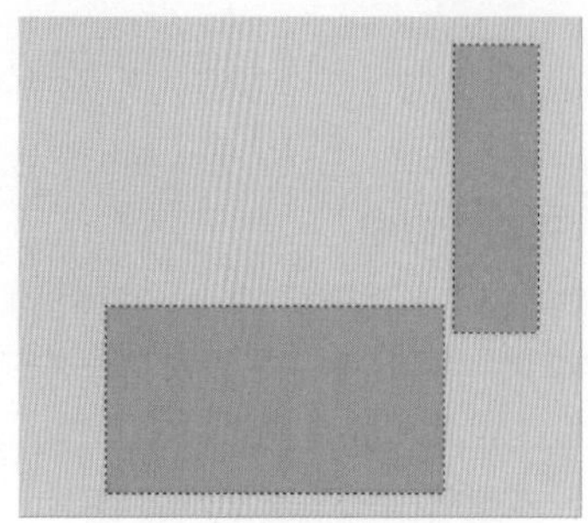

图5-15

※ 从选区减去：对于多余的选区，同样可以将其减去。单击该按钮或按住 Alt 键，此时鼠标指针下方会显示 - 标记，然后使用“矩形选框工具”绘制需要减去的区域即可，如图 5-16 所示。

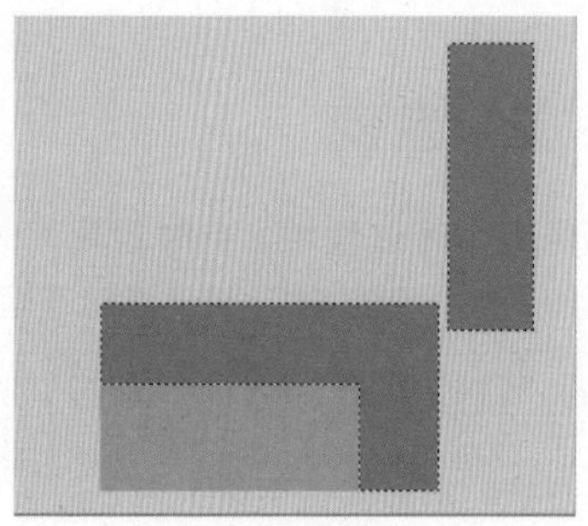

图5-16

※ 与选区交叉：单击该按钮或按住 Alt+Shift 键，此时鼠标指针下方会显示 × 标记，新创建的选区与原选区重叠的部分（即相交的区域）将被保留，产生一个新的选区，而不相交的选区范围将被删除，如图 5-17 所示。

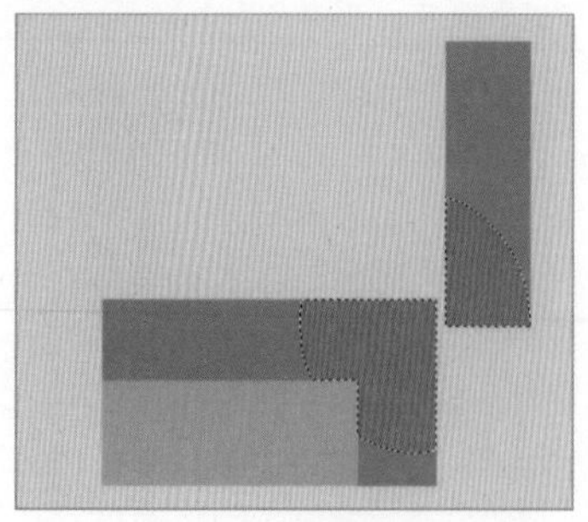

图5-17

5.2.7 羽化

“羽化”功能是通过建立选区和选区周围像素之间的过渡边界来模糊边缘的，但这种方式可能会丢失选区边缘的一些图像细节。“羽化”功能常被用来制作晕边艺术效果。在工具箱中选择一种选择工具后，可以在工具选项栏的“羽化”文本框中输入羽化值，然后创建具有羽化效果的选区。

创建选区后，如图 5-18 所示，可以执行“选择”→“修改”→“羽化”命令，在弹出的对话框中设置羽化值，以对选区进行羽化，如图 5-19 所示。羽化值的大小决定了图像晕边的大小，羽化值越大，晕边效果越明显。

图5-18

图5-19

提示

羽化选区时，如果出现“任何像素选择都不大于 50%，选区将不可见”的警告对话框，如图5-20所示，这是因为选区的范围太小。在此基础上进行羽化，将不会显示选区的边界，即蚂蚁线。但选区依然存在，并且仍然限定着操作的有效区域。

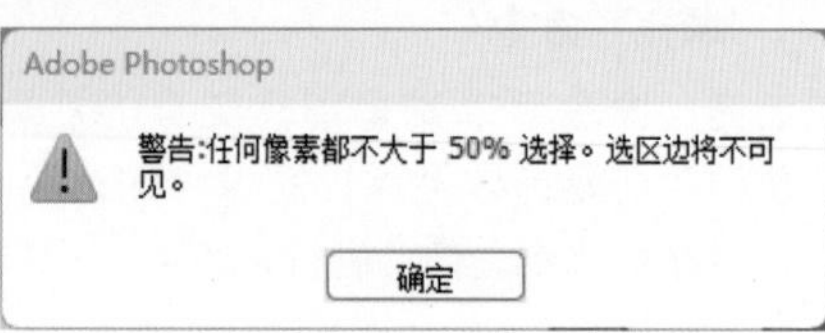

图5-20

5.2.8 实战：通过羽化选区合成图像

羽化选区可以使选区的边缘变得柔和，从而实现选区内与选区外图像的自然过渡，具体的操作步骤如下。

01 启动Photoshop 2024，按快捷键Ctrl+O打开相关素材中的“热气球.jpg”文件，如图5-21所示。

图5-21

02 在工具箱中选择“套索工具”，按住鼠标左键并在图像上拖曳，围绕热气球创建选区，如图5-22所示。

图5-22

03 执行“选择”→“修改”→“羽化”命令，弹出“羽化选区”对话框，在其中设置“羽化半径”为50像素，如图5-23所示，单击“确定”按钮。

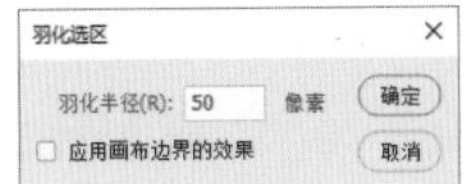

图5-23

04 完成上述操作后，围绕热气球创建的选区会略微缩小，并且边缘会变得更加圆滑。接下来，在“图层”面板中双击“背景”图层，将其转换为可编辑的图层。然后按快捷键Shift+Ctrl+I进行选区反选，再按Delete键删除反选区域中的图像，效果如图5-24所示。

图5-24

05 按快捷键Ctrl+O，打开“背景.jpg”文件，如图5-25所示。

图5-25

06 将“热气球.jpg”文件中抠出的图像拖入“背景.jpg”文档，调整到合适的大小和位置，并适当调整图像的亮度，最终效果如图5-26所示。

图5-26

5.3 基本选择工具

Photoshop 中的基本选择工具包括选框类工具和套索类工具。选框类工具包括“矩形选框工具”、“椭圆选框工具”、“单行选框工具”、“单列选框工具”，选框工具用于创建规则的选区。套索类工具包括“套索工具”、“多边形套索工具”、“磁性套索工具”，套索类工具用于创建不规则的选区。

5.3.1 实战：矩形选框工具

使用“矩形选框工具”在图像中单击并拖动，即可创建矩形选区。下面利用“矩形选框工具”为图像添加艺术效果，具体的操作步骤如下。

扫码看资源

01 启动Photoshop 2024，按快捷键Ctrl+O，打开相关素材中的“小女孩.jpg”文件，如图5-27所示。

图5-27

02 按快捷键Ctrl+J复制“背景”图层，得到“图层1”。接着，选择“裁剪工具”，在工具选项栏的“选择预设长宽比或裁剪尺寸”下拉列表中选择“宽×高×分辨率”选项，并设置数值为5厘米×5厘米。然后，按住鼠标左键，将裁剪框移动至适当位置，如图5-28所示。最后，按Enter键即可确认裁剪。

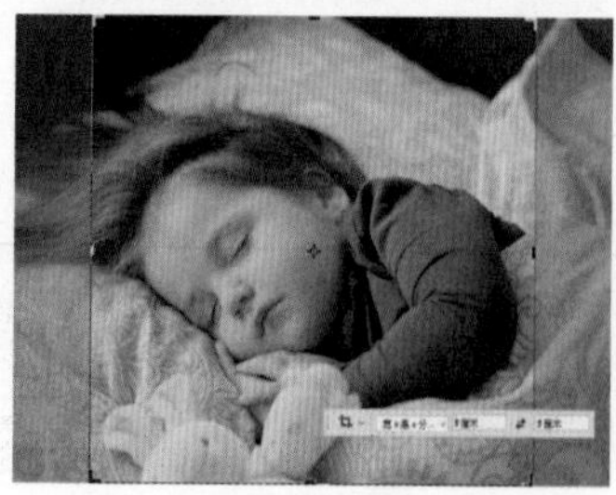

图5-28

03 选择“矩形选框工具”后，在工具选项栏的“样式”下拉列表中选择“固定大小”选项。接着，设置“宽度”为5厘米，并设置“高度”为0.1厘米，如图5-29所示。

样式：固定大小 宽度：5 厘米 高度：0.1 厘米

图5-29

04 在画面中单击并向右拖动鼠标，创建固定大小的矩形选区，如图5-30所示。

图5-30

05 单击工具选项栏中的“添加到选区”按钮，依照上述方法，在画面中创建多个矩形选框，如图5-31所示。

图5-31

06 在工具选项栏中单击“高度和宽度互换”按钮，将宽度与高度值互换，如图5-32所示。

样式：固定大小 宽度：0.1 厘米 高度：5 厘米

图5-32

07 采用同样的方法，在图像中创建多个竖向矩形选框，如图5-33所示。

图5-33

08 按快捷键Shift+Ctrl+I将选区反向，然后按快捷键Ctrl+J复制选区中的图像，得到“图层2”。接着，将该图层下面的“背景”图层隐藏，得到的画面效果如图5-34所示。

图5-34

09 显示“背景”图层并单击“图层”面板中的“创建新图层”按钮◻，创建新图层。然后绘制一个与画面大小一致的矩形并填充棕色（#936c5b），如图5-35所示。

图5-35

10 在工具选项栏的“样式”下拉列表中选择“正常”选项，在图像中独立色块左上角单击并向右下角拖动鼠标，手动定义一个选区，如图5-36所示。

图5-36

11 在“图层”面板中选择“图层2”图层，执行“图像”→“调整”→“黑白”命令，弹出“黑白”对话框，按图5-37所示调节参数。

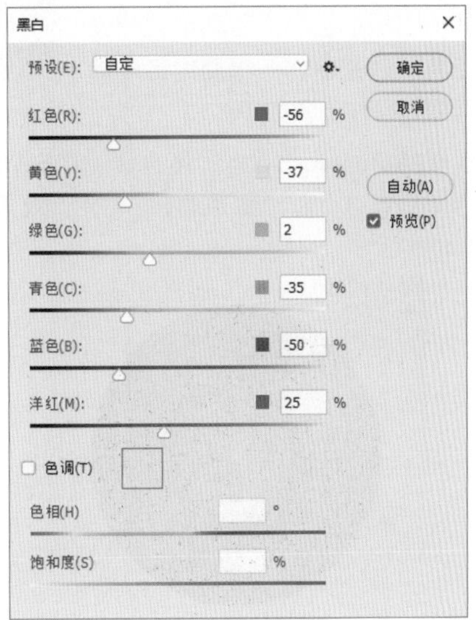

图5-37

12 操作完成后，单击“确定”按钮。按快捷键Ctrl+D取消选区，黑白效果如图5-38所示。

图5-38

13 采用同样的方法，绘制更多的矩形选区，为图像增添艺术效果，完成效果如图5-39所示。

图5-39

5.3.2 实战：椭圆选框工具

“椭圆选框工具”◌可用于创建圆形或椭圆形选区。下面利用“椭圆选框工具”◌来制作一幅简约音乐海报，具体的操作步骤如下。

01 启动Photoshop 2024，按快捷键Ctrl+O，打开相关素材中的“唱片.jpg”文件，效果如图5-40所示。

图5-40

02 在“图层”面板中，单击“背景”图层右侧的“指示图层部分锁定”按钮🔒，将其转换为可编辑图层，如图5-41所示。

图5-41

03 选择“椭圆选框工具”◌，按住Shift键在画面中单击并拖动鼠标，创建圆形选区，选中唱片（可同时按住空格键移动选区，使选区与唱片对齐），如图5-42所示。

图5-42

04 选区定义完成后，按Delete键将选区中的图像删除，按快捷键Ctrl+D取消选区，效果如图5-43所示。

图5-43

05 利用“椭圆选框工具”◌再次定义一个与唱片大小一致的圆形选区，如图5-44所示。

图5-44

06 这里需要保留黑色唱片部分，删除白色背景。在当前选区状态下，执行“选择”→“反向”

命令，或者按快捷键Shift+Ctrl+I将选区反向，按Delete键即可将白色背景删除，如图5-45所示。

图5-45

07 按快捷键Ctrl+O，打开相关素材中的“背景.jpg”文件，如图5-46所示。

08 将“唱片”文档中的图像拖入“背景”文档中，调整“唱片”素材的大小及位置，并在“图层”面板中将“唱片”图层的不透明度降低至80%，使整体色调更为协调，最终效果如图5-47所示。

图5-46

图5-47

5.3.3 实战：单行和单列选框工具

“单行选框工具”与“单列选框工具”用于创建1个像素高度或宽度的选区，在选区内填充颜色可以得到水平或垂直直线。下面将结合网格，巧妙利用“单行选框工具”与“单列选框工具”制作格子布效果，具体的操作步骤如下。

扫码看资源

01 启动Photoshop 2024，执行“文件”→“新建”命令，新建一个“高度”为2000像素，“宽度”为3000像素，分辨率为300像素/英寸的RGB文档，如图5-48所示，单击“确定”按钮完成文档的创建。

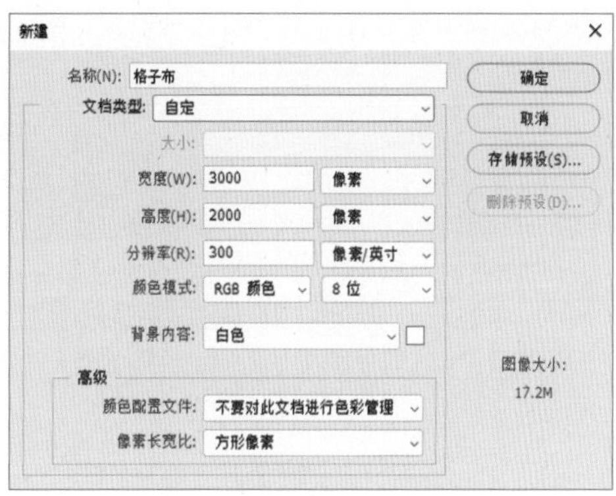

图5-48

02 执行“视图”→“显示”→“网格”命令，使网格变为可见状态，如图5-49所示。

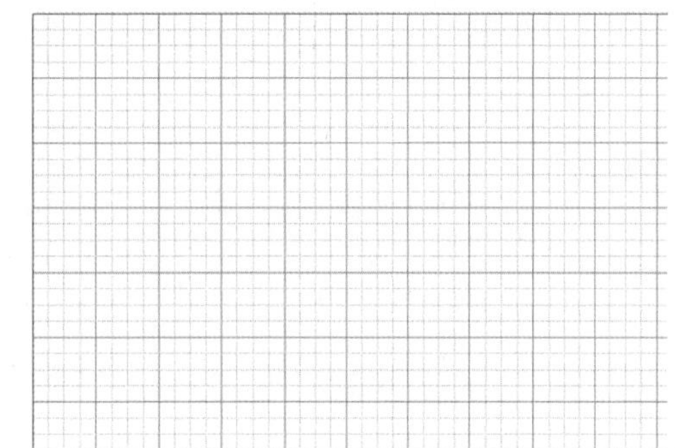

图5-49

03 按快捷键Ctrl+K，弹出“首选项”对话框，在“参考线、网格和切片”选项卡中，设置“网格线间隔”为3厘米，设置“子网格”值为3，网格颜色为浅蓝色，样式为直线，如图5-50所示。

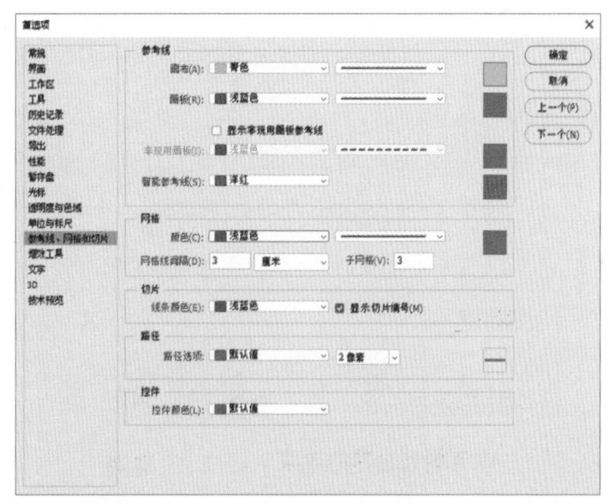

图5-50

04 完成设置后单击“确定”按钮，此时得到的网格效果如图5-51所示。

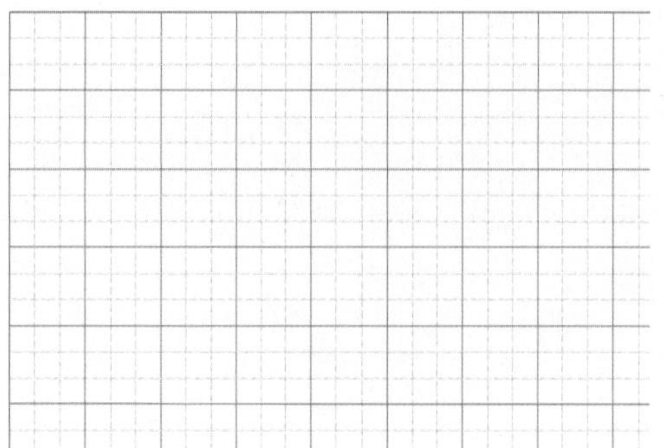

图5-51

05 选择“单行选框工具”，单击工具选项栏中的“添加到选区”按钮，然后每间隔3条网格线单击一次，创建多个单行选区，如图5-52所示。

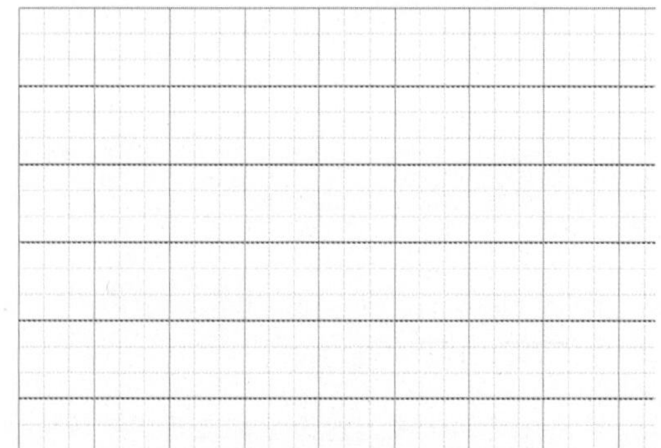

图5-52

延伸讲解

除了单击“添加到选区”按钮添加连续的选区，按住Shift键同样可以添加连续的选区。

06 执行“选择”→“修改”→“扩展”命令，在弹出的对话框中输入80，将1像素的单行选区扩展成高度为80像素的矩形选区，如图5-53所示。

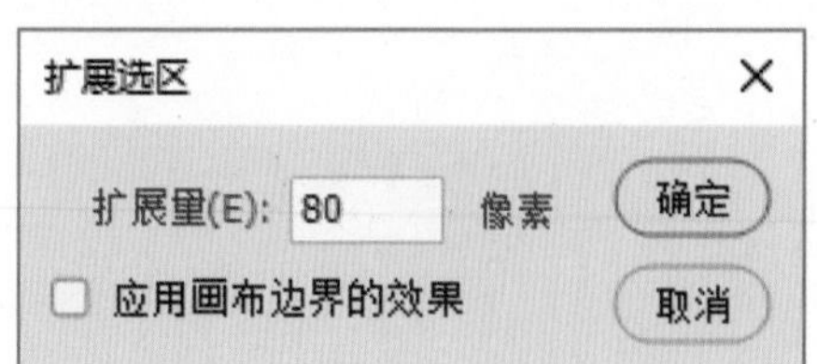

图5-53

07 单击“图层”面板中的“创建新图层”按钮，新建空白图层。修改前景色为蓝色（#64a9ff），按快捷键Alt+Delete可以快速为选区填充颜色，然后在“图层”面板中将该图层的“不透明度”值设置为50%，此时得到的图像效果如图5-54所示，按快捷键Ctrl+D取消选区。

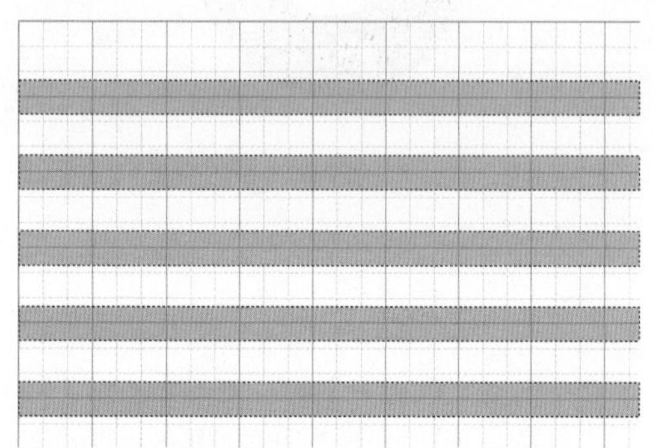

图5-54

08 采用同样的方法，使用“单列选框工具”绘制蓝色（#64a9ff）竖条，如图5-55所示。

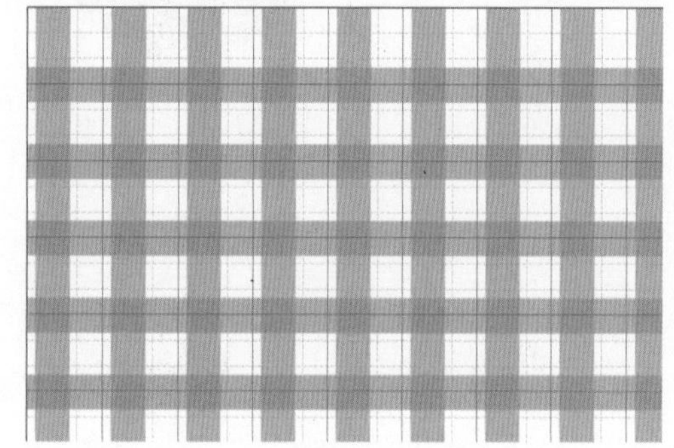

图5-55

09 完成操作后，按快捷键Ctrl+H隐藏网格，绘制的格子布效果如图5-56所示。

图5-56

5.3.4 实战：套索工具

使用“套索工具”可以创建任意形状的选区，其使用方法和“画笔工具”相似，需要徒手绘制，具体的操作步骤如下。

扫码看资源

01 启动Photoshop 2024，按快捷键Ctrl+O，打开相关素材中的“草地.jpg”文件，如图5-57所示。

图5-57

02 选择“套索工具”，在画面中单击并拖动鼠标，创建一个不规则选区，如图5-58所示。

图5-58

03 按快捷键Ctrl+O，打开相关素材中的“土地.jpg”文件，然后将“草地”文档中的选区图像拖入“土地”文档，并调整到合适的大小与位置，如图5-59所示。

图5-59

04 将泥土图像所在的“背景”图层解锁，转换为可编辑图层，如图5-60所示。然后使用“套索工具”在该图层中创建选区，如图5-61所示。

图5-60

图5-61

05 创建完成后，按快捷键Shift+Ctrl+I将选区反向，并按Delete键删除多余的图像，然后将草地与泥土所在图层合并，得到的效果如图5-62所示。

图5-62

06 将相关素材中的树、大象、老鹰、鹿文件分别添加到文档中，使画面更完善，效果如图5-63所示。

图5-63

07 在文档中继续绘制一个与画布大小一致的矩形作为背景，并填充蓝白径向渐变色，效果如图5-64所示。

图5-64

08 将相关素材中的云朵文件添加到画面中，并添加文字，再进行最后的画面调整，最终效果如图5-65所示。

图5-65

5.3.5 实战：多边形套索工具

“多边形套索工具”可用来创建不规则形状的多边形选区，如三角形、四边形、梯形和五角星形等。下面利用“多边形套索工具”建立选区，并更换背景，具体的操作步骤如下。

01 启动Photoshop 2024，按快捷键Ctrl+O，打开相关素材中的“窗户.jpg”文件，如图5-66所示。

图5-66

02 选择“多边形套索工具”，在工具选项栏单击“添加到选区”按钮，在左侧窗口内的一个边角上单击，然后沿着它边缘的转折处继续单击，自定义选区范围。将鼠标指针移到起点处，待鼠标指针变为状，再次单击即可封闭选区，如图5-67所示。

图5-67

延伸讲解

创建选区时，如果按住Shift键进行操作，可以锁定水平、垂直或以45°角为增量进行绘制。此外，如果双击，则会在双击点与起点之间连接一条直线，从而闭合选区。

03 采用同样的方法，继续使用“多边形套索工具”将中间窗口和右侧窗口内的图像选中，如图5-68所示。

图5-68

04 双击“图层”面板中的“背景”图层，将其转化成可编辑图层，然后按Delete键，将选区内的图像删除，如图5-69所示。

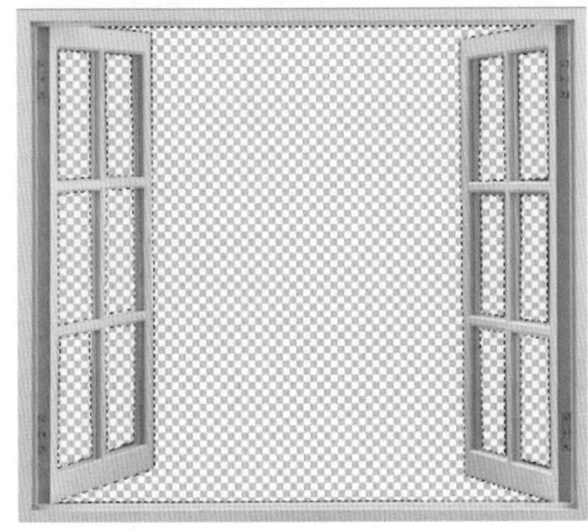

图5-69

05 将相关素材中的“夜色.jpg”文件拖入文档，如图5-70所示。

图5-70

06 调整图像至合适大小，并放置在“窗户”图层下方，得到的最终效果如图5-71所示。

图5-71

> **延伸讲解**
>
> 使用“多边形套索工具”时，在画面中按住鼠标左键，然后按住Alt键并拖动鼠标，可切换至“套索工具”，此时拖动鼠标可徒手绘制选区。释放Alt键可恢复为“多边形套索工具”。

5.3.6 实战：磁性套索工具

扫码看资源

“磁性套索工具”可以自动识别边缘较清晰的图像，与“多边形套索工具”相比更为智能。但需要注意的是，该工具仅适用抠取边缘较为清晰的对象，如果对象边缘与背景的分界不明显，那么使用“磁性套索工具”抠取对象的过程就会比较麻烦。如图5-72~图5-74所示为使用“磁性套索工具”抠取鸡蛋图像的操作过程。

图5-72

图5-73

图5-74

如果想要在某一位置放置一个锚点，可以在该处单击。如果锚点的位置不准确，可以按 Delete 键将其删除。连续按下 Delete 键可以依次删除前面创建的锚点。另外，按 Esc 键可以清除所有锚点。

延伸讲解

在使用“磁性套索工具”绘制选区的过程中，按住Alt键在其他区域单击，可切换为“多边形套索工具”创建直线选区；按住Alt键单击并拖动鼠标，可切换为“套索工具”。

5.4 魔棒与快速选择工具

“魔棒工具”和“快速选择工具”是基于色调和颜色差异来构建选区的工具。“魔棒工具”可以通过单击创建选区，而“快速选择工具”则需要像绘画一样来创建选区。使用这些工具可以快速选择色彩变化不大、色调相近的区域。

5.4.1 实战：魔棒工具

使用“魔棒工具”在图像上单击，可以选择与单击点色调相似的像素。当背景颜色变化不大，且需要选取的对象轮廓清晰并与背景色之间有一定差异时，使用“魔棒工具”可以快速选择对象，具体的操作步骤如下。

01 启动Photoshop 2024，按快捷键Ctrl+O，打开相关素材中的“水果.jpg”文件，如图5-75所示。

图5-75

02 在“图层”面板中双击“背景”图层，将其转换为可编辑图层，如图5-76所示。

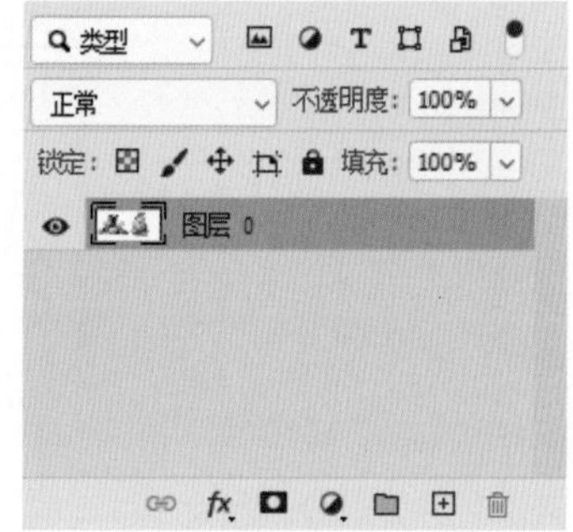

图5-76

03 选择“魔棒工具”，在工具选项栏中设置“容差”值为10，然后在白色背景处单击，将背景载入选区。

延伸讲解

容差值决定了颜色取样的范围。容差值越大，选择的像素范围越广；容差值越小，选择的像素范围越窄。

04 按Delete键删除选区内图像，按快捷键Ctrl+D取消选区，这样水果图层的背景就变透明了，如图5-77所示。

图5-77

5.4.2 实战：快速选择工具

“快速选择工具”的使用方法与“画笔工具”类似。它能够利用可调整的圆形画笔笔尖来快速“绘制”选区，允许用户像绘画一样自由地创建选区。在拖动鼠标的过程中，选区会向外扩展，并且能够自动检测和跟随图像中的边缘，具体的操作步骤如下。

扫码看资源

01 启动Photoshop 2024，按快捷键Ctrl+O，打开相关素材中的“孩童.jpg”文件，如图5-78所示。

图5-78

02 在“图层”面板中双击“背景”图层，将其转换为可编辑图层。接着使用“快速选择工具”，在工具选项栏中设置“大小”值为10像素，如图5-79所示。

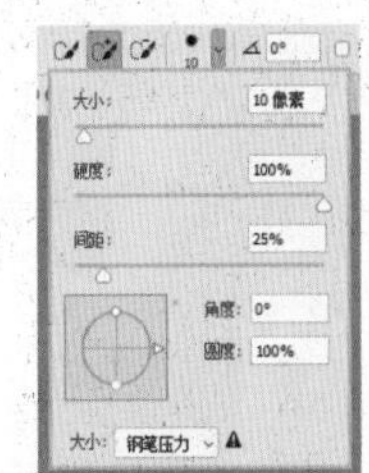

图5-79

03 在要选取的人物图像上单击并沿着身体轮廓拖动鼠标，以创建选区，如图5-80所示。

图5-80

04 按住Alt键在选中的背景上（手脚与背景的空隙处）单击并拖动鼠标，将多余的部分从选区中减去，如图5-81所示。

图5-81

05 按快捷键Ctrl+O，打开相关素材中的“背景.jpg”文件，将“孩童.jpg”文档中选取的对象拖入“背景.jpg”文档，并调整素材的大小及位置，效果如图5-82所示。

06 在“图层”面板中，双击添加的图像所在的图层，在弹出的“图层样式”对话框中添加“投影”效果，调整参数后，单击“确定”按钮即可为对象添加投影效果，最终效果如图5-83所示。

图5-82 图5-83

5.4.3 实战：对象选择工具

扫码看资源

“对象选择工具”非常智能，只需在画面中创建一个选区，它便能在定义的区域内查找并自动选择对象，具体的操作步骤如下。

01 启动Photoshop 2024，按快捷键Ctrl+O，打开相关素材中的“甜品.jpg”文件，如图5-84所示。

图5-84

02 选择“对象选择工具”，在画面中围绕对象创建一个矩形选区，如图5-85所示。完成上述操作后，等待片刻，画面中将自动生成选区，如图5-86所示。

图5-85

图5-86

03 按快捷键Ctrl+O，打开相关素材中的“背景.jpg”文件，将“甜品.jpg”文档中选取的对象拖入“背景.jpg”文档，并调整素材的大小及位置，得到的最终效果如图5-87所示。

图5-87

延伸讲解

在使用“对象选择工具”创建选区时，如果对象所在的图层未转换为可编辑图层，则创建选区后，在按住Ctrl键的同时拖动鼠标，即可剪切对象。

5.5 选择及填充颜色

使用“色彩范围”命令，可以根据图像的颜色范围来创建选区。尽管它与“魔棒工具”在某些方面相似，但“色彩范围”命令的精确度要远高于“魔棒工具”。

5.5.1 “色彩范围”对话框

打开一个文件，如图5-88所示，然后执行“选择”→“色彩范围”命令，即可弹出“色彩范围”对话框，如图5-89所示。

图5-88

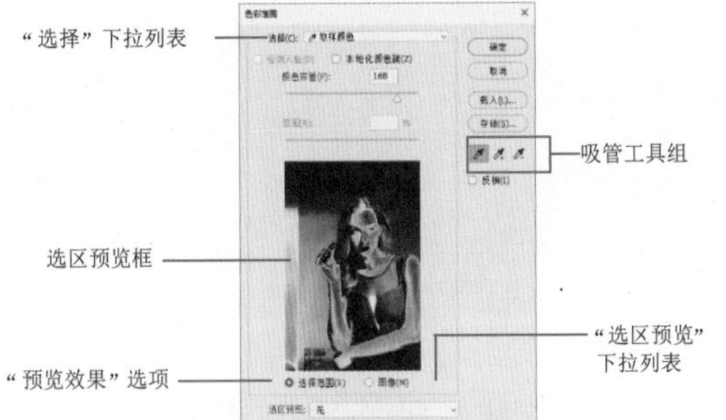

图5-89

"色彩范围"对话框中主要选项含义如下。

※ "选择"下拉列表：用于设置选区的创建依据。当选择"取样颜色"选项时，会依据对话框中的"吸管工具"所拾取的颜色来创建选区。若选择"红色""黄色"或其他颜色选项，则可以选取图像中的特定颜色，如图5-90所示。而选择"高光""中间调"和"阴影"选项时，能够选择图像中的特定色调，如图5-91所示。

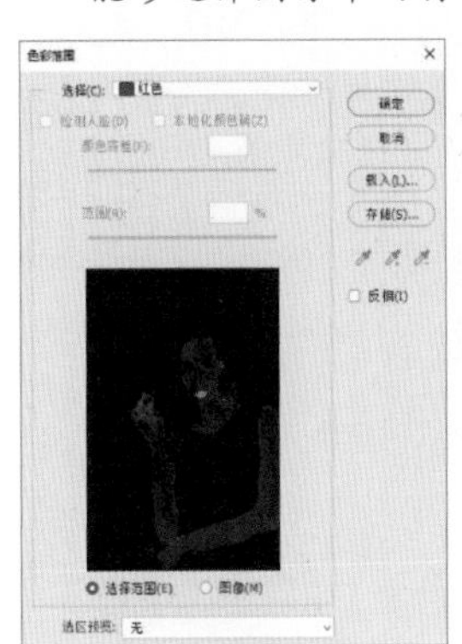

图5-90

图5-91

※ "检测人脸"复选框：在选择人像或人物皮肤时，可以选中此复选框，以便更精确地选取肤色区域。

※ "本地化颜色簇"复选框：选中此复选框后，可以使当前选取的颜色过渡更加平滑。

※ 颜色容差：用于控制颜色的选取范围，该值越大，包含的颜色范围就越广。

※ 范围：通过在文本框中输入数值或拖动下方的滑块，可以调整本地颜色簇的选择范围。

※ 选区预览框：显示根据当前设置所创建的选区范围。

※ "预览效果"选项：若选中"选择范围"单选按钮，选区预览框将显示当前的选区效果；若选中"图像"单选按钮，则选区预览框会显示整个图像的效果。

※ "选区预览"下拉列表：可以从该下拉列表中选择不同的选项，以设置图像中选区的预览效果。

※ 存储：单击该按钮会弹出"存储"对话框，在此对话框中，可以保存当前设置的"色彩范围"参数，便于之后应用到其他图像中。

※ 吸管工具组：这些工具用于选择图像中的颜色，并可以对选定的颜色进行增加或减少的操作。

※ 反相：选中此复选框后，会将当前选区中的图像进行反相处理。

再次执行"色彩范围"命令时，弹出的对话框中会自动保留上一次执行该命令时所设置的各项参数。当按住Alt键时，"取消"按钮会变为"复位"按钮，单击此按钮可将所有参数重置为初始状态。

5.5.2 实战：用"色彩范围"命令抠图

"色彩范围"命令比"魔棒工具"的功能更为强大，使用方法也更为灵活，允许用户一边预览选择区域，一边进行动态调整。

01 启动Photoshop 2024，按快捷键Ctrl+O，打开相关素材中的"绿衣模特.jpg"文件，如图5-92所示。

图5-92

02 执行"选择"→"色彩范围"命令，在弹出的"色彩范围"对话框中，单击右侧的"吸管工具”按钮，然后将鼠标指针移至图像窗口或预览框中，在绿色衣服区域单击，将“色彩容差”值改为50，如图5-93所示。

图5-93

03 预览框用于预览选择的颜色范围，白色表示选中区域，黑色表示未选中区域，单击“确定”按钮，此时图像中会出现选区，如图5-94所示。若选区有不完整的部分可以使用“套索工具”，在工具选项栏中单击激活“添加到选区”按钮，将选区补充完整。

图5-94

04 单击“图层”面板下方的“创建新的填充或调整图层”按钮，创建一个“色相/饱和度”调整图层，然后在“属性”面板中拖曳下方的滑块，即可快速对衣服颜色进行调整，如图5-95所示。

图5-95

使用“色彩范围”命令、“魔棒工具”和“快速选择工具”都可以基于色调差异来创建选区。然而，“色彩范围”命令的独特之处在于它能够创建羽化的选区，即选出的图像会呈现透明效果，这是“魔棒工具”和“快速选择工具”所不具备的功能。

5.5.3 实战：填充选区图形

扫码看资源

使用“填充”命令与使用“油漆桶工具”进行填充在功能上相似，两者都能为当前图层或选区填充前景色或图案。不过，“填充”命令的特别之处在于，它还可以利用内容识别技术进行填充操作，具体的操作步骤如下。

01 启动Photoshop 2024，按快捷键Ctrl+O，打开相关素材中的“线描背景.jpg”文件，效果如图5-96所示。

02 按快捷键Ctrl+J复制得到新图层，选择工具箱中的“魔棒工具”，通过单击建立选区，如图5-97所示。

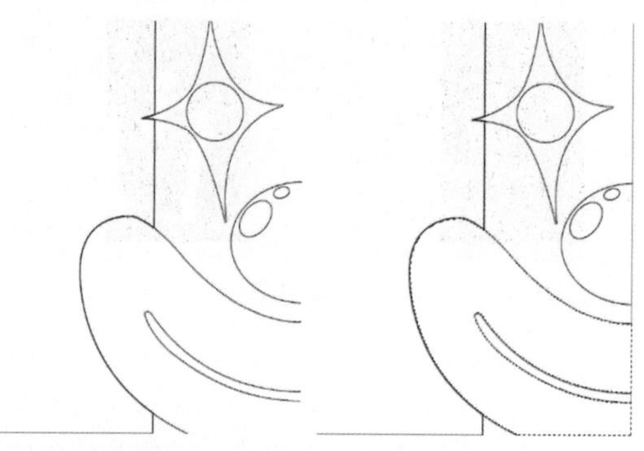

图5-96　　图5-97

03 设置前景色为红色（#ff0006），执行“编辑”→“填充”命令或按快捷键Shift+F5，弹出“填充”对话框，在“内容”下拉列表中选择“前景色”选项，如图5-98所示。

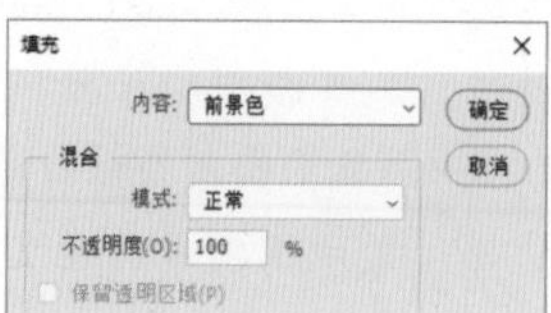

图5-98

04 单击“确定”按钮，选区便填充了颜色，按快捷键Ctrl+D取消选区，得到的效果如图5-99所示。

05 继续使用“魔棒工具”建立新的选区，如图5-100所示。

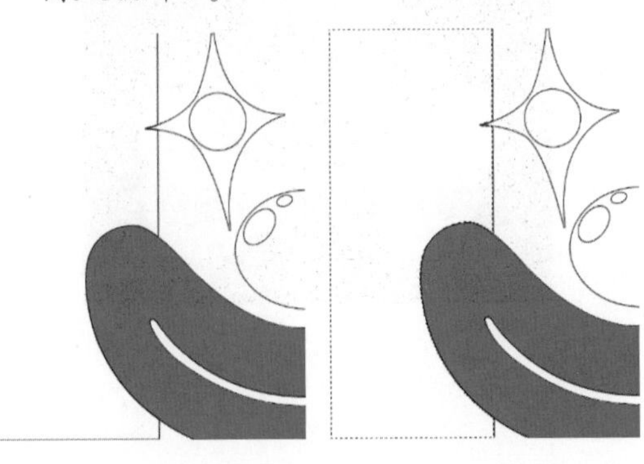

图5-99　　图5-100

06 执行“编辑”→“填充”命令或按快捷键Shift+F5，弹出“填充”对话框，在“内容”下拉列表中选择“图案”选项。展开“自定图案”下拉面板，选择“树”文件夹中的图案，如图5-101所示。

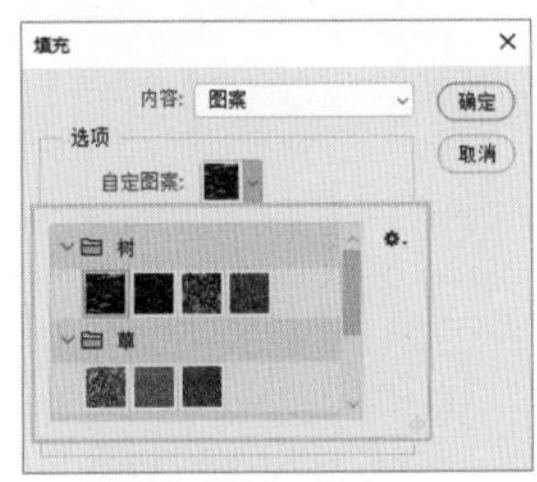

图5-101

07 单击“确定”按钮，选区便填充了图案，按快捷键Ctrl+D取消选区，如图5-102所示。

08 采用同样的方法，对图像的其他部分进行填充，并输入文字内容，最终效果如图5-103所示。

图5-102

图5-103

延伸讲解

若在“内容”下拉列表中选择“内容识别”选项，系统则会融合选区附近图像的明度、色调来进行填充。

5.5.4 选区的编辑操作

创建选区之后，通常需要对选区进行进一步的编辑和加工，以确保选区满足特定要求。选区的编辑操作包括但不限于平滑选区边缘、扩展或收缩选区范围，以及对选区进行羽化处理等。完成选区的创建后，可以执行“选择”→“修改”子菜单中的选区编辑命令，如图5-104所示。

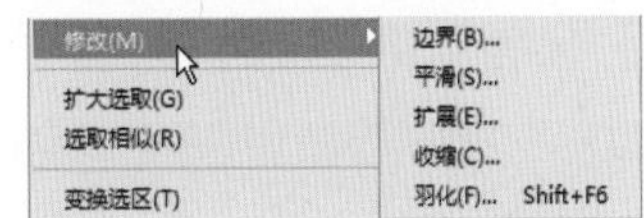

图5-104

5.6 细化选区

在进行图像处理时，若画面中包含如毛发等微小细节，精确地创建选区往往颇具挑战。针对这类复杂情况，当需要选择类似毛发的细节时，建议先使用“魔棒工具”“快速选择工具”或执行“色彩范围”命令等方式，快速构建出一个大致的选区。随后，可利用“选择并遮住”命令对初步选定的区域进行精细调整，以确保准确选中目标对象。

5.6.1 选择视图模式

创建好选区后，如图5-105所示，执行“选择”→“选择并遮住”命令，或者按快捷键Alt+Ctrl+R，切换到“属性”面板。在该面板中，单击“视图”选项后方的三角形按钮，即可从弹出的下拉列表中选择合适的视图模式，如图5-104所示。

“视图模式”中的选项说明如下。

※ 洋葱皮：以透明蒙版的方式查看被选区域。

※ 闪烁虚线：此模式下，可查看带有闪烁边界的标准选区，如图5-106所示。特别是在羽化的选区边缘，边界将会围绕那些被选中50%以上的像素。

图5-105　　图5-106

※ 叠加：该模式允许用户在快速蒙版状态下查看选区，如图 5-107 所示。

图5-107

※ 叠加：可在快速蒙版状态下查看选区，如图 5-108 所示。

图5-108

※ 黑底 / 白底：在黑底 / 白色背景下查看选区，如图 5-109 和图 5-110 所示。

图5-109

图5-110

按F键可以在各个视图之间循环切换显示，而按X键则可以暂时停用所有视图。

※ 黑白：此模式可以预览用于定义选区的通道蒙版，效果如图 5-111 所示。

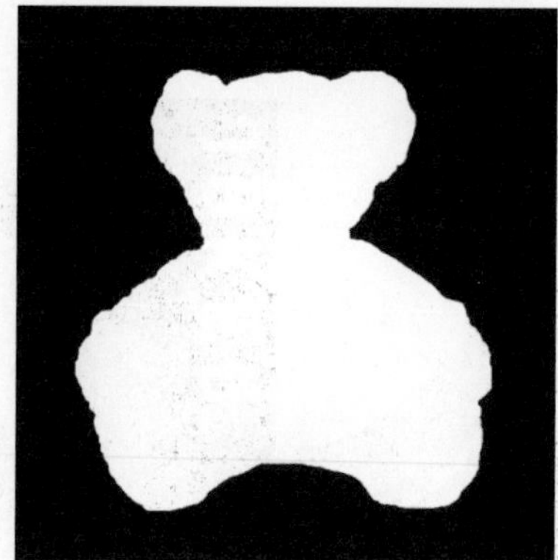

图5-111

※ 图层：在此模式下，可以查看被选区蒙版的图层效果，如图 5-112 所示。

图5-112

※ 显示边缘：此选项用于显示调整后的选区边缘。

※ 显示原稿：选择此选项可以查看原始的选区状态。

※ 高品质预览：选中该复选框后，系统将提供高品质的预览效果。

5.6.2 调整选区边缘

在“属性”面板中，“调整边缘”选项组提供了对选区进行平滑、羽化、扩展等处理的功能。首先，创建一个矩形选区，如图 5-113 所示。接着，在“属性”面板中，选择“图层”模式来预览选区的效果，如图 5-114 所示。

图5-113　　图5-114

“全局调整”中主要选项说明如下。

※ 平滑：该参数可以有效减少选区边界中的不规则区域，进而创建出更加平滑的选区轮廓。对于矩形选区而言，平滑处理能够使其边角呈现圆滑的过渡效果，如图 5-115 所示。

图5-115

※ 羽化：可以为选区设置一定的羽化程度，使选区边缘的图像逐渐过渡到透明效果，如图 5-116 所示。

图5-116

※ 对比度：该参数能够锐化选区的边缘并去除模糊效果。特别是对于已经添加了羽化效果的选区，通过增加对比度值，可以有效减少或消除羽化带来的模糊感。

※ 移动边缘：当设置为负值时，表示收缩选区的边界，如图 5-117 所示；而当设置为正值时，则表示扩展选区的边界，如图 5-118 所示。

图5-117

图5-118

5.6.3 指定输出方式

“属性”面板中的“输出设置”选项组，其主要功能是用于消除选区边缘的杂色，并允许用户设定选区的输出方式，如图 5-119 所示。

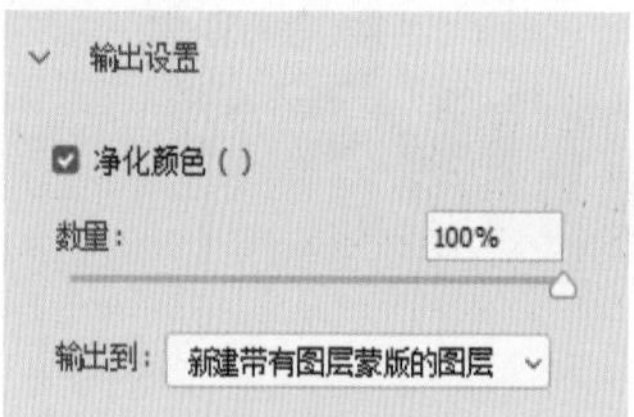

图5-119

“输出设置”中的选项说明如下。

※ 净化颜色：当选中此复选框后，可以通过拖动“数量”滑块来去除图像边缘的彩色杂边。随着“数量”值的增加，消除彩色杂边的范围也会相应扩大。

※ 输出到：在该下拉列表中，可以选择选区的输出方式，具体选项如图 5-120 所示。部分输出结果如图 5-121 所示。

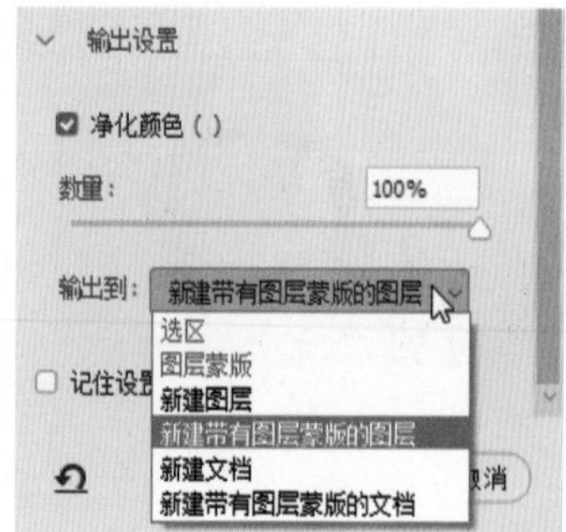

图5-120

选区　　图层蒙版

新建图层　　新建带有图层蒙版的图层

图5-121

5.7 综合实战

5.7.1 实战：人物抠图

扫码看资源

本例主要通过使用“色彩范围”命令来对人物进行抠图操作，随后将背景调整为纯白色。此外，还运用了“套索工具”对选取区域进行细致调整。图 5-122 展示了原始图片，而图 5-123 则呈现了抠图完成后的效果。若想了解具体的操作方法，建议查看本书配套的视频教程。

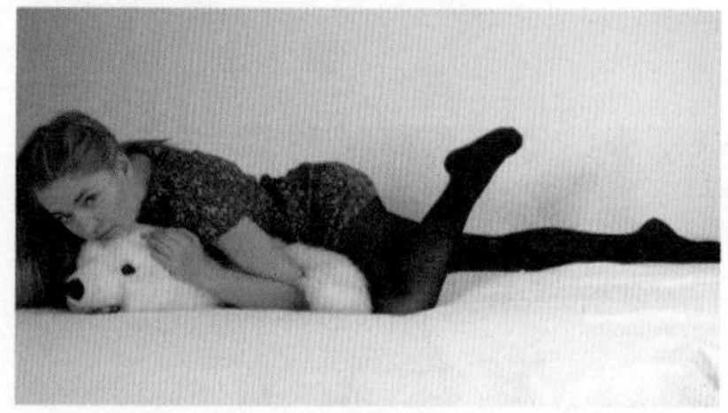

图5-122

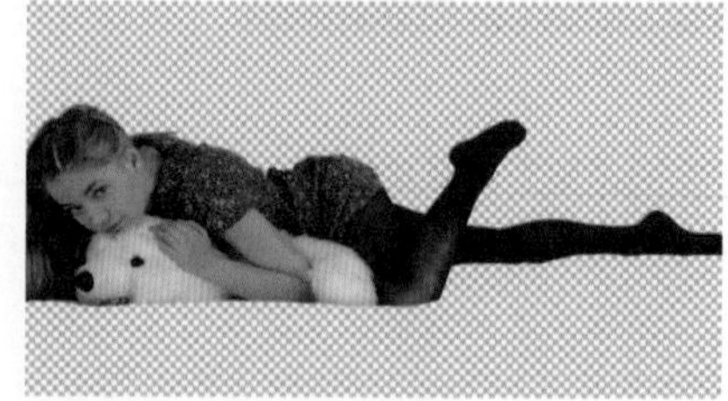

图5-123

5.7.2 实战：复杂头发抠图

扫码看资源

本例主要运用“选择并遮住”功能来精细抠取人物的复杂头发。在“属性”面板中，提供了两个选区细化工具和“边缘检测”选项，利用这些工具可以轻松地抠取毛发细节。图5-124展示了原始图像，而图5-125则呈现了抠图完成后的精美效果。若想了解具体的操作方法，建议查看本书配套的视频教程。

图5-124

图5-125

5.7.3 实战：绿油油的草地文字

扫码看资源

首先，使用“横排文字工具”T输入所需字母，并适当降低其不透明度。接着，利用“快速选择工具”精心选取一些四叶草图像，用以巧妙地覆盖在文字之上。然后，在字母图层上添加一个“蒙版”，并填充白色（#000000）。之后选择“反相”复选框，以实现特定的视觉效果。最后，对投影和色彩进行细致的调整，以达到理想的整体效果，如图5-126所示。若想了解具体的操作方法，建议查看本书配套的视频教程。

图5-126

5.7.4 实战：高光法冰块抠图

扫码看资源

使用“快速选择工具”来迅速抠取冰块图像，接着运用“曲线”命令以增强图像的对比度。若需选中图像中的高光部分，可使用快捷键Ctrl+Alt+2。而要选中暗部，则可通过反选已选中的高光部分来实现。图5-127展示了原始图片，而抠图完成后的效果则如图5-128所示。若想了解具体的操作方法，建议查看本书配套的视频教程。

图5-127

图5-128

5.7.5 实战：透明婚纱抠图

使用“快速选择工具”，并单击属性栏中的“添加到选区”按钮来抠取人物。将模式设置为“正片叠底”以加深图像对比度。通过按快捷键Ctrl+Alt+2，可以选中图像中的高光部分。接下来，按快捷键Ctrl+J复制出婚纱部分，或者新建图层并填充白色。最后，利用“画笔工具”擦除多余的部分，并添加新的背景。如图5-129所示为原始图片，抠图完成后的效果如图5-130所示。若想了解具体的操作方法，建议查看本书配套的视频教程。

图5-129

图5-130

5.7.6 实战：去除照片水印

使用“套索工具”框选出需要去除的水印部分，然后执行“编辑”→“填充”命令，在填充选项中，将“内容”改为“内容识别”，这样可以快速进行抠图以去除水印。图5-131展示了原始图像，而去除水印后的效果如图5-132所示。若想了解具体的操作方法，建议查看本书配套的视频教程。

图5-131

图5-132

第6章

神奇的修复神器

本章主要介绍 Photoshop 在图像美化和修复方面的卓越功能。通过简便、直观的操作步骤，用户能够将存在缺陷的数码照片转化为令人惊叹的精美图片。此外，根据设计需求，用户还可以将普通图像处理成具有特定艺术效果的图像。

6.1 污点修复画笔工具

“污点修复画笔工具”能够迅速去除图片中的污点和其他不完美的部分，并自动将修复区域与周围的图像进行匹配与融合。

6.1.1 了解“污点修复画笔工具”选项栏

“污点修复画笔工具”与“修复画笔工具”具有一定的相似性。其中，“污点修复画笔工具”会自动进行像素取样，仅需一步操作即可修正污点；而“修复画笔工具”则需要用户手动设置取样来源，可以通过从图像中取样或使用图案填充来修复图像。在进行填充操作时，“修复画笔工具”会将取样点的像素自然地融入目标区域，使修复后的区域与周围图像实现无缝衔接。“污点修复画笔工具”选项栏如图 6-1 所示。

图6-1

“污点修复画笔工具”选项栏中“类型”选项解释如下。

※ 近似匹配：此模式会根据“污点修复画笔工具”单击位置边缘的像素和颜色信息来修复图像中的瑕疵。

※ 创建纹理：在此模式下，工具会根据单击位置内部的像素和颜色生成一种纹理效果，用于修复瑕疵，使修复后的区域与原图纹理相协调。

※ 内容识别：该模式会综合考虑单击位置周围的详细信息，创建一个与周围环境相匹配的填充区域来修复瑕疵，从而实现更自然的修复效果。

6.1.2 实战：“污点修复画笔工具”的使用

本例将使用“修复画笔工具”修复人物身体上的痣和颜料等照片瑕疵，以提高图像质量，具体的操作步骤如下。

扫码看资源

01 启动Photoshop 2024软件，打开素材文件，如图6-2所示。

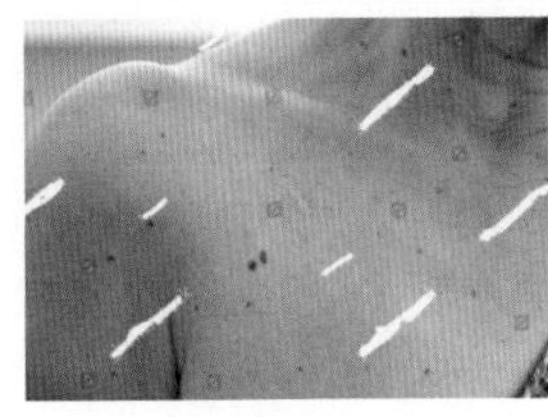

图6-2

02 按快捷键Ctrl+J复制图层，选择工具箱中的“污点修复画笔工具”，在工具选项栏中设置画笔参数，具体设置如图6-3所示。

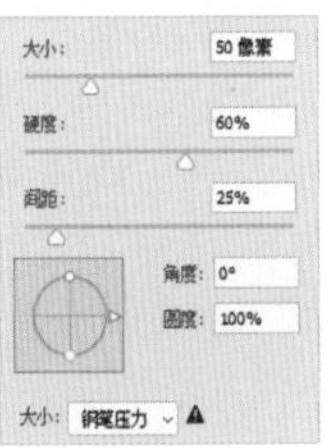

图6-3

03 在瑕疵位置单击或者单击并拖动鼠标进行修复，如图6-4所示，完成图像的制作，最终效果如图6-5所示。

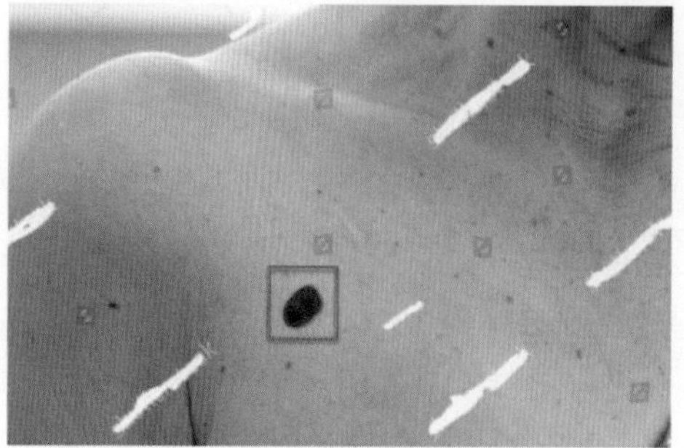

图6-4

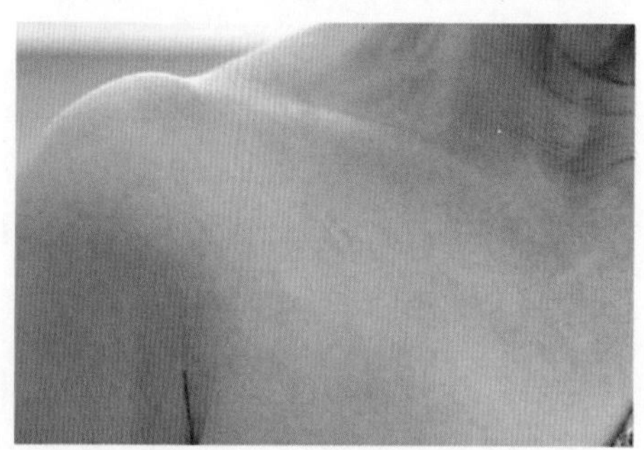

图6-5

6.2 修补工具

“修补工具”允许用户通过建立选区来迅速去除图片中的污点和其他不理想部分。此外，该工具还能将图中选定的部分转换为选区并复制出一个新的图像，这个新图像的边缘会自动与周围环境相融合，从而实现自然的过渡效果。

6.2.1 了解“修补工具”选项栏

“修补工具”的工作原理是通过仿制源图像中的某一区域，来修补另一个区域，并使其自动融入图像的周围环境中。这与“修复画笔工具”的原理有相似之处。然而，与“修复画笔工具”不同的是，“修补工具”主要是通过创建选区来对图像进行修补。这种方式的操作更为直观和灵活。“修补工具”选项栏如图 6-6 所示。

图6-6

6.2.2 实战：使用“修补工具”

本例主要运用“修补工具”去除废弃建筑照片中散落的石头，具体的操作步骤如下。

01 启动Photoshop 2024，按快捷键Ctrl+O，打开相关素材中的“废弃建筑.jpg”文件，效果如图6-7所示。

图6-7

02 按快捷键Ctrl+J复制得到新的图层，选择工具箱中的“修补工具”，在工具选项栏中单击“源”按钮，如图6-8所示。

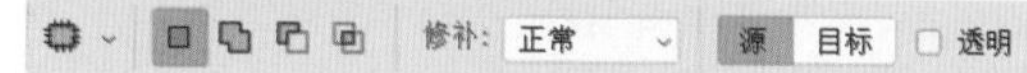

图6-8

03 单击并拖动鼠标，沿着想要去除的石头轮廓创建选区，如图6-9所示。

图6-9

04 将鼠标指针放在选区内，拖动选区到可以作为修补样本的像素区域，如图6-9所示。按快捷键Ctrl+D取消选区，即可去除石头，如图6-10所示。

图6-10

05 重复上述操作，去除其他石头，得到的最终效果如图6-11所示。

图6-11

延伸讲解

“修补工具”选项栏中的修补模式包含“正常”模式和“内容识别”模式。在“正常”模式下，若单击“源”按钮，则使用后续选择的区域来覆盖先前选择的区域；若单击“目标”按钮，则与“源”相反，即使用先前选择的区域来覆盖后续选择的区域。当选中“透明”复选框后，修复完成的图像将会与原选区的图像进行叠加，产生透明效果。而在“内容识别”模式下，工具会自动识别并融合修补选区周围的像素和颜色，同时用户还能选择适应的强度，范围从非常严格到非常松散，以便更灵活地对选区进行修补。

6.3 内容感知移动工具

“内容感知移动工具”允许用户将选中的对象移动或扩展到图像的其他区域，并且能够重组和混合对象，从而产生出色的视觉效果。这一工具在处理图像时提供了高度的灵活性和创造力。

6.3.1 了解“内容感知移动工具”选项栏

“内容感知移动工具”选项栏如图6-12所示，主要选项含义介绍如下。

模式：扩展 结构：4 颜色：0 对所有图层取样 投影时变换

图6-12

※ 模式：此选项用于选择图像的移动方式，包括“移动”和“扩展”两种模式。

※ 结构：通过此选项，可以调整源结构保留的严格程度，以控制图像在移动或扩展过程中的结构保持。

※ 颜色：该选项允许用户调整源色彩的可修改程度，以实现更自然的色彩融合和过渡。

6.3.2 实战：“内容感知移动工具”的使用

“内容感知移动工具”不仅用于移动和扩展对象，还能使对象自然地融入原来的环境中，从而实现无缝的视觉效果，具体的操作步骤如下。

01 启动Photoshop 2024，按快捷键Ctrl+O，打开相关素材中的“背景.psd”文件，如图6-13所示。

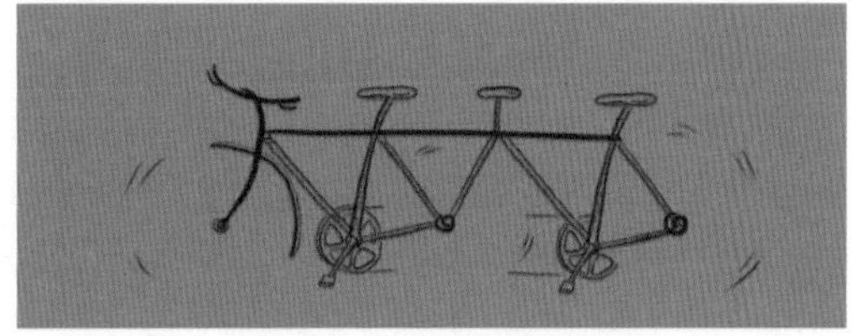

图6-13

02 重复上述操作，打开相关素材中的“橙子.png”文件，并放置在背景的合适位置，效果如图6-14所示。

图6-14

03 选择“橙子”图层，再选择工具箱中的“内容感知移动工具”，在工具选项栏中设置“模式”为“扩展”，如图6-15所示。

模式：扩展 结构：4 颜色：0 对所有图层取样 投影时变换

图6-15

04 在画面上单击并拖动鼠标，为橙子载入选区，如图6-16所示。

图6-16

05 将鼠标指针放在选区内，单击并向右拖动，如图6-17所示。

图6-17

06 将选区内的图像复制到新的位置，如图6-18所示。

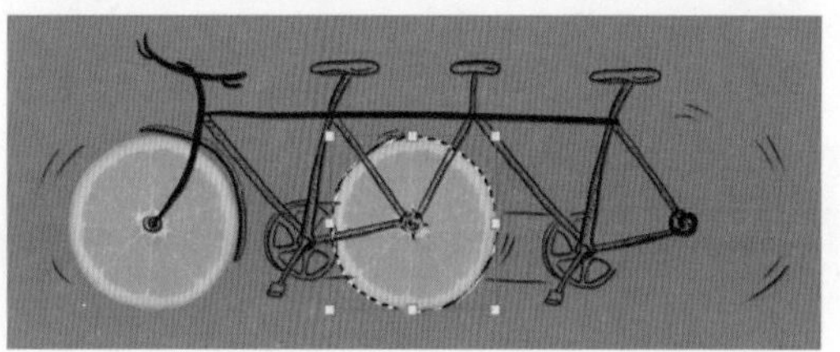

图6-18

07 重复上述操作，继续向右复制一个橙子图像，如图6-19所示。

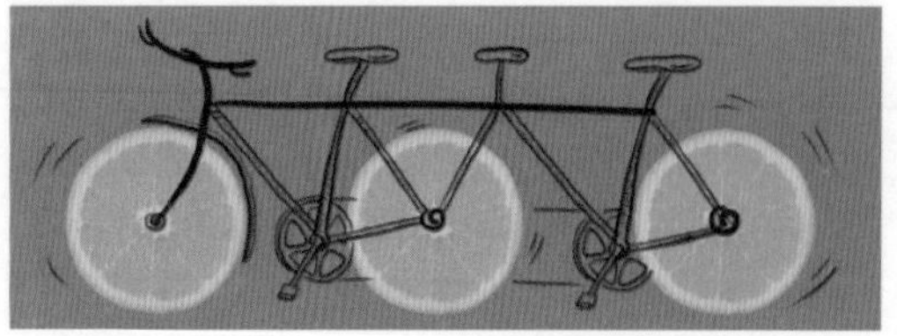

图6-19

08 打开“图层”面板中的“表情”图层组，为橙子图像添加表情，效果如图6-20所示。

图6-20

延伸讲解

“移动”模式指的是将选区剪切并粘贴到新的位置后，与该位置的图像进行融合；而“扩展”模式则是复制选区并粘贴到新的位置，然后与新位置的图像进行融合。

6.4 红眼工具

“红眼工具”是专为数码照片修饰设计的工具，其主要功能是去除照片中人物因闪光灯反射而产生的红眼现象。

6.4.1 了解“红眼工具”选项栏

“红眼”是由于相机闪光灯在视网膜上的反光所引起的。当在光线较暗的房间内拍照时，由于环境光线不足，人的瞳孔会放大。此时，如果闪光灯的强光突然照射，瞳孔可能来不及收缩，导致强光直射视网膜。这种情况下，视觉神经的血红色就会反射到照片上，形成所谓的“红眼”。为了避免这种现象，可以使用相机自带的红眼消除功能。

“红眼工具”是一个非常实用的工具，专门用于消除数码照片中的红眼现象。其使用方法相当简单：只需在设置好相关参数后，在照片中红眼的位置单击一下即可。“红眼工具”的选项栏如图 6-21 所示，用户可以通过该选项栏进行详细的参数设置和调整。

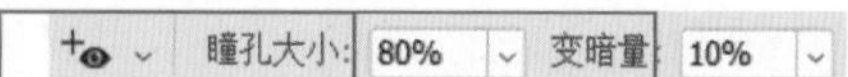

图6-21

如果对修复结果不满意，可以还原修正，在选项栏中设置一个或多个选项，然后再次进行操作。选项栏中主要选项含义如下。

※ 瞳孔大小：此选项用于设置瞳孔（即眼睛中暗色区域的中心）的尺寸。

※ 变暗量：通过此选项，可以调整瞳孔的暗度，以实现更自然的红眼修正效果。

> **提示**
>
> 使用“画笔工具”，将前景色设置为黑色，并将混合模式调整为“颜色”，同样可以有效地去除人物照片中的红眼现象。

6.4.2 实战：“红眼工具”的使用

本例将使用“红眼工具”来去除人物照片中的红眼现象，具体的操作步骤如下。

扫码看资源

01 启动Photoshop 2024软件，按快捷键Ctrl+O，打开本书配套资源中的“人物.jpg”文件，如图6-22所示。

图6-22

02 选择“红眼工具”，在工具选项栏中设置“瞳孔大小”为80%，“变暗量”为10%，并在眼睛瞳孔处单击，如图6-23所示。

图6-23

03 校正红眼效果如图6-24所示。采用同样的方法校正另一只眼睛，得到如图6-25所示的效果。

图6-24

图6-25

6.5 “仿制源”面板

“仿制源”面板主要用于设置“图章工具”或“修复画笔工具”，从而使这些工具在使用时更加便捷。

6.5.1 了解“仿制源”面板

在对图像进行修饰时，如果需要确定多个仿制源，可以通过“仿制源”面板进行设置，这样就能在多个仿制源间轻松切换，并且可以对克隆源区域的大小、缩放比例、方向进行动态调整，从而提升仿制工具的工作效率。选择“窗口”→“仿制源”命令，即可在视图中显示“仿制源”面板，如图 6-26 所示。

※ 仿制源：单击仿制源按钮，然后设置取样点，最多可以设置 5 个不同的取样源。通过设置不同的取样点，可以更改仿制源按钮当前使用的取样源。“仿制源”面板将存储这些设置的源，直到关闭文件。

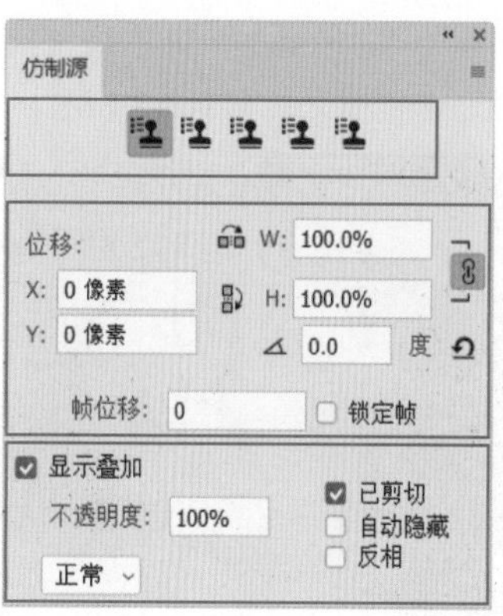

图6-26

※ 位移：通过输入W（宽度）或H（高度）值，可以缩放所仿制的源图像。默认情况下，缩放操作会保持长宽比例。如果需要单独调整宽度或高度，或者想要恢复约束选项，可以单击“保持长宽比”按钮进行切换。当指定X和Y轴的像素位移时，可以在相对于取样点的精确位置进行绘制。此外，输入旋转角度可以使仿制的源图像旋转。还可以进一步设置“帧位移”参数，或者选中“锁定帧”复选框以保持帧的固定。

※ 显示叠加：为了在使用“仿制图章工具”或“修复画笔工具”时进行更好的视觉参考，可以选择显示叠加，并详细指定叠加的选项。调整样本源叠加选项能够在绘制时，更清楚地查看叠加层和下方的图像。设置“不透明度”值，可以调整叠加层的不透明度。选中“自动隐藏”复选框，可以在绘画笔触应用时自动隐藏叠加层。如果想要改变叠加层的显示效果，可以从该面板底部的下拉列表中选择“正常”“变暗”“变亮”或“差值”等混合模式。选中“反相”复选框，可以反转叠加层中的颜色。

6.5.2 实战：“仿制源”面板的使用

本例将详细讲解如何在“仿制源”面板上使用“仿制图章工具”，具体的操作步骤如下。

扫码看资源

01 启动Photoshop 2024，按快捷键Ctrl+O，执行“文件”|“打开”命令，选中素材文件，单击“打开”按钮，打开一张素材图像，如图6-27所示。

图6-27

02 选择“仿制图章工具”，在工具选项栏中设置“大小”值为175。执行“窗口”→“仿制源”命令，打开“仿制源”面板，单击“仿制源”按钮，在人物画面处单击，建立一个仿制源，在“位移”选项组中设置相应的参数，如图6-28所示。

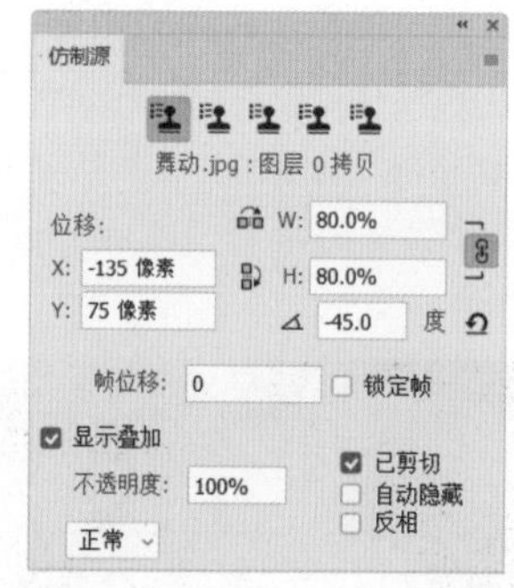

图6-28

03 选中“显示叠加”复制框，移动鼠标指针至图像上时，出现一个叠加层，方便查看下面的图像，在画面左侧单击，复制图像，如图6-29所示。

图6-29

6.6 仿制图章工具

“仿制图章工具”主要用于复制图像的内容。其用法与修复画笔类似，但两者存在明显差异。“修复画笔工具”在完成修复时，会对颜色进行一次运算以更好地与周围环境融合，因此新图的色彩可能与原图有所不同。而使用“仿制图章工具”复制的图像，在色彩上与原图是完全一致的。

6.6.1 了解“仿制图章工具”选项栏

“仿制图章工具”被用于复制图像的内容，它可以从源图像中取样，并通过涂抹的方式将取样的内容复制到新的区域，这既可以在同一幅图像内部完成，也可以在不同图像之间进行。通过这种方式，可以达到修补和仿制的目的。“仿制图章工具”选项栏如图 6-30 所示，主要选项含义如下。

图6-30

※ 对齐：若选中此复选框，则在复制图像时，每次复制都会以上一次取样点的最终位置作为新的起点，从而确保图像的连续性。如果不选中此复选框，则每次复制都会以第一次按下 Alt 键进行取样的位置为起点，这可能导致图像出现多重叠加的效果。

※ 样本：在此下拉列表中，可以选择是从当前图层进行取样，还是从当前图层及其下方的所有图层进行取样，或者从所有图层进行取样。

6.6.2 实战：“仿制图章工具”的使用

本例将通过运用“仿制图章工具”来减少照片中鸟的数量，以达到所需的照片效果，具体的操作步骤如下。

01 启动Photoshop 2024软件，按快捷键Ctrl+O，执行“文件”→“打开”命令，打开“背景.jpg”文件，如图6-31所示。

图6-31

02 按快捷键Ctrl+J复制图层，选择工具箱中的“仿制图章工具”，选择一个柔边圆笔触，如图6-32所示。

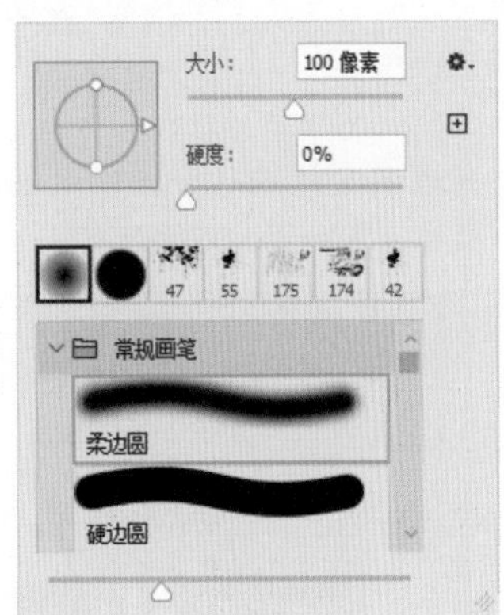

图6-32

03 将鼠标指针放在取样处，按Alt键并单击进行取样，如图6-33所示。

图6-33

04 释放Alt键，接下来的涂抹笔触内便会出现取样图案，如图6-34所示。

图6-34

提示

取样后开始涂抹时，会出现一个十字状指针和一个圆圈。在操作过程中，十字状指针和圆圈之间的距离始终保持不变。圆圈内的区域代表当前正在涂抹的范围，而十字状指针则指示涂抹区域正在从该指针所在位置进行取样。

05 在需要仿制的区域进行涂抹，以去除多余的海鸥，操作效果如图6-35所示。

图6-35

06 仔细观察图像，寻找合适的取样点，用同样的方法将其他海鸥覆盖，如图6-36所示。

图6-36

6.7 实战：图案图章工具

扫码看资源

“图案图章工具”与图案填充的效果相似，它们都可以利用 Photoshop 软件自带的图案或者用户自定义的图案对选定的区域或图层进行填充，具体的操作步骤如下。

01 启动Photoshop 2024，执行“文件”→“新建”命令，新建一个高为3000像素、宽为2000像素、分辨率为300像素/英寸的RGB图像文件。

02 打开“花纹1.jpg”文件，如图6-37所示。

图6-37

03 执行“编辑”→“定义图案”命令，弹出“图案名称”对话框，如图6-38所示，单击“确定”按钮，便自定义了一个图案。

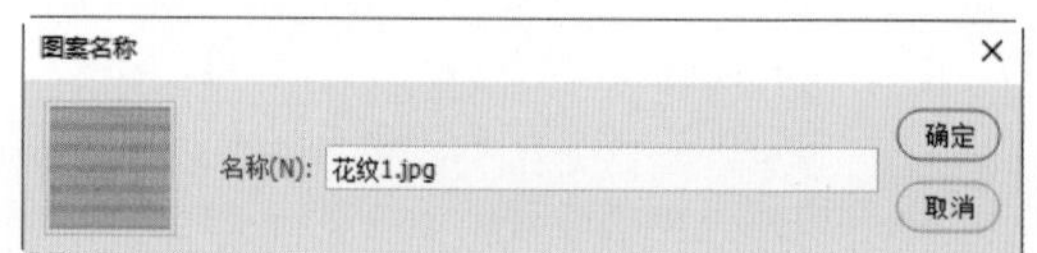

图6-38

04 采用同样的方法，分别将“花纹2.jpg”“花纹3.jpg”“花纹4.jpg”和“花纹5.png”文件定义图案。

05 选择工具箱中的“图案图章工具”，在工具选项栏中选择一个柔边笔触，在“图案”下拉列表中找到自定义的“花纹1”图案，并选中“对齐”复选框。按 [键或] 键调整笔尖大小，并在画面中涂满图案，如图6-39所示。

图6-39

提示

“图案图章工具”的工具选项栏中，除了“对齐”与“印象派效果”功能，其他功能与“画笔工具”的工具选项栏基本相同。其中，选中“对齐”复选框后，可以确保涂抹区域的图像保持连续性，即使在多次单击的情况下也能实现图案之间的无缝填充；而若取消选中该复选框，则每次单击都会重新应用所定义的图案，使两次单击之间涂抹的图案保持独立。另外，选中“印象派效果”复选框后，能够模拟出印象派的填充图案效果。

06 打开“卡通.png”文件，并拖入文档中，按Enter键确认。右击图层，在弹出的快捷菜单中选择“栅格化图层”选项，将置入的图像栅格化。

07 选择工具箱中的“魔棒工具”，单击滑板图像处，创建选区，如图6-40所示。

08 选择工具箱中的“图案图章工具”，在工具选项栏中选择一个柔边笔触，在“图案”拾色器的下拉列表中找到自定义的“花纹2”图案，按 [键或] 键调整笔尖大小，在选区内涂抹，如图6-41所示。

图6-40

图6-41

09 采用同样的方法，为其他区域创建选区并选择合适的图案进行涂抹，一个布艺的小麋鹿图像就做好了，如图6-42所示。

图6-42

6.8 综合实战

本综合实战的重点是练习如何去除照片中的多余元素，通过实际操作来熟悉修复工具的使用方法，并学习如何综合运用多种工具来达到理想的处理效果。

6.8.1 实战：利用内容识别功能去除多余元素

在处理图像时，有时会遇到一些不想要的元素，例如合照中误入的路人、画面中出现的垃圾等。除了利用之前学过的“污点修复画笔工具”“仿制图章工具”和“修补工具”，还可以利用“内容识别”功能来有效处理这些多余元素，具体的操作步骤如下。

01 启动Photoshop 2024，按快捷键Ctrl+O，执行“文件”→“打开”命令，打开素材文件。

02 按快捷键Ctrl+J复制图层，在工具箱中选择“套索工具”，沿着需要去除的对象轮廓创建选区，如图6-43所示。

图6-43

03 执行“编辑→内容识别填充”命令，观察“预览”面板的填充效果，单击“确定”按钮，如图6-44所示。

图6-44

> **提示**
>
> 进入内容识别填充编辑状态后，若对效果不满意，可以调整取样区域。通过涂抹，可以指定哪些位置不需要进行识别。保留的取样区域将作为我们希望填充到选定区域的内容。在预览窗口中，可以实时查看内容识别填充后的效果。当对预览效果满意后，单击“确定”按钮即可完成操作。

04 重复上一步操作，可消除画面中多余的元素，调色后的最终效果如图6-45所示。

图6-45

6.8.2 实战：去除衣服上的文字水印

扫码看资源

本例将通过使用“仿制图章工具”和“修补工具”来去除衣服上的文字图案，随后利用“套索工具”和“画笔工具”来清除帽子上的图案。最后，将利用“可选颜色”命令来调整图像的颜色。图 6-46 展示的是原始图像，而经过处理后的效果则如图 6-47 所示。若想了解具体的操作方法，建议查看本书配套的视频教程。

图6-46　　图6-47

6.8.3 实战：修复破损照片

扫码看资源

本例首先利用“快速选择工具”选取白色缺失部分并扩展选取范围，随后执行“编辑”→“填充”命令，在弹出的对话框中设置“内容”为“内容识别”，最后单击“确定”按钮，完成破损照片的修复。图 6-48 展示的是原始图像，而经过修复处理后的图像则如图 6-49 所示。若想了解具体的操作方法，建议查看本书配套的视频教程。

图6-48

图6-49

第7章
画笔

在 Photoshop 中，绘图与绘画是两个截然不同的概念。绘图是基于 Photoshop 的矢量功能创建的适量图形，而绘画则是基于像素创建的位图图像。画笔、铅笔、颜色替换和混合器画笔工具是 Photoshop 中用于绘画的工具，它们可以绘制图画和修改像素。

7.1 了解“画笔”面板

执行“窗口”→“画笔”命令，或者按 F5 键，打开“画笔”面板，如图 7-1 所示，其中主要选项的含义如下。

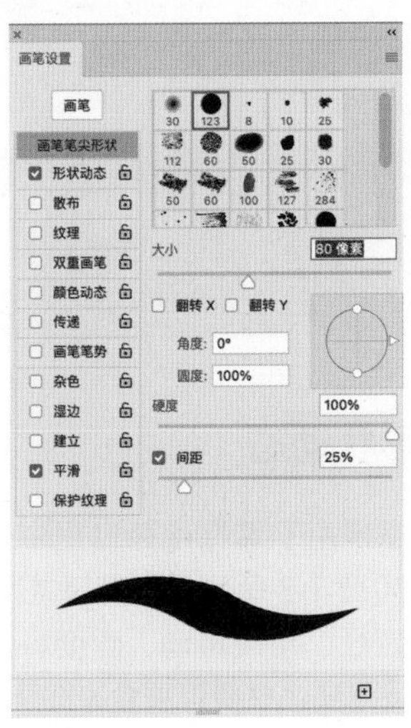

图7-1

※ 画笔：单击该按钮，将打开“画笔”面板，用户可以在其中浏览并选择 Photoshop 提供的预设画笔，如图 7-2 所示。由于画笔的可控参数众多，包括笔尖形状、大小、硬度、纹理等特性，每次绘画前都重新设置这些参数将非常烦琐。为了提高工作效率，Photoshop 提供了预设画笔功能。预设画笔是存储了特定参数（如大小、形状、硬度等）的画笔笔尖。Photoshop 不仅提供了许多常用的预设画笔，还允许用户将自己常用的画笔参数保存为画笔预设。在工具选项栏中单击“画笔预设”下拉按钮，将展开画笔预设下拉列表。用户可以通过拖动滚动条来浏览并选择所需的预设画笔。每个画笔的右侧还提供了该画笔绘画效果的预览，如图 7-3 所示。

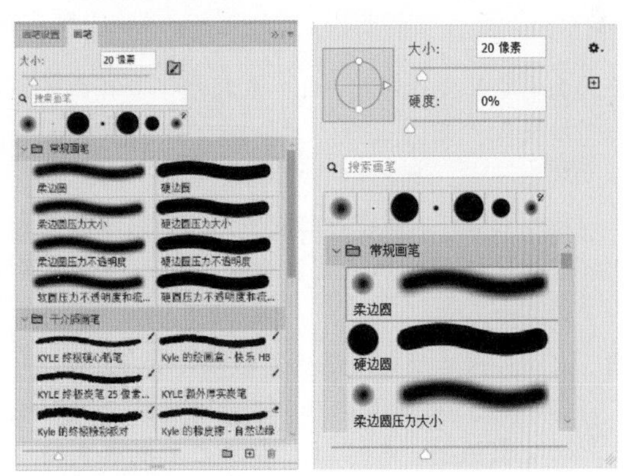

图7-2 图7-3

※ 画笔笔尖形状：此部分用于定义画笔笔尖的形状，并可以设置形状动态、散布、纹理等预设。其中，🔓图标显示该选项当前为可用状态，而🔒图标则表示该选项已被锁定。

※ 翻转 X/ 翻转 Y：这两个选项用于启用画笔在水平和垂直方向上的翻转功能。

※ 角度：可以通过在文本框中输入数值来调整画笔在水平方向上的旋转角度，数值的取值范围在-180° ~180° 。同时，也可以在右侧预览框中通过拖曳水平轴来进行设置，如图 7-4 所示。

※ 圆度：此功能用于调控画笔长轴与短轴的比例。用户既可以在“圆度”文本框中输入 0~100 的

数值来进行调整，也可以直接拖动右侧画笔控制框中的圆点来改变比例，如图 7-5 所示。

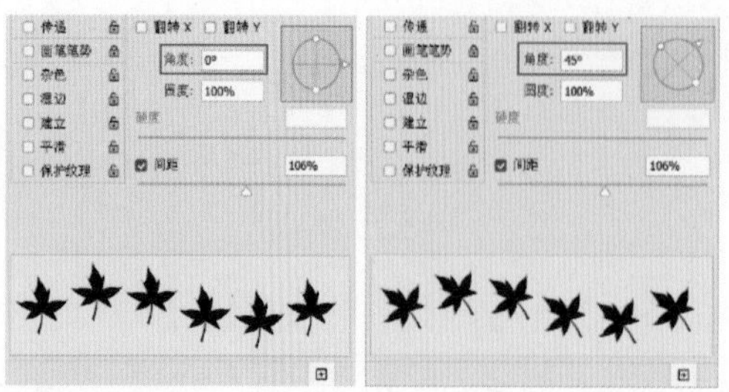

图7-4

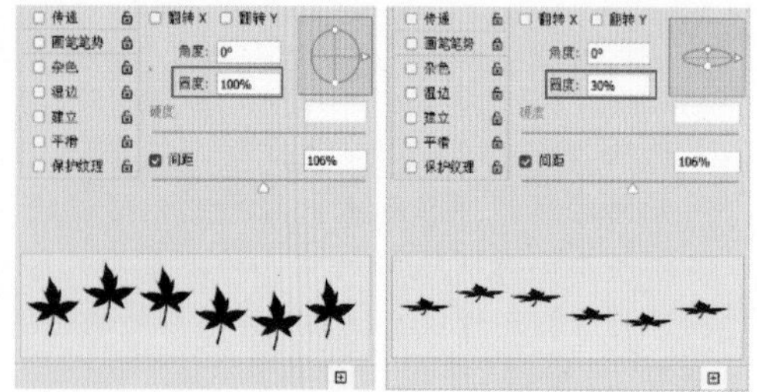

图7-5

※ 画笔笔触样式列表：此列表提供了多种画笔笔触样式供用户选择。用户既可以选择默认的笔触样式，也可以自行载入所需的画笔。默认的笔触样式通常包括尖角画笔、柔角画笔、喷枪硬边圆形画笔、喷枪柔边圆形画笔以及滴溅画笔等。

※ 大小：该选项允许设置笔触的大小，范围从 1 像素到 2500 像素。用户可以通过拖动下方的滑块来调整，也可以在右侧文本框中直接输入具体数值来设定。

※ 画笔形状编辑框：在画笔形状编辑框中，可以通过拖动圆坐标来调整画笔的圆度和角度；同时，也可以在"角度"和"圆度"文本框中输入精确的参数值来进行设置。

※ 硬度：此选项用于调整画笔笔触的柔和程度，其变化范围在 0%~100%。图 7-6 展示了硬度为 0%和 100%时的对比效果。

※ 间距：该设置用于控制绘制线条时两个绘制点之间的距离。通过调整此选项，可以获得点画线的效果。图 7-7 展示了间距为 0 和 100 时的对比效果。

※ 画笔描边预览：可以通过预览框实时查看画笔描边的动态效果。单击"创建新画笔"按钮后，将弹出"新建画笔"对话框，允许为画笔设置一个新名称。单击"确定"按钮后，当前设置的画笔将被保存为一个新的画笔样本。

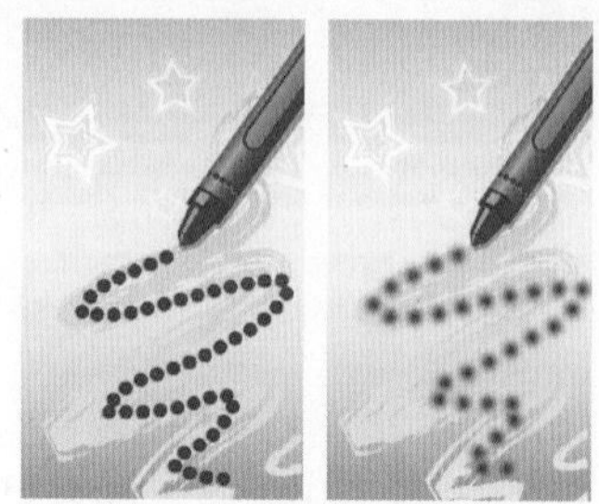

图7-6

图7-7

提示

选择"画笔工具"或"铅笔工具"后，在图像窗口任意位置右击，可快速打开画笔预设列表框。

7.1.1 形状动态

形状动态是用于调整绘画过程中画笔笔迹变化的设置。如图 7-8 所示，形状动态涵盖了大小抖动、最小直径、角度抖动、圆度抖动以及最小圆度等多个调整项，主要选项含义如下。

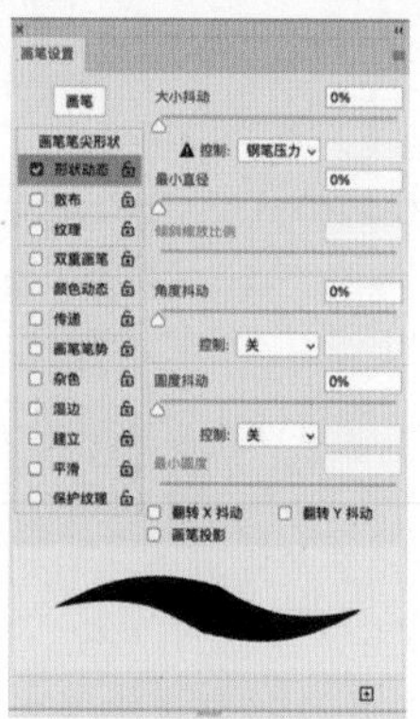

图7-8

※ 大小抖动：通过拖动滑块或输入具体数值，可以控制绘画过程中画笔笔迹大小的波动范围。设置的数值越大，笔迹大小的变化幅度也就越大，如图 7-9 所示。

大小抖动 =0%　　大小抖动 =50%

大小抖动 =100%

图7-9

※ 控制：此选项用于确定大小抖动变化的方式。若选择“关”选项，则在绘图时画笔笔迹大小会持续波动，不受其他控制影响；若选择“渐隐”选项，并在其右侧文本框输入数值，可设定抖动变化的渐隐步长。输入的数值越大，画笔消失的距离越长，变化速度越慢；反之，数值越小，距离越短，变化越快，如图 7-10 所示。若配备了具有压力感应功能的数位板，还可以根据笔压力、笔倾斜和光笔旋转等参数进行精细控制。

渐隐 =5　　渐隐 =10

渐隐 =15

图7-10

※ 最小直径：此设置用于控制画笔在尺寸波动时的最小尺寸。设定的数值越大，画笔直径的可变化范围就越小，如图 7-11 所示。

最小直径 =0%　　最小直径 =50%

最小直径 =100%

图7-11

※ 角度抖动：此选项用于调整画笔角度的波动范围。设定的数值越大，画笔角度的抖动范围也就越广，如图 7-12 所示。

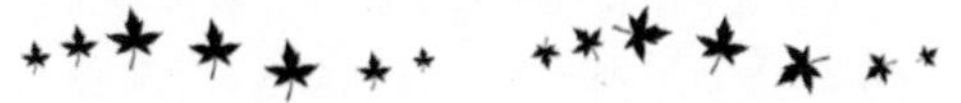

角度抖动 =0%　　角度抖动 =50%

角度抖动 =100%

图7-12

※ 圆度抖动：此设置用于调整绘画过程中画笔圆度的波动范围。数值设定得越大，圆度的变化幅度也就越大，如图 7-13 所示。

圆度抖动 =0%　　圆度抖动 =50%

圆度抖动 =100%

图7-13

※ 最小圆度：此选项用于控制画笔在圆度波动时的最小圆度尺寸。设定的数值越大，圆度可波动的范围就越小，同时波动的幅度也会相应减小。

7.1.2 散布

“散布”用于控制画笔在绘画过程中偏离预定路线的程度和数量，其参数面板如图 7-14 所示，其中的主要参数介绍如下。

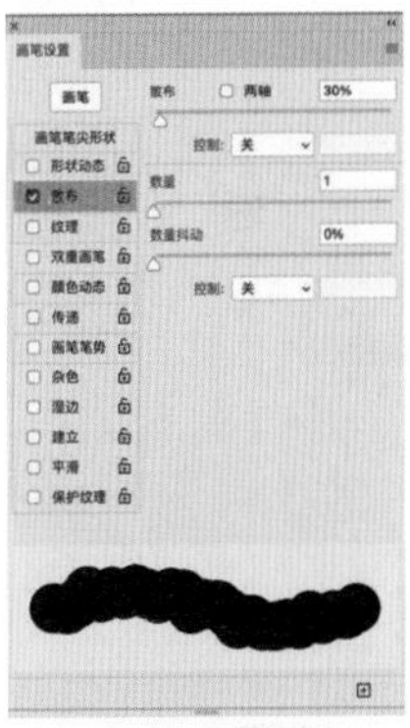

图7-14

※ 散布：此设置用于调整画笔偏离绘画路线的程度。数值设定得越大，偏离的距离也就越远，

如图 7-15 所示。若选中“两轴”复选框，画笔将在 X、Y 两个方向上发生分散；若不选中“两轴”复选框，则仅在一个方向上分散。

分散 =0%

分散 =500%

分散 =1000%

图7-15

※ 数量：此设置用于控制画笔点的数量。设定的数值越大，产生的画笔点就越多，其变化范围在 1~16，如图 7-16 所示。

数量 =1

数量 =8

数量 =16

图7-16

※ 数量抖动：此选项用于调整每个空间间隔中画笔点的数量变化。

7.1.3 纹理

在画笔上添加纹理效果时，可以调整纹理的叠加模式、缩放比例以及深度，以达到所需的艺术效果，其参数面板如图 7-17 所示，其中的主要参数介绍如下。

图7-17

※ 选择纹理：单击纹理下拉列表按钮，从纹理列表中可选择所需的纹理。选中“反相”复选框，相当于对纹理执行了“反相”命令。

※ 缩放：设置纹理的缩放比例。

※ 亮度：设置纹理的明暗度。

※ 对比度：设置纹理的对比强度，此值越大，对比度越明显。

※ 为每个笔尖设置纹理：用来确定是否对每个画笔点都分别进行渲染。若不选中该复选框，则“深度”“最小深度”及“深度抖动”参数无效。

※ 模式：用于选择画笔和图案之间的混合模式。

※ 深度：用来设置图案的混合程度，数值越大，纹理越明显。

※ 最小深度：控制图案的最小混合程度。

※ 深度抖动：控制纹理显示浓淡的抖动程度。

7.1.4 双重画笔

“双重画笔”是指利用两种不同的笔尖形状来创建的画笔。首先，在“模式”下拉列表中选择两种笔尖的混合模式，然后在下方的笔尖形状列表中选取另一种笔尖，作为画笔的第二个笔尖形状，如图 7-18 所示。这样，绘画时就可以同时呈现两种笔尖形状的效果。

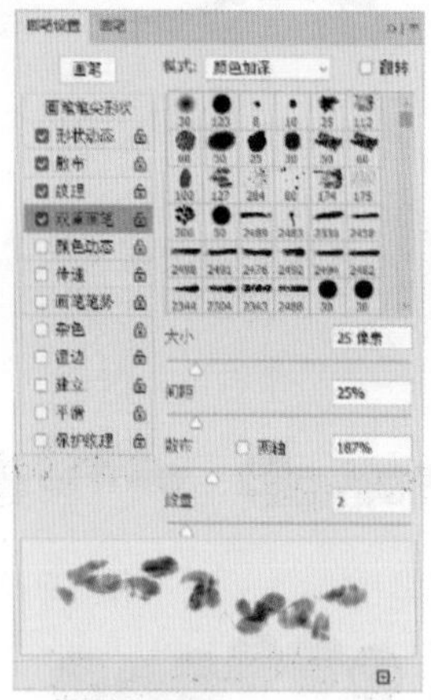

图7-18

7.1.5 颜色动态

“颜色动态”用于调整在绘画过程中画笔颜

色的变化。其参数面板如图 7-19 所示，其中的主要参数介绍如下。

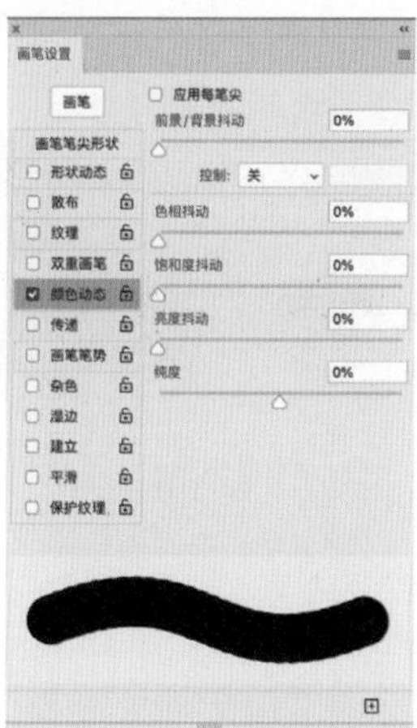

图7-19

注意

在设置动态颜色属性时，“画笔”面板下方的预览框不会显示这些变化的效果。动态颜色的实际效果只有在图像窗口进行绘画时才能看到。

※ 前景/背景抖动：此设置使画笔颜色在前景色和背景色之间动态变化。例如，当使用草形画笔绘制草地时，可以将前景色设为浅绿色，背景色设为深绿色，从而绘制出颜色深浅交织的草丛效果。

※ 色相抖动：此选项用于指定在绘画过程中画笔颜色的色相变化范围，使画面色彩更加丰富多变。

※ 饱和度抖动：通过此设置，可以调整画笔绘制过程中颜色的饱和度变化范围，从而增加画面的色彩层次。

※ 亮度抖动：此参数用于控制画笔在绘制过程中亮度的动态变化，为画面带来明暗交替的效果。

※ 纯度：此设置用于调整绘画颜色的纯度变化范围，影响画面的整体色调和色彩纯净度。

7.1.6 画笔笔势

“画笔笔势”功能主要用于调整毛刷画笔笔尖和侵蚀画笔笔尖的角度，以适应不同的绘画需求和风格，其参数面板如图 7-20 所示。通过调整笔势，用户可以更精确地控制画笔的表现，实现更加自然和生动的绘画效果。

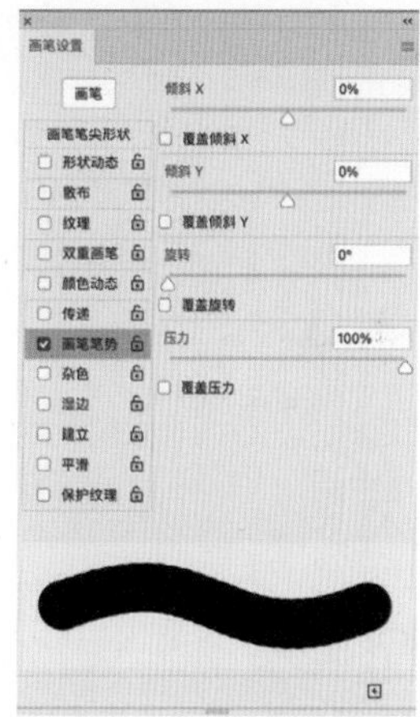

图7-20

7.1.7 实战：绘制眼睫毛

本例将通过使用“画笔工具”并对其进行详细的设置，来绘制逼真的人物眼睫毛效果，具体的操作步骤如下。

01 启动Photoshop 2024，按快捷键Ctrl+O，打开相关素材中的“素材.jpg”文件，如图7-21所示。

图7-21

02 执行“窗口”→“画笔设置”命令，或者按F5键，打开“画笔设置”面板进行设置，选择接近睫毛形状的草地笔刷可以创建逼真的、带有纹理的笔触效果，如图7-22所示。

03 在面板中拖动“大小”滑块，可以调整笔尖大小，适当拉大间距。

04 选中“形状动态”复选框，调整“大小抖动”值至87%左右，如图7-23所示。

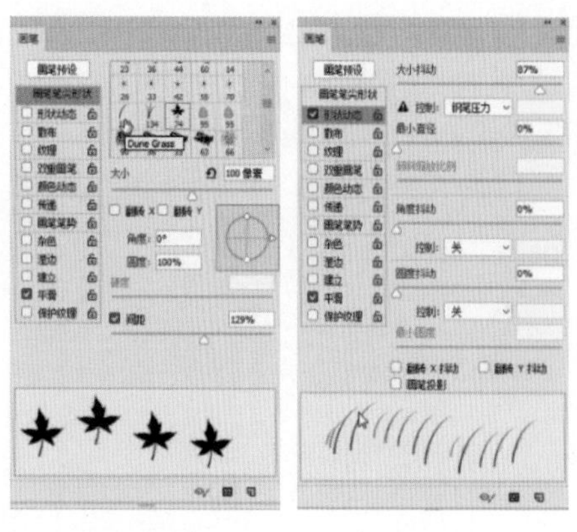

图7-22　　图7-23

05 使用“画笔工具”在睫毛处涂抹，添加睫毛效果，同时要根据眼睛形状调整“画布笔尖形状”中的画笔角度，最终效果如图7-24所示。

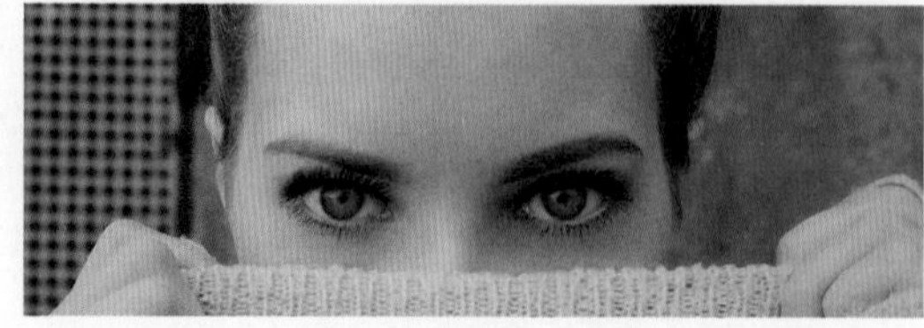

图7-24

7.2 画笔工具

“画笔工具”与毛笔比较相似，可以使用前景色绘制出各种线条，同时也可以利用它来修改通道和蒙版，是使用频率较高的工具之一。

7.2.1 了解“画笔工具”选项栏

“画笔工具”选项栏如图 7-25 所示，在开始绘图之前，应该选择所需的画笔笔尖形状和大小，并设置不透明度、流量等画笔属性。

图7-25

※ 工具预设：单击画笔图标可以打开“工具预设”选取器，选择Photoshop提供的样本画笔预设，或者单击面板右上方的按钮，在弹出的菜单中进行新建工具预设等相关操作，也可以对现有的画笔进行修改以产生新的效果。

※ 画笔预设：单击画笔选项栏右侧的按钮，可以打开画笔下拉面板，在该面板中可以选择画笔预设样本，设置画笔的大小和硬度。

※ 画笔设置：单击按钮，可以打开“画笔”面板，用于设置画笔的动态控制，也可以切换到画笔预设面板。

※ 模式：工具选项栏中的“模式”选项用于设置画笔绘画颜色与底图的混合方式。画笔混合模式与图层混合模式的含义、原理完全相同。

图 7-26 所示为“正常”模式的绘制效果，图 7-27 所示为“溶解”模式的绘制效果。

图7-26

图7-27

※ 不透明度："不透明度"参数用于设置绘制图形的不透明度，该数值越小，越能透出背景图像。

※ 流量："流量"参数用于设置画笔墨水的流量大小，以模拟真实的画笔，该数值越大，墨水的流量越大。当"流量"值小于100%时，如果在画布上快速绘画，就会发现绘制图形的不透明度明显降低。图7-28所示是该值为100%的绘制效果，图7-29所示是该值为50%的绘制效果。

图7-28

图7-29

※ 喷枪：单击"喷枪"按钮，可将画笔转换为喷枪工作状态。在此状态下创建的线条更加柔和，而且如果使用"喷枪工具"时按住鼠标左键不放，前景色将在单击处淤积，直至释放鼠标。

※ 绘图板压力按钮：单击按钮后，使用数位板时，光笔压力将覆盖"画笔"面板中的不透明度和大小设置。

※ 平滑：通过设置工具选项栏中的"平滑"值即可实现平滑描边。当"平滑"值为0时，相当于Photoshop早期版本中的旧版"平滑"功能；当"平滑"值为100时，描边的智能平滑量达到最大。

※ 设置其他平滑选项：在该下拉列表中有4种平滑模式，可使用不同的模式来平滑描边。

※ 对称属性：使用该选项可以绘制对称图像。

答疑解惑

"画笔工具"有哪些使用技巧？

※ Photoshop画笔工具组，包括"铅笔工具""颜色替换工具""混合器画笔工具"，其快捷键都是B键，可以通过按快捷键Shift+B进行切换。

※ 使用"画笔工具"后，普通模式和精确光标模式可以通过按Caps Lock键切换。

※ 按[键可将画笔调小，按]键则调大。对于实边缘、柔边缘和书法画笔，按快捷键Shift+[可减小画笔的硬度，按快捷键Shift+]则增加硬度。

※ 按住Alt键并按住鼠标右键拖动，可以最直观地调整画笔笔头大小。

※ 按键盘中的数字键可调整画笔工具的不透明度。例如，按1键，画笔不透明度为10%；按下1和5键，画笔的不透明度为15%；按0键，不透明度会恢复为100%。

※ 使用"画笔工具"时，在画面中单击，然后按住Shift键单击画面中任意一点，两点之间会以直线连接。按住Shift键还可以绘制水平、垂直或45°角为增量的直线。

7.2.2 实战：黑白照片上色

使用"画笔工具"可以快速地为黑白照片上色，从而有效且逼真地还原人物肌肤和物体颜色，具体的操作步骤如下。

01 启动Photoshop 2024，按快捷键Ctrl+O，打开相关素材中的"素材.jpg"文件，如图7-30所示。

图7-30

02 单击“图层”面板下方的“创建新图层”按钮，新建空白图层。选择工具箱中的“快速选择工具”，沿着人物帽子边缘创建选区，如图7-31所示。

图7-31

03 单击工具箱中的“设置前景色”按钮，弹出“拾色器”对话框，设置颜色为浅蓝色（#4274d4），并按快捷键Alt+Backspace填充前景色，如图7-32所示。

图7-32

04 在“图层”面板中设置蓝色图层的混合模式为“颜色”，金属装饰链上的颜色需要使用“橡皮擦工具”擦除，效果如图7-33所示。

05 采用相同的方法，将身体、头发、嘴唇分别上色，像嘴唇这种小范围比较小的区域，可以直接用“画笔工具”上色,再设置其混合模式，上色后的“图层”面板如图7-34所示，上色效果如图7-35所示。

图7-33

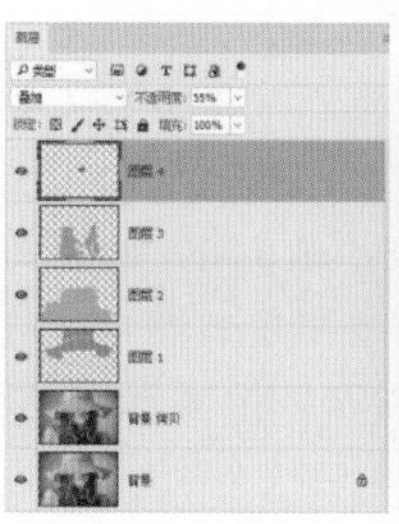

图7-34　　图7-35

06 选择工具箱中的“快速选择工具”，沿着人物边缘创建选区，如图7-36所示。按快捷键Ctrl+Shift+I反选选区，并填充颜色（#cfb34f），最终效果如图7-37所示。

图7-36

图7-37

7.3 铅笔工具

7.3.1 了解"铅笔工具"选项栏

在工具箱中选择"铅笔工具"后，可打开"铅笔工具"选项栏，如图7-38所示。"铅笔工具"的使用方法与"画笔工具"类似，也是使用前景色来绘制线条的，但"画笔工具"可以绘制带有柔边效果的线条，而"铅笔工具"只能绘制硬边线条或图形。

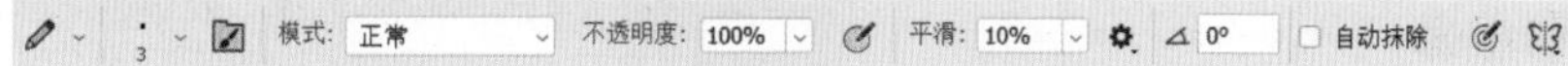

图7-38

"自动抹除"选项是"铅笔工具"特有的功能。当选中此复选框时，可以将"铅笔工具"当作橡皮擦来使用。一般情况下，"铅笔工具"使用前景色进行绘画。选中该选项后，在与前景色颜色相同的图像区域绘图时，会自动擦除前景色并填入背景色，如图7-39所示。

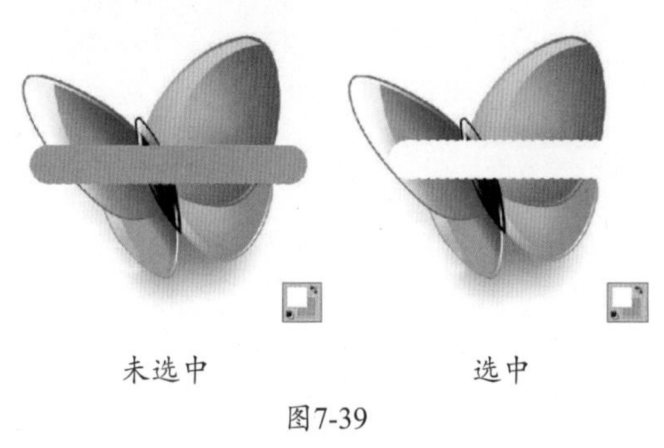

未选中　　选中

图7-39

7.3.2 实战：像素大战动物头像

"铅笔工具"只能绘制硬边线条或图形，所以在Photoshop中的使用频率不高。下面利用"铅笔工具"的硬边线条的特性，绘制像素感头像，具体的操作步骤如下。

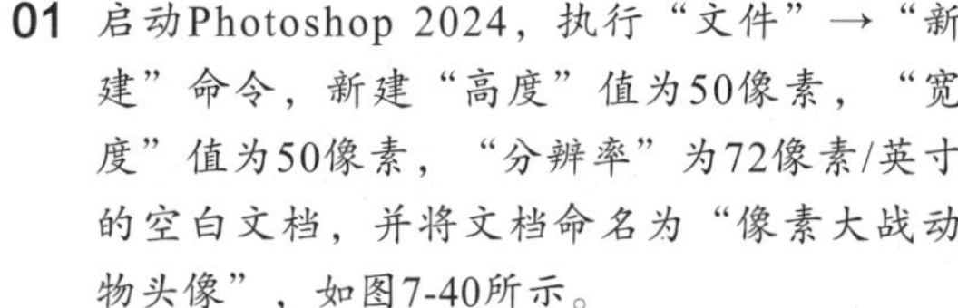

01 启动Photoshop 2024，执行"文件"→"新建"命令，新建"高度"值为50像素，"宽度"值为50像素，"分辨率"为72像素/英寸的空白文档，并将文档命名为"像素大战动物头像"，如图7-40所示。

02 单击"图层"面板下方的"创建新图层"按钮，新建空白图层。执行"视图"→"显示"→"网格"命令显示网格，如图7-41所示。将相关素材中的"动物.jpg"文件拖入文档，并调整至合适位置，如图7-42所示。

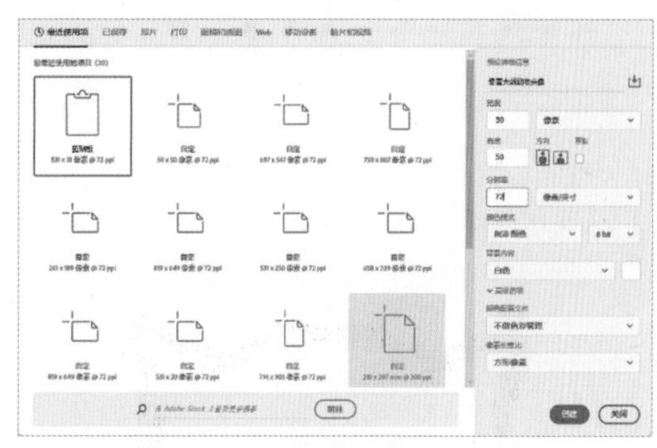

图7-40

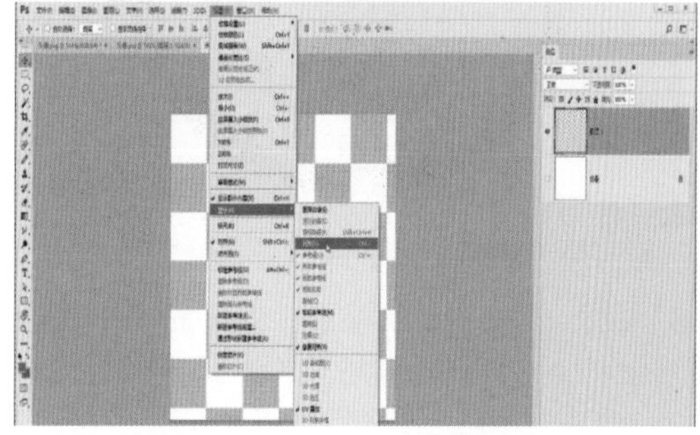

图7-41

图7-42

03 再次单击“图层”面板下方的“创建新图层”按钮，新建空白图层。选择“铅笔工具”，右击，打开“画笔”面板，将“大小”值设置为1像素，如图7-43所示。

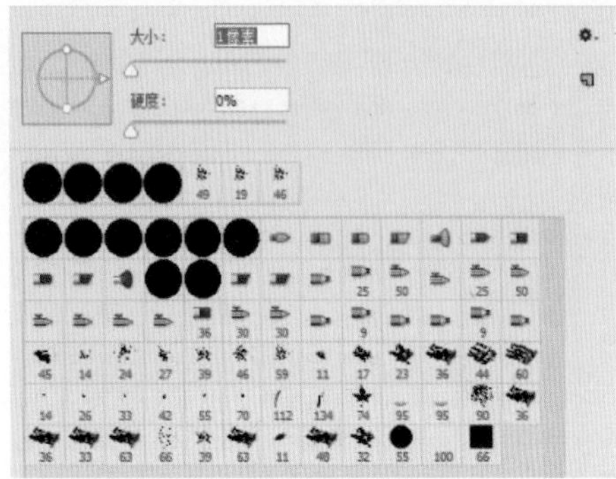

图7-43

04 按Enter键确认设置，然后沿着图案的黑色线条描出轮廓，如图7-44所示。

图7-44

05 同理，更换画笔颜色后，描出面部和鼻子的颜色，并用白色铅笔为眼睛画上高光，最终效果如图7-45所示。

图7-45

7.4 颜色替换工具

7.4.1 了解“颜色替换工具”选项栏

在工具箱中选择“颜色替换工具”后，可打开“颜色替换工具”选项栏，如图7-46所示。“模式”列表中提供“色相”“饱和度”“颜色”“明度”4种模式供用户选择，以适应不同的使用情况。

图7-46

※ 模式：用来设置可以替换的颜色属性，包括“色相”“饱和度”“颜色”和“明度”。默认为“颜色”，表示可以同时替换色相、饱和度和明度。

※ 取样：用来设置颜色取样的方式，单击激活“连续”按钮，在拖动鼠标时可连续对颜色取样；单击激活“一次”按钮，只替换包含第一次单击的颜色区域中的目标颜色；单击激活“背景色板”按钮，只替换包含当前背景色的区域。

※ 限制：选择“不连续”选项，可替换出现在鼠标指针下任何位置的样本颜色；选择“连续”选项，只替换与鼠标指针下的颜色邻近的颜色；选择“查找边缘”选项，可替换包含样本颜色的连续区域，同时保留形状边缘的锐化程度。

※ 容差：用来设置工具的容差，“颜色替换工具”只替换单击点颜色容差范围内的颜色，因此，该值越大，包含的颜色范围越广。

※ 消除锯齿：选中该复选框，可以为校正的区域定义平滑的边缘，从而消除锯齿。

7.4.2 实战：毛衣换色

“颜色替换工具”可以用前景色替换图像中的颜色，但该工具不能用于位图、索引或多通道颜色模式的图像，具体的操作步骤如下。

01 启动Photoshop 2024，按快捷键Ctrl+O，打开相关素材中的“毛衣.jpg”文件，效果如图7-47所示。

02 设置前景色为红色（#3d81ff），在工具箱中选择“颜色替换工具”，在工具选项栏中选择一个柔角笔尖并单击激活“取样：连续”按钮，将“限制”设置为“连续”，将“容差”值设置为30%，如图7-48所示。

图7-47

图7-48

03 完成参数的设置后，在毛衣上方涂抹，可进行颜色替换，如图7-49所示。在操作时需要注意，鼠标指针中心的十字线尽量不要碰到毛衣以外的区域。

04 适当将图像放大，右击，在弹出的面板中将笔尖调小，在毛衣边缘涂抹，使颜色更加细腻，最终完成效果如图7-50所示。

图7-49

图7-50

7.5 混合器画笔工具

7.5.1 了解“混合器画笔工具”选项栏

使用“混合器画笔工具”，即使是不懂绘画的人也能轻易绘制出漂亮的画面，而对于专业人士来说，更是如虎添翼。“混合器画笔工具”选项栏如图 7-51 所示。

图7-51

※ 切换画笔：单击右侧的按钮，可以打开“画笔”面板，可以更方便地选择需要的画笔。

※ 每次描边后载入画笔：单击激活按钮，可以使鼠标指针下的颜色与前景色混合。

※ 每次描边后清理画笔：按钮控制每一笔涂抹结束后是否对画笔进行更新和清理，这类似画家在绘画时一笔过后是否会将画笔在水中清洗。

※ 有用的混合画笔组合：在该下拉列表中，系统提供多种混合画笔。当选择某一种混合画笔时，右边的 4 个参数会自动改变为预设值。

※ 潮湿：设置从画布拾取的油彩量。

※ 载入：设置画笔上的油彩量。

※ 混合：设置颜色混合的比例。

※ 流量：这是以前版本其他画笔常见的设置，可以设置描边的流动速率。

※ 启用喷枪：喷枪模式的作用是，当画笔在一个固定的位置一直描绘时，画笔会像喷枪那样一直喷出颜色。如果不启用该模式，则画笔只描绘一下就停止流出颜色。

※ 设置描边平滑度：设置描边的平滑度，设置为较大的数值可减少描边抖动。

※ 平滑选项：单击图标右下角的三角形图标，在弹出的列表中选择平滑选项。

※ 设置画笔角度：在选项中设置画笔角度。

※ 数位板压力按钮：单击按钮后，使用数位板绘画时，画笔压力可覆盖“画笔”面板中的不透明度和大小设置。

※ 对所有图层取样：该选项作用是，无论本文档有多少图层，将所有图层作为一个单独的合并的图层看待。

※ 数位板压力：单击按钮后，使用数位板绘画时，可以用数位板来控制画笔的压力。

7.5.2 实战：荷兰大风车

“混合器画笔工具”的效果类似绘制传统水彩或油画时，通过改变颜料颜色、浓度和湿度等，将颜料混合在一起绘制到画板上。利用“混合器画笔工具”可以绘制出逼真的手绘效果，具体的操作步骤如下。

扫码看资源

01 启动Photoshop 2024，按快捷键Ctrl+O，打开相关素材中的“荷兰大风车.jpg”文件，效果如图7-52所示。

图7-52

02 按快捷键Ctrl+J复制得到一个图层，选择工具箱中的“混合器画笔工具”，在工具箱选项栏中设置笔尖为100像素，柔边圆，在“当前画笔载入”列表中选择“清理画笔”选项，单击“每次描边后载入画笔”按钮，选择混合画笔组合为“非常潮湿，深混合”，如图7-53所示。

图7-53

03 在天空中涂抹后，画面出现颜色混合效果，如图7-54所示。

图7-54

04 更改画笔大小以及混合画笔组合等一系列的设置，感受每种设置下画笔的不同效果，最终效果如图7-55所示。

图7-55

7.6 历史记录画笔工具

7.6.1 历史记录画笔工具

“历史记录画笔工具”需要配合“历史记录”面板一同使用，它能够将图像恢复到编辑过程中某一步骤的状态，或者将部分图像恢复为原样。这是 Photoshop 中一个重要且常用的工具。很多人误以为“历史记录画笔工具”是用来恢复还原误操作的，其实这是一种误解。和Photoshop的其他工具一样，“历史记录画笔工具”最主要的用途是用于局部修饰、调节色调等。如图7-56所示为“历史记录画笔工具”选项栏。

图7-56

7.6.2 实战：小女孩快速磨皮

扫码看资源

本例主要演示如何使用“历史记录画笔工具”，为小女孩照片快速磨皮并去除脸上雀斑，具体的操作步骤如下。

01 启动Photoshop 2024，按快捷键Ctrl+O，打开相关素材中的“小女孩.jpg”文件，效果如图7-57所示。

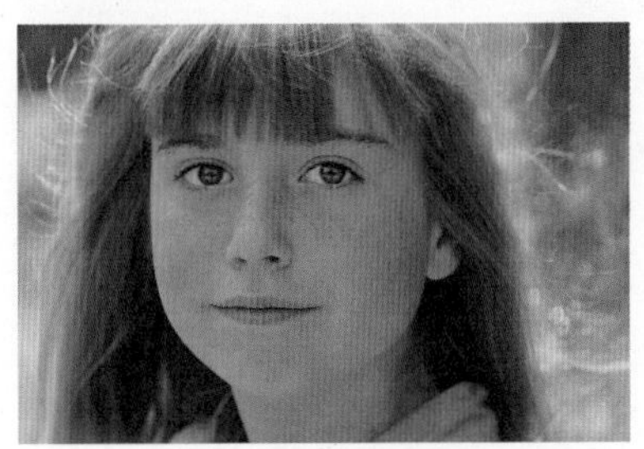

图7-57

02 按快捷键Ctrl+J复制得到一个图层，执行“滤镜”→“模糊”→“特殊模糊”命令，弹出“特殊模糊”对话框，设置“半径”值为10、“阈值”值为20，单击“确定”按钮关闭对话框，模糊效果如图7-58所示。

图7-58

03 由于“特殊模糊”滤镜将头发也模糊了，因此需要在“历史记录”面板标记“特殊模糊”操作，然后选择“通过拷贝的图层”操作，如图7-59所示。

04 在“历史记录画笔工具”的选项栏中选择一种柔边画笔，然后设置“大小”值为125像素、“硬度”值为0%，接着在人物的面部涂抹，按[键缩小画笔笔尖，然后继续在眼角、鼻翼和嘴角等细节部位进行涂抹（注意，眉毛、睫毛等部分不需要涂抹），完成后的效果如图7-60所示。

图7-59

图7-60

7.7 画笔的管理

7.7.1 导入画笔

选择“画笔工具”，在工具选项栏单击按钮，弹出画笔面板，然后单击按钮，在弹出的菜单中选择“导入画笔”选项，如图7-61所示，选择*.abr文件载入即可。

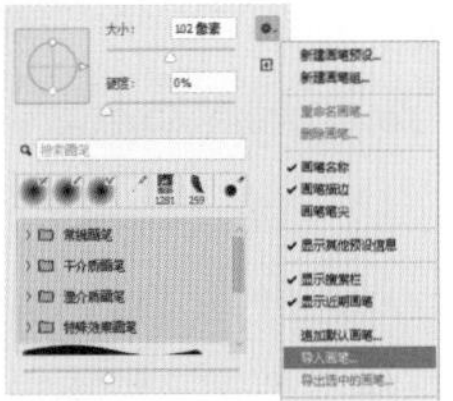

图7-61

7.7.2 保存画笔

按 F5 键打开“画笔”面板，选择创建好的画笔，之后单击画笔设置窗口右上方的图标，在弹出的菜单中选择“导出选中的画笔”选项，如图 7-62 所示。进行导出保存，之后会生成 *.abr 格式文件，如图 7-63 所示。

图7-62

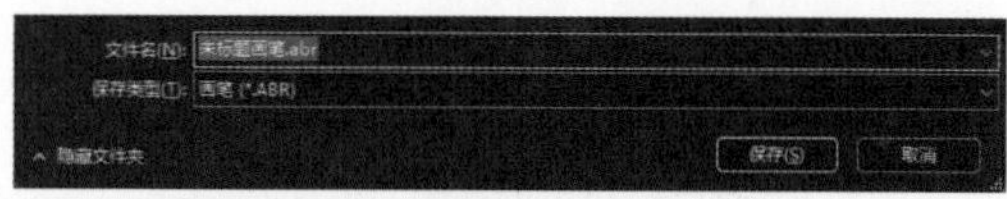

图7-63

7.7.3 自定义画笔

Photoshop 中的画笔笔尖形状通常比较固定且单一，但用户可以根据自己设计的笔刷或喜欢的图案进行自定义画笔。

首先，启动 Photoshop 并打开想要自定义为画笔预设的图案。注意，画笔预设的图案需要位于单独的画布上，且画布背景应为透明，如图 7-64 所示。

图7-64

接着，执行“编辑”→“定义画笔预设”命令，在弹出的对话框中为自定义的画笔样式命名，然后单击‘确定’按钮即可。

7.8 综合实战

7.8.1 实战：为手填色

扫码看资源

本例主要练习“画笔工具”的基本使用方法。首先，在软件中导入图像素材，选择柔边圆画笔并设置画笔属性。设定前景色后，用画笔工具对选定区域进行细节涂抹，利用快捷键调整笔尖大小以适应不同部位。然后，改变前景色，为其他区域上色，完成图像绘制。图 7-65 为原图，图 7-66 为完成效果图。若想了解具体的操作方法，建议查看本书配套的视频教程。

图7-65

图7-66

7.8.2 实战：黄晖城市

扫码看资源

本例使用“画笔工具”对图像进行补光，营造城市的落日氛围感。补光的过程不是一蹴而就的，需要操作者调节不同的参数，多多尝试，才能达到最佳效果。图 7-67 所示为原图像，图 7-68 所示为调整后的效果图。若想了解具体的操作方法，建议查看本书配套的视频教程。

图7-67

图7-68

7.8.3 实战：黑板文字效果

本例使用“画笔工具”制作简单实用的黑板文字效果。首先选择“横排文字工具”输入 PHOTOSHOP，按住 Ctrl 键并单击“图层”面板中文字图层的缩略图建立选区。选择“矩形选框工具”向右移动选区。新建图层，选择“画笔工具”在选区中涂抹出方向统一的线条，最后加入背景图层即可。图 7-69 所示为原图像，图 7-70 所示为最终效果图。若想了解具体的操作方法，建议查看本书配套的视频教程。

图7-69

图7-70

7.8.4 实战：图像多格化

本例主要是通过调整画笔笔尖形状来快速创建图像多格化效果。选择“画笔工具”，并将画笔笔头形状设置成“硬边圆”，调大间距，即可绘制出如图 7-71 所示的“11”效果。若想了解具体的操作方法，建议查看本书配套的视频教程。

图7-71

7.8.5 实战：企业员工激励海报

本例需要用很多大小不一的小正方形来作为装饰图形，但直接使用“矩形工具”逐个绘制会比较麻烦。更便捷的方法是打开“画笔”面板，调整画笔的“笔尖形状”“形状动态”“散布”及“颜色动态”，通过设置画笔直接涂抹即可，效果如图 7-72 所示。若想了解具体的操作方法，建议查看本书配套的视频教程。

图7-72

第8章 处理图像的画笔

本章主要介绍处理图像的几个实用工具，这些工具能有效地帮助我们擦除背景、修饰图像以及调整颜色等。

8.1 橡皮擦工具

Photoshop 提供了“橡皮擦工具”、“背景橡皮擦工具”和“魔术橡皮擦工具”这 3 种擦除工具，擦除工具主要用于擦除背景或图像。其中“背景橡皮擦工具”和“魔术橡皮擦工具”主要用于抠图（去除图像背景），而“橡皮擦工具”因为设置的选项不同，具有不同的用途。

8.1.1 橡皮擦工具选项栏

“橡皮擦工具”用于擦除图像像素。如果在“背景”图层上使用“橡皮擦工具”，Photoshop 会在擦除的位置填充背景色；如果当前图层不是“背景”图层，那么擦除的位置就会变为透明。在工具箱中选择“橡皮擦工具”后，可打开“橡皮擦工具”选项栏，如图 8-1 所示。

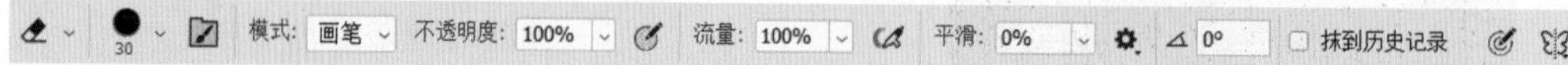

图8-1

8.1.2 实战：使用橡皮擦工具给证件照换底

本例主要运用“正片叠底”混合模式和“橡皮擦工具”为证件照换底。新建一个图层填充红色并将背景也就是原图像复制两层。将“背景 拷贝”图层的混合模式更改为“正片叠底”，再使用“橡皮擦工具”将“背景 拷贝 2”图层中的背景擦除即可。图 8-2 所示为原图像，图 8-3 所示为调整后的图像。若想了解具体的操作方法，建议查看本书配套的视频教程。

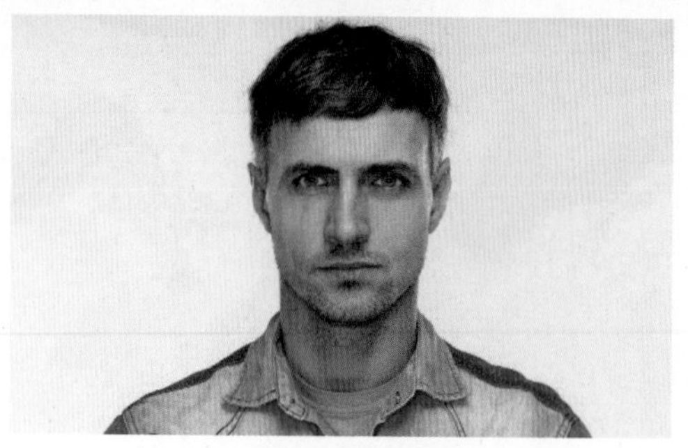

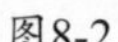

图8-2

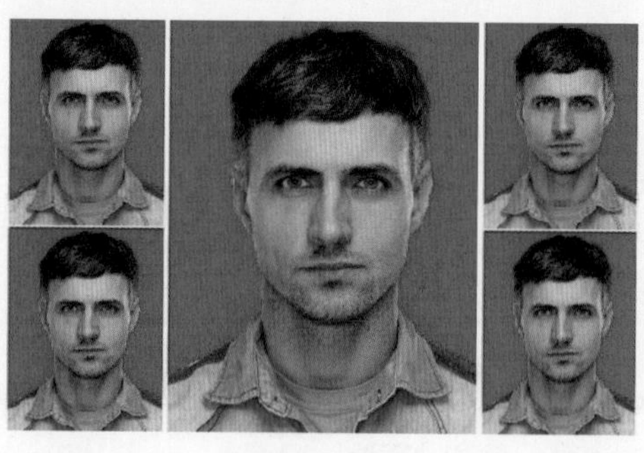

图8-3

8.1.3 实战：使用背景橡皮擦工具

“背景橡皮擦工具”和“魔术橡皮擦工具”主要用来抠取边缘清晰的图像。“背景橡皮擦工具”能智能地采集鼠标指针单击位置中心的颜色，并删除其中出现的该颜色的像素，具体的操作步骤如下。

01 启动Photoshop 2024，按快捷键Ctrl+O，打开相关素材中的“发丝.jpg”文件，效果如图8-4所示。

图8-4

02 选择工具箱中的“背景橡皮擦工具”，在工具选项栏中设置合适的笔尖大小，单击激活“取样：连续”按钮，并将“容差”值设置为15%，如图8-5所示。

限制：连续 容差：15% 0° 保护前景色

图8-5

> **延伸讲解**
>
> 容差值越小，擦除的颜色越相近；容差值越大，擦除的颜色范围越广。

03 在发丝边缘和背景处涂抹，将背景擦除。

04 打开相关素材中的“人物补发.jpg”文件，如图8-6所示。选择“移动工具”，将抠好的发丝拖入其中，复制几层并调整好方向和大小，效果如图8-7所示。

图8-6

图8-7

> **答疑解惑**
>
> “背景橡皮擦工具”的选项栏中包含的3种取样方式有何不同？
>
> ※ 连续取样：在拖动过程中对颜色进行连续取样，凡在鼠标指针下的颜色像素都将被擦除。
>
> ※ 一次取样：擦除第一次单击取样的颜色，适合擦除纯色背景。
>
> ※ 背景色板取样：擦除包含背景色的图像。

8.1.4 实战：使用魔术橡皮擦

“魔术橡皮擦工具”的使用效果相当于用“魔棒工具”创建选区后删除选区内像素。锁定图层的透明区域后，该图层被擦除的区域将用背景色填充，具体的操作步骤如下。

01 启动Photoshop 2024，按快捷键Ctrl+O，打开相关素材中的“素材.jpg”文件，效果如图8-8所示。

图8-8

02 选择“魔术橡皮擦工具”，在工具选项栏中将“容差”值设置为20，“不透明度”值设置为100%，如图8-9所示。

容差：20 ☑ 消除锯齿 ☑ 连续 ☐ 对所有图层取样 不透明度：100%

图8-9

03 在图像背景处单击，即可删除背景。将图像适当放大，将图像中的细节部分删除。

04 打开相关素材中“背景.jpg”文件，将抠取出来的人物图案放置其中，并调整合适的大小及位置，最终的效果如图8-10所示。

图8-10

> **延伸讲解**
>
> 在完成对象的抠取操作后，还可以通过调整对象的亮度、对比度、色阶等参数，来使对象与背景的色调趋于一致。

8.2 修饰工具

Photoshop 的修饰工具包括“模糊工具”、“锐化工具”和“涂抹工具”，使用这些工具，可以对图像的对比度、清晰度进行控制，以创建真实、完美的图像。

8.2.1 实战：模糊工具

“模糊工具”主要用来对照片进行修饰，通过柔化图像，减少图像的细节达到突出主体的效果，具体的操作步骤如下。

扫码看资源

01 启动Photoshop 2024，按快捷键Ctrl+O，打开相关素材中的“花朵.jpg”文件，效果如图8-11所示。

图8-11

02 在工具箱中选择“模糊工具”后，在工具选项栏设置合适的笔触大小，并设置“模式”为“正常”，“强度”值为100%，如图8-12所示。

模式：正常 强度：100% ∠ 0° ☐ 对所有图层取样

图8-12

03 将鼠标指针移至背景内容处，按住鼠标左键并拖曳进行反复涂抹，可以看到涂抹处产生模糊效果，最后调节色彩平衡，效果如图8-13所示。

图8-13

> **延伸讲解**
>
> 在工具选项栏中设置参数时，强度值越大，图像模糊效果越明显。

8.2.2 实战：锐化工具

“锐化工具”通过增大图像相邻像素之间的反差锐化，从而使图像看起来更为清晰，具体的操作步骤如下。

扫码看资源

01 启动Photoshop 2024，按快捷键Ctrl+O，打开相关素材中的“猫头鹰.jpg”文件，效果如图8-14所示，可以看到主体的猫头鹰比较模糊。

02 在工具箱中选择“锐化工具”，在工具选项栏中设置合适的笔触大小，并设置“模式”为“正常”，“强度”值为50%，然后对花朵模糊部位进行反复涂抹，将其逐步锐化，调色后的最终效果如图8-15所示。

图8-14

图8-15

> 延伸讲解
>
> “锐化工具”的工具选项栏与“模糊工具”的工具选项栏基本相同。在处理图像时，如果想要产生更夸张的锐化效果，可取消选中“保护细节”复选框。

8.2.3 实战：涂抹工具

使用“涂抹工具”绘制出来的效果，类似在未干的油画上涂抹，会出现色彩混合扩展的现象，具体的操作步骤如下。

扫码看资源

01 启动Photoshop 2024，按快捷键Ctrl+O，打开相关素材中的“背景.jpg”文件，效果如图8-16所示。

图8-16

02 在工具箱中选择“涂抹工具”后，在工具选项栏中选择一个柔边笔刷，并设置笔触大小为7像素，设置“强度”值为60%，取消选中“对所有图层进行取样”复选框，然后在柴犬的边缘处进行涂抹，如图8-17所示。

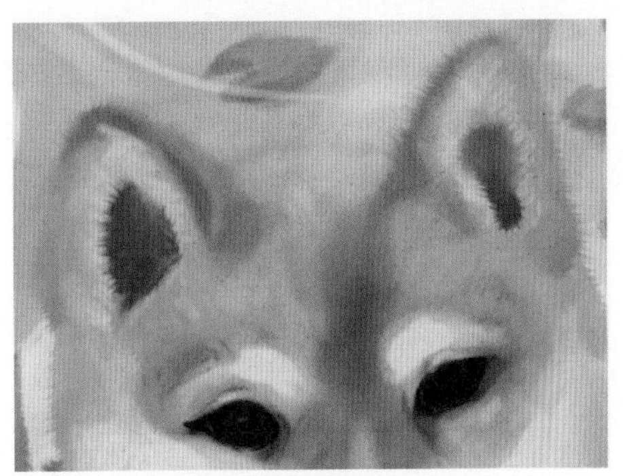

图8-17

03 耐心涂抹全部连续边缘，使柴犬产生毛茸茸的效果，如图8-18所示。

图8-18

> 延伸讲解
>
> “涂抹工具”适合扭曲小范围的区域，主要针对细节进行调整，处理的速度较慢。若需要处理大面积的图像，结合使用的滤镜效果更明显。

8.3 颜色调整工具

Photoshop的颜色调整工具包括“减淡工具”、“加深工具”和“海绵工具”，可以对图像的局部色调和颜色进行调整。

8.3.1 减淡工具与加深工具

在传统摄影技术中，调节图像特定区域的曝光度时，摄影师会通过遮挡光线以使照片中的某个区域变暗（减淡），或者增加曝光度使照片中的某个区域变亮（加深）。Photoshop中的“减淡工具”和“加深工具”正是基于这种需求处理照片曝光的。这两个工具的工具选项栏基本相同，图8-19所示为“减淡工具”选项栏。

图8-19

8.3.2 实战：减淡工具

“减淡工具”主要用来增加图像的曝光度，通过简单涂抹，即可提亮图像中的特定区域，增加图像的质感，具体的操作步骤如下。

扫码看资源

01 启动Photoshop 2024，按快捷键Ctrl+O，打开相关素材中的“眼睛.jpg”文件，效果如图8-20所示。

图8-20

02 按快捷键Ctrl+J复制得到新的图层，并重命名为“阴影”。选择“减淡工具”，在工具选项栏中设置合适的笔触大小，将“范围”设置为“阴影”，将“曝光度”值设置为30%，在画面中反复涂抹后，阴影处的曝光增加了，如图8-21所示。

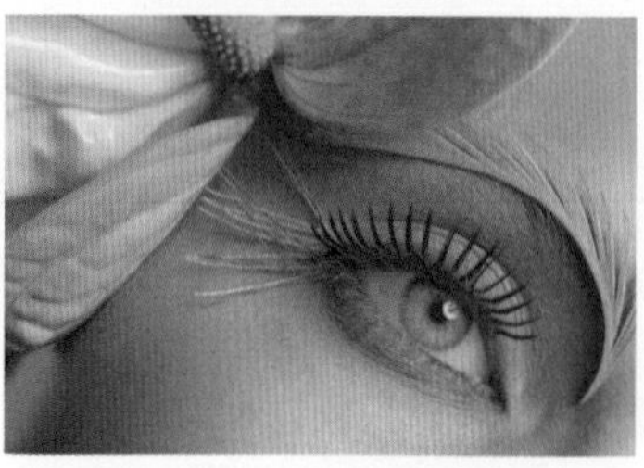

图8-21

03 再次复制“背景”图层，并将复制得到的图层重命名为“中间调”，再置于顶层。在“减淡工具”选项栏中设置合适的笔触大小，设置“范围”为“中间调”，然后在画面中反复涂抹后，将中间调减淡，效果如图8-22所示。

图8-22

04 再次复制“背景”图层，并将复制得到的图层重命名为“高光”，再置于顶层。在“减淡工具”选项栏中设置合适的笔触大小，设置“范围”为“高光”，然后在画面中反复涂抹后，将高光减淡，图像变亮，效果如图8-23所示。

图8-23

8.3.3 实战：加深工具

“加深工具”主要用来降低图像的曝光度，使图像中的局部亮度变得更暗，具体的操作步骤如下。

扫码看资源

01 启动Photoshop 2024，按快捷键Ctrl+O，打开相关素材中的“古镇.jpg”文件，效果如图8-24所示。

02 按快捷键Ctrl+J复制得到新的图层，并重命名为“阴影”。选择“加深工具”，在工具选项栏中设置合适的笔触大小，将“范围”

设置为“阴影”，并将“曝光度”值设置为50%，在画面中反复涂抹后，将阴影加深，如图8-25所示。

图8-24

图8-25

03 复制“阴影”图层，重命名为“中间调”，并置于顶层。在工具选项栏中设置合适的笔触大小，设置“范围”为“中间调”。在画面中反复涂抹后，中间调曝光度降低，如图8-26所示。

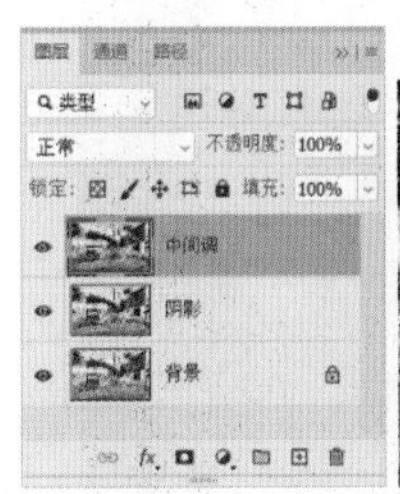

图8-26

延伸讲解

在工具选项栏中设置“范围”为“高光”，在画面中反复涂抹，画面的高光曝光度会降低。

8.3.4 实战：海绵工具

“海绵工具”主要用来改变局部图像的色彩饱和度，但无法为灰度模式的图像上色，具体的操作步骤如下。

扫码看资源

01 启动Photoshop 2024，按快捷键Ctrl+O，打开相关素材中的“卡通人物.jpg”文件，效果如图8-27所示。

图8-27

02 按快捷键Ctrl+J复制得到新的图层，并重命名为“去色”。选择“海绵工具”，在工具选项栏中设置合适的笔触大小，将“模式”设置为“去色”，并将“流量”值设置为50%，如图8-28所示。

400 模式: 去色 流量: 50% 0° 自然饱和度

图8-28

03 完成上述设置后，按住鼠标左键在画面中反复涂抹，即可降低图像的饱和度，如图8-29所示。

04 复制“背景”图层，并将复制得到的图层重命名为“加色”，再置于顶层。在工具选项栏中设置合适的笔触大小，将“模式”设置为“加色”，然后在画面中反复涂抹，即可增加图像的饱和度，如图8-30所示。

图8-29 图8-30

8.4 渐变工具

“渐变工具”用于在整个文档或选区内填充渐变颜色。渐变填充在Photoshop中的应用非常广泛，不仅可以用于填充图像，还可以用于填充图层蒙版、快速蒙版和通道。此外，调整图层和填充图层也会使用到渐变。

8.4.1 渐变工具选项栏

在工具箱中选择“渐变工具”后，需要先在工具选项栏中选择一种渐变类型，并设置渐变颜色和混合模式等选项，如图8-31所示，然后创建渐变。

图8-31

8.4.2 渐变编辑器

Photoshop提供了丰富的预设渐变，但在实际工作中，仍然需要创建自定义渐变，以制作个性化的图像效果。单击选项栏中的渐变颜色条，将弹出如图8-32所示的“渐变编辑器”对话框，在此对话框中可以创建新渐变并修改当前渐变的颜色设置。

图8-32

8.4.3 实战：渐变工具

使用“渐变工具”可以创建多种颜色之间的渐变混合，不仅可以填充选区、图层和背景，也能用来填充图层蒙版和通道等，具体的操作步骤如下。

扫码看资源

01 启动Photoshop 2024，按快捷键Ctrl+O，打开相关素材中的“女孩.psd”文件，效果如图8-33所示。

02 选择“渐变工具”，然后在工具选项栏中单击“线性渐变”按钮，单击渐变颜色条，弹出“渐变编辑器”对话框。在该对话框中，设置颜色为黄色（#ffeb00）、红色（#f90005）和蓝色（#0e00af））。

03 将填充颜色的图层的混合模式改为“色相”，最后添加文字效果，如图8-34所示。

图8-33　　图8-34

延伸讲解

渐变颜色条中最左侧的色标代表渐变的起点颜色，最右侧的色标代表渐变的终点颜色。鼠标指针单击拖曳的起点和终点决定了渐变的方向和范围。渐变的角度会随着鼠标拖动的角度变化而变化，而渐变的范围则是从渐变颜色条的起点处到终点处。在拖动鼠标的同时按住Shift键，可以创建水平、垂直以及45°倍数角度的渐变。

8.5 油漆桶工具

“油漆桶工具”可用于填充前景色或图案。如果创建了选区，则填充的区域为当前选区；如若未创建选区，那么填充的将是与单击处颜色相近的区域。在填充过程中，可以设置不透明度、容差以及是否连续。因此，我们可以将“油漆桶工具”视作“魔棒工具”与前景色填充功能的结合。

8.5.1 油漆桶工具选项栏

“油漆桶工具”用于在图像或选区中填充颜色或图案，但“油漆桶工具”在填充前会对单击位置的颜色进行取样，从而只填充颜色相同或相似的图像区域，“油漆桶工具”选项栏如图 8-35 所示。

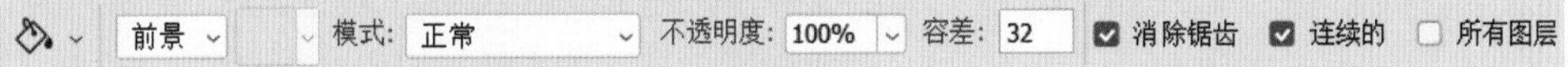

图8-35

8.5.2 实战：填充选区图形

使用填充命令和使用“油漆桶工具”填充类似，二者都能为当前图层或选区填充前景色或图案。不同的是，填充命令还可以利用内容识别进行填充，具体的操作步骤如下。

01 启动Photoshop 2024，按快捷键Ctrl+O，打开相关素材中的“购物.psd”文件，效果如图8-36所示。

02 按快捷键Ctrl+J复制得到新的图层，选择工具箱中的“魔棒工具”，并建立选区，如图8-37所示。

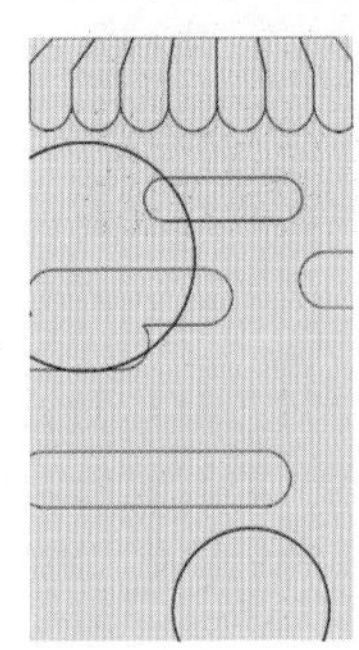

图8-36

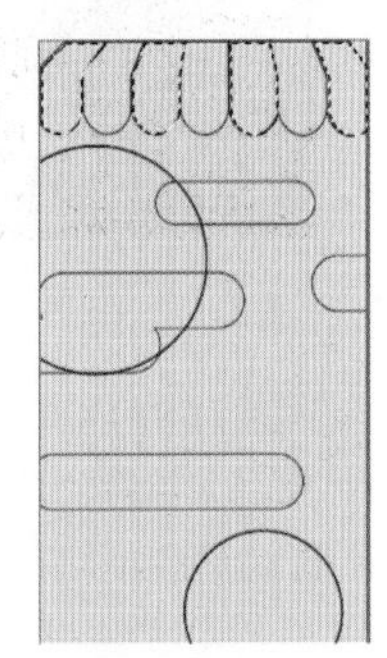

图8-37

03 设置前景色为洋红色（#f82c7f），执行“编辑”→“填充”命令或按快捷键Shift+F5，弹出“填充”对话框，在“内容”下拉列表中选择“前景色”选项，如图8-38所示。

04 单击“确定”按钮，为选区填充颜色，按快捷键Ctrl+D取消选区，得到的效果如图8-39所示。

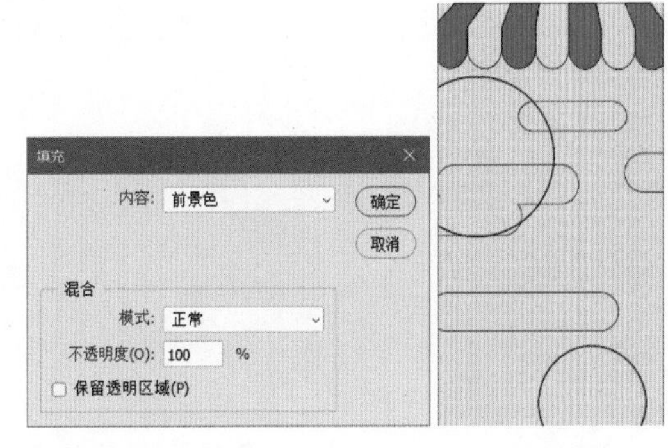

图8-38　　图8-39

> **延伸讲解**
>
> 在“内容”下拉列表中选择“内容识别”选项，则会融合选区附近图像的明度、色调后进行填充。

05 选择“魔棒工具”，单击圆形，创建选区，如图8-40所示。

06 按快捷键Alt+Delete，在选区内填充前景色，如图8-41所示。

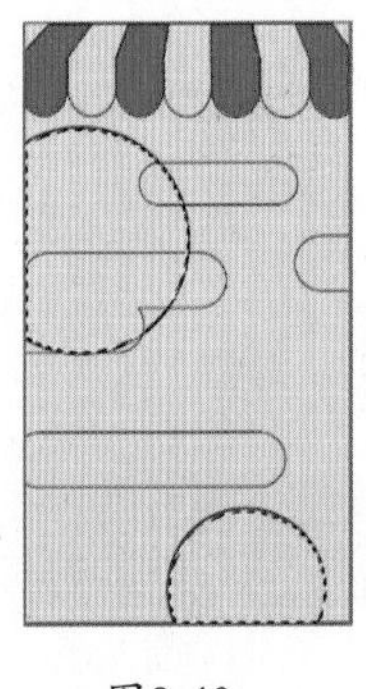

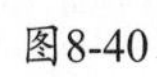

图8-40

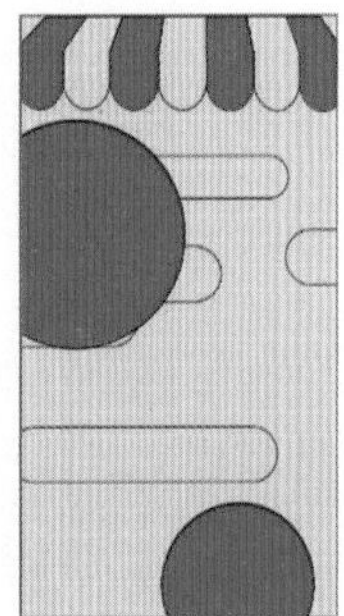

图8-41

07 将前景色设置为白色，使用“魔棒工具” 创建选区，为其填充前景色，如图8-42所示。

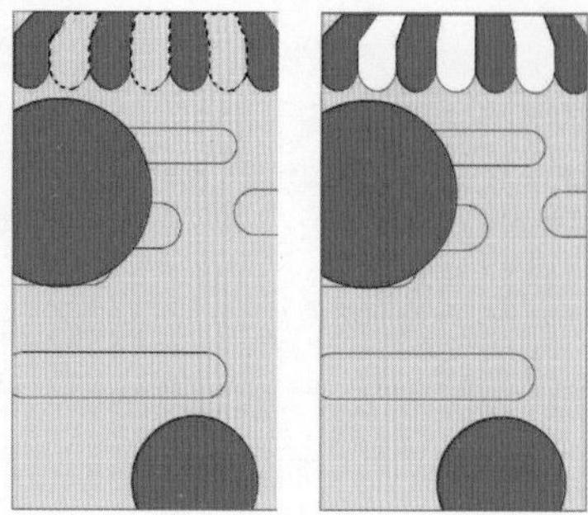

图8-42

08 更改前景色为粉色（#f9bac2），为圆角矩形填充颜色，如图8-43所示。

09 将黑色线稿关闭，并填充背景的效果如图8-44所示。

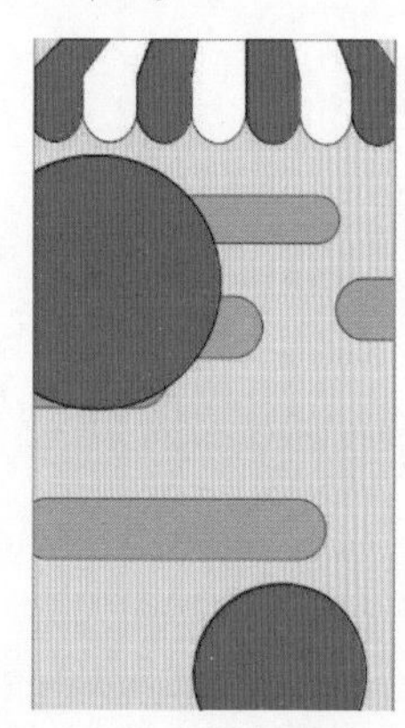

图8-43

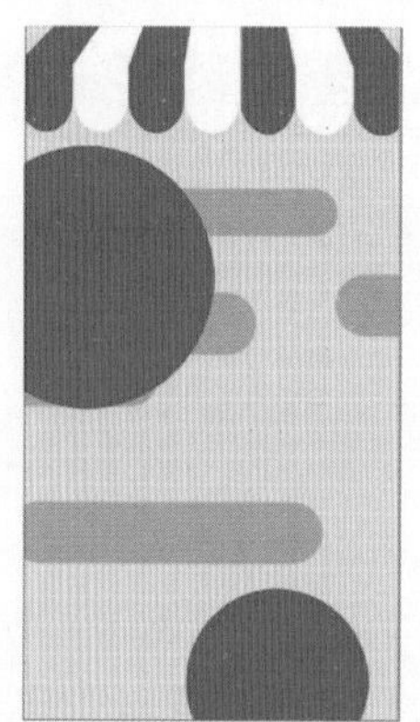

图8-44

10 打开文字、人物等图层，最终的效果如图8-45所示。

图8-45

8.6 吸管工具

“吸管工具” 主要用于吸取图像中的某一种颜色，并将其设置为前景色。通常，在需要使用相同颜色时，我们会选择使用“吸管工具” ，以确保在选择颜色时不会因在色板上选择而出现偏差。

8.6.1 吸管工具选项栏

在工具箱中选择“吸管工具” 后，可打开“吸管工具”选项栏，如图 8-46 所示。利用“吸管工具” ，可以吸取参考颜色来应用到实际的创作中。

图8-46

8.6.2 实战：吸管工具

使用“吸管工具” 可以快速从图像中直接选取颜色，具体的操作步骤如下。

扫码看资源

01 启动Photoshop 2024，按快捷键Ctrl+O，打开相关素材中的“向日葵.jpg”文件，效果如图8-47所示。

图8-47

02 在工具箱中选择“吸管工具” 后，将鼠标指针移至图像上方并单击，可拾取单击处的颜色，并将其作为前景色，如图8-48所示。

图8-48

03 按住Alt键的同时单击，可拾取单击处的颜色，并将其作为背景色，如图8-49所示。

图8-49

04 如果将鼠标指针放在图像上方，然后按住鼠标左键在屏幕上拖曳，则可以拾取窗口、菜单栏和面板的颜色，如图8-50所示。

图8-50

8.6.3 实战：颜色面板

除了可以在工具箱中设置前景色和背景色，也可以在“颜色”面板中设置所需颜色，具体的操作步骤如下。

扫码看资源

01 执行“窗口”→“颜色”命令，打开“颜色”面板，“颜色”面板采用类似美术调色的方式来混合颜色。单击面板右上角的▤按钮，在弹出的菜单中选择“RGB滑块”选项。如果要编辑前景色，可单击前景色色块，如图8-51所示。如果要编辑背景色，则单击背景色色块，如图8-52所示。

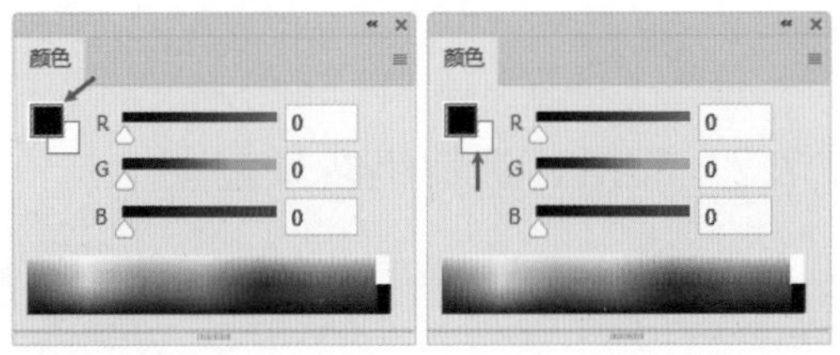

图8-51　　图8-52

02 在R、G、B文本框中输入数值或者拖动滑块，可调整颜色，如图8-53和图8-54所示。

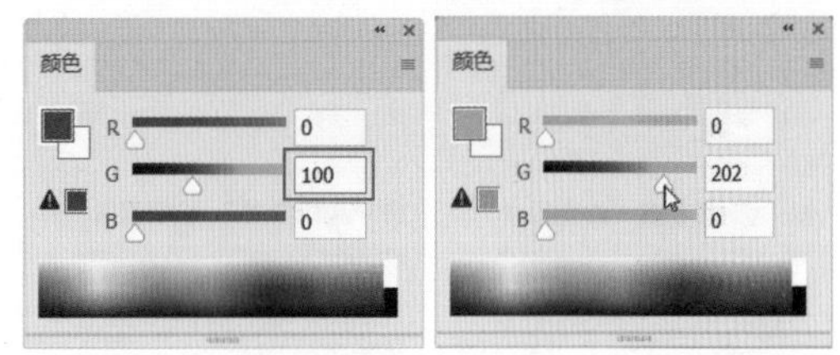

图8-53　　图8-54

03 将鼠标指针放在面板下面的四色曲线图上，鼠标指针会变为吸管状，此时，单击即可采集色样，如图8-55所示。

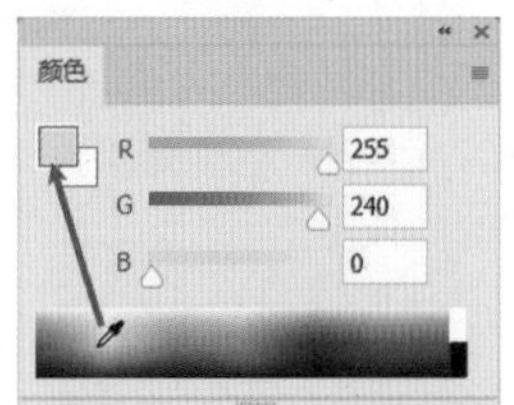

图8-55

04 单击面板右上角的▤按钮，打开面板菜单，选择不同的选项可以修改四色曲线图的模式，如图8-56所示。

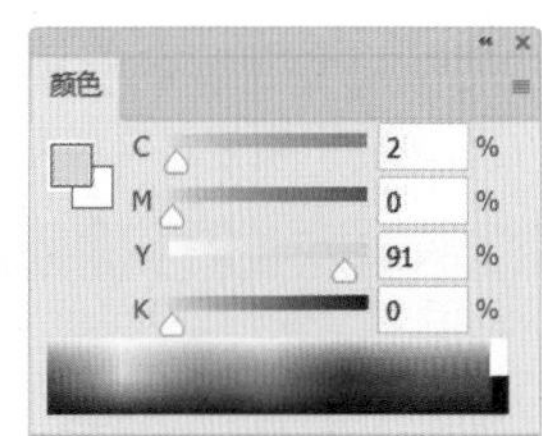

图8-56

8.6.4 实战：色板面板

“色板”面板包含系统预设的颜色，单击相应的颜色即可将其设置为前景色，具体的操作步骤如下。

扫码看资源

01 执行“窗口”→“色板”命令，打开“色板”面板，“色板”面板中的颜色都是预先设置好的，单击一个颜色样本，即可将其设置为前景色，如图8-57所示。按住Alt键的同时单击，则可将其设置为背景色，如图8-58所示。

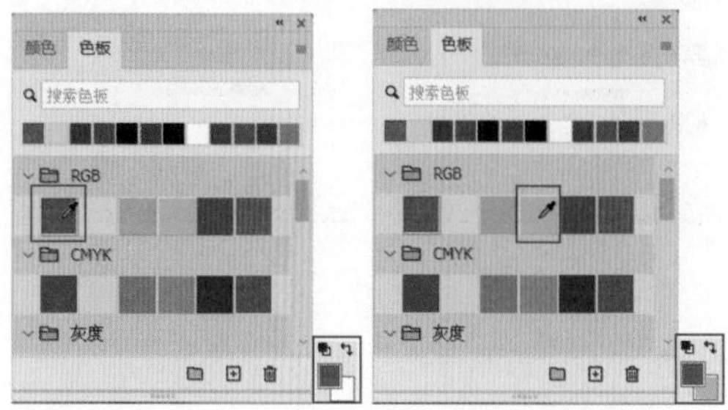

图8-57　　图8-58

02 在“色板”面板中提供了不同类型的色板文件夹，单击任意文件夹左侧的箭头按钮 ›，可以展开相应的色板文件夹，查看其中提供的颜色，如图8-59所示。

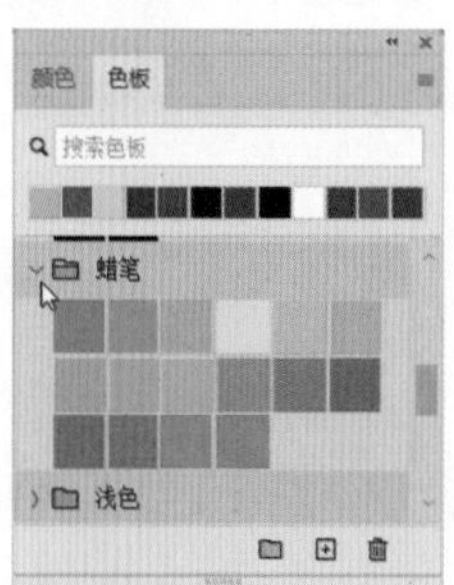

图8-59

03 单击“色板”面板底部的“创建新组”按钮，弹出“组名称”对话框，如图8-60所示，在该对话框中可以自定义组的名称，完成后单击“确定”按钮即可。

图8-60

04 在“色板”面板中创建新组后，即可将常用的颜色拖入文件夹，方便日后随时调用，如图8-61和图8-62所示。

05 如果需要将创建的新组删除，可以在“色板”面板中选中该组，单击底部的“删除色板”按钮，在弹出的提示对话框中单击“确定”按钮，即可完成删除操作，如图8-63和图8-64所示。

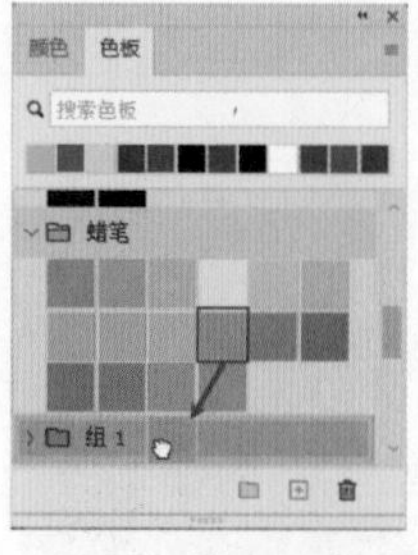

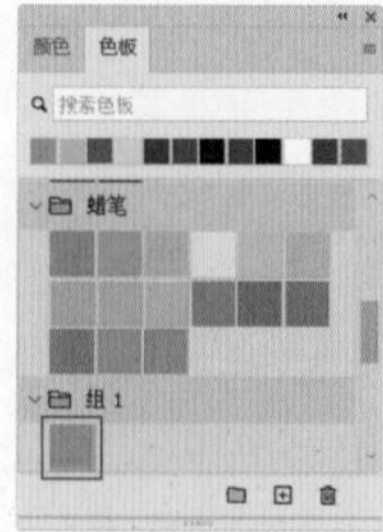

图8-61　　图8-62

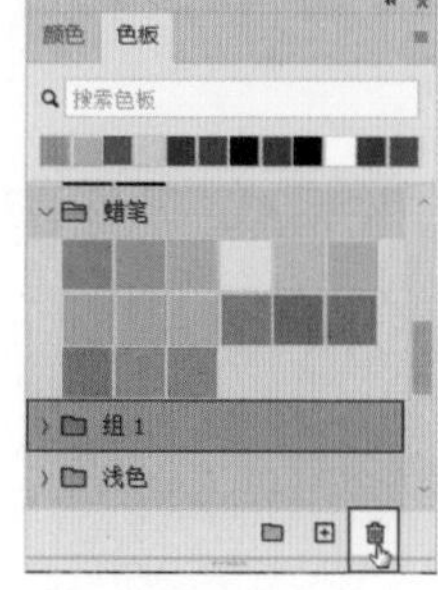

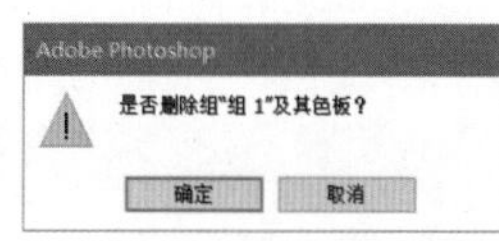

图8-63　　图8-64

8.7 综合实战

8.7.1 实战：鹦鹉抠图

本例将使用“魔术橡皮擦工具”和“钢笔工具”来对鹦鹉进行抠图，“魔术橡皮擦工具”大范围快速抠取，“钢笔工具”对细节进行调整抠取，如图8-65所示为原图，如图8-66所示为抠图完成效果图。若想了解具体的操作方法，建议查看本书配套的视频教程。

扫码看资源

图8-65　　图8-66

8.7.2 实战：近似纯背景抠图

本例将使用“背景橡皮擦”来对头发进行抠图，在“魔术橡皮擦工具”属性栏中单击“取样：一次”

扫码看资源

按钮对头发进行抠取。如图 8-67 所示为原图，如图 8-68 所示为抠图完成效果图。若想了解具体的操作方法，建议查看本书配套的视频教程。

图8-67

图8-68

8.7.3 实战：处理镜片反光

扫码看资源

本例首先使用“钢笔工具”选取眼镜部分，再使用“渐变工具”填充颜色，模式改为“正片叠底”。如图 8-69 所示为原图像，如图 8-70 所示为修改后的图像。若想了解具体的操作方法，建议查看本书配套的视频教程。

图8-69

图8-70

8.7.4 实战：美妆海报

扫码看资源

美妆海报的制作关键是文字的排版和人物局部去色，使用“矩形工具”新建矩形，大小为海报的一半并填充黑色，在黑色矩形上进行排版。如图 8-71 所示为原图，如图 8-72 所示为最终效果图。若想了解具体的操作方法，建议查看本书配套的视频教程。

图8-71

图8-72

8.7.5 实战：多彩人物

扫码看资源

打开背景图层和人物图层，使用“横排文字工具”输入英文字母，使用“吸管工具”吸取背景图层中的颜色为字母逐个换色。然后复制文字图层并向下适量位移，添加“颜色叠加”图层样式，让文字有立体感即可，如图 8-73 所示。若想了解具体的操作方法，建议查看本书配套的视频教程。

图8-73

8.7.6 实战：优质生活体验宣传海报

扫码看资源

本例主要利用“椭圆工具”、“直线工具”、“套索工具”、“油漆桶工具”等创建形状并填充颜色，然后进行文字的排版，如图8-74所示。若想了解具体的操作方法，建议查看本书配套的视频教程。

图8-74

8.7.7 实战：石墩校正

扫码看资源

本例首先在工具箱中选择“标尺工具”创建与石墩平行的线，单击工具属性栏中的“拉直图层”按钮可以石墩校正。校正后图像角落会出现空白的情况，需要将空白的区域创建选区并执行“内容识别填充”命令。如图 8-75 所示为原图，如图 8-76 所示校正后的效果图。若想了解具体的操作方法，建议查看本书配套的视频教程。

图8-75

图8-76

8.7.8 实战：证件照另类快速排版

本例利用自定义图案为证件照快速排版，将照片裁剪成需要的尺寸后执行“编辑”→“定义图案”命令，然后选择“油漆桶工具”，在工具选项栏中更改填充内容为“图案”，选择新加入的证件照图案，单击空白图层即可一键排版。在“图层样式”中的“图案叠加”选项中还可以自由调节证件照的数量，相比传统的手动复制对齐操作，用“油漆桶工具”填充图案的方法排版更为便捷高效，如图 8-77 所示。若想了解具体的操作方法，建议查看本书配套的视频教程。

扫码看资源

图8-77

8.7.9 实战：文字特效

PS 特效字的制作要注重表现光影结构和立体感，使用“横排文字工具” T 选择合适的字体输入 PS 这两个字母，建立选区并填充图案。复制文字图层，位于下层的文字需要通过调整曲线来区分明暗度，并增强立体感。在文字和地面的接触面使用特殊画笔，打造开裂效果，使特效文字更具真实感，如图 8-78 所示。若想了解具体的操作方法，建议查看本书配套的视频教程。

扫码看资源

图8-78

8.7.10 实战：眼睛及嘴唇换色

扫码看资源

无论是衣服还是人物五官，换色的思路都是创建选区，填充颜色，然后更改混合模式。本例的嘴唇的换色操作还运用了渐变色，在“渐变编辑器”对话框中调节色标的颜色和位置，确认渐变后将混合模式更改为“颜色”，如图 8-79 所示为原图，如图 8-80 所示最终效果图。若想了解具体的操作方法，建议查看本书配套的视频教程。

图8-79

图8-80

8.7.11 实战：突破自我励志海报

扫码看资源

本例主要介绍如何制作具有多格渐变效果的海报背景。首先，新建一个空白图层，从中间向外拉出径向渐变，确保中间的颜色略微浅于周围颜色，从而在视觉上突出中心的主体文字。接下来，再次新建一个空白图层，由中间向外围拉出黑色的角度渐变，将混合模式更改为“叠加”并适当降低不透明度，以实现放射性光线的效果，如图 8-81 所示。若想了解具体的操作方法，建议查看本书配套的视频教程。

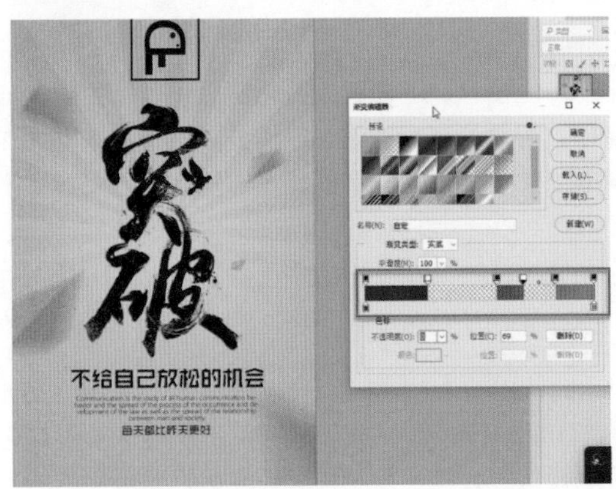

图8-81

8.7.12 实战：创意汽车合成

本例首先使用“渐变工具”制作背景颜色，再插入两张汽车素材，使用“钢笔工具”和“快速选择工具”进行抠图，对齐两张汽车素材，使用“画笔工具”涂抹合成。使用“液化”滤镜将白色汽车进行扭曲变形，再使用“画笔工具”制作油漆效果。使用“照片滤镜”命令调整颜色，将混合模式改为“颜色加深”，再使用“加深工具”和“减淡工具”制作车子的高光和阴影，最后插入云朵素材，最终效果如图 8-82 所示。若想了解具体的操作方法，建议查看本书配套的视频教程。

扫码看资源

图8-82

第9章 文字

文字是设计作品中不可缺少的要素之一，它不仅可以传达信息，还能起到美化版面和强化主题的作用。本章介绍了创建文字的工具以及一些相关的基础操作，帮助读者根据设计的需要，随心所欲地为作品添加各种艺术文字。通过学习本章内容，可以快速掌握点文字、段落文字的输入方法，学习变形文字的设置以及路径文字的制作方法。

9.1 字体下载、安装及卸载

在使用 Photoshop 进行设计时，为了找到适合的字体以进行设计，选择范围并不仅限于系统自带的字体，设计师还可以自行下载安装其他字体。本节将主要指导大家学习如何管理字体，涵盖字体的下载安装以及删除操作。

9.1.1 下载字体

找资源是设计师必备的技能。关于字体下载，网络上拥有丰富的资源可供选择。我们只需找到心仪的字体，并将其下载到教计算机中即可。在此，推荐使用软件管家来下载字体。

9.1.2 安装及卸载字体

Photoshop 字体安装实际上是安装在操作系统中，但不建议一次性安装过多字体，因为这可能会导致软件运行卡顿。建议只安装常用的字体。安装字体时，需要先解压字体压缩包，然后复制下载的所有字体文件。接下来，进入字体安装界面，通常位于以下目录：C:\windows\fonts 或 c:\winnt\fonts，在此目录中粘贴字体文件即可完成安装。同样地，卸载字体也需要在相应的字体文件夹中删除相应的字体文件。

9.2 文字工具

Photoshop 中的文字工具包括“横排文字工具”T、“直排文字工具”IT、“直排文字蒙版工具”IT和“横排文字蒙版工具”T 4 种。其中“横排文字工具”T和“直排文字工具”IT用来创建点文字、段落文字和路径文字，“横排文字蒙版工具”T和“直排文字蒙版工具”IT用来创建文字选区。

9.2.1 文字工具选项栏

在使用文字工具输入文字之前，需要在工具选项栏或“字符”面板中设置字符的各项属性，这包括选择字体、确定大小和设定文字颜色等。文字工具选项栏如图 9-1 所示。

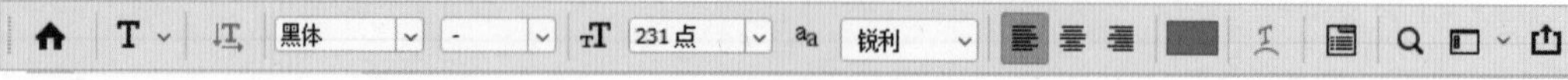

图9-1

文字工具选项栏中各选项说明如下。

※ 更改文本方向：单击按钮，可以将横排文字转换为直排文字，或者将直排文字转换为横排文字。

※ 设置字体：在黑体下拉列表中可以选择一种字体。

※ 设置字体样式：字体样式是单个字体的变体，包括Regular（规则的）、Italic（斜体）、Bold（粗体）和Blod Italic（粗斜体）等，该选项只对部分英文字体有效。

※ 设置文字大小 200点：可以设置文字的大小，也可以直接输入数值并按Enter键来进行调整。

※ 设置文本颜色：单击颜色块，可以在弹出的“拾色器（文本颜色）”对话框中设置文字的颜色。

※ 创建变形文字：单击按钮，会弹出“变形文字”对话框，为文本添加变形样式，从而创建变形文字。

※ 显示/隐藏字符和段落面板：单击按钮，可以显示或隐藏“字符”面板和“段落”面板。

※ 对齐文本：输入文字时，单击相应的按钮对齐文本，包括左对齐文本、居中对齐文本和右对齐文本。

9.2.2 字符面板

“字符”面板用于编辑文本字符的格式。执行“窗口”→“字符”命令，将打开如图9-2所示的“字符”面板。

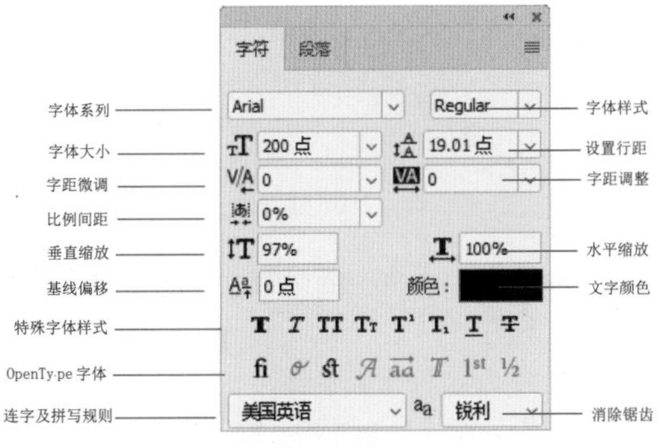

图9-2

“字符”面板中主要选项说明如下。

※ 设置行距：行距是指文本中各行文字之间的垂直间距。可以在下拉列表中为文本设置行距，或者在文本框中输入具体数值来自定义行距。

※ 字距微调：此选项用于精细调整两个字符间的间距。操作时，首先需要在欲调整的两个字符间单击以设置插入点，随后调整相应的数值。

※ 字距调整：当选定部分字符时，此功能可调整所选字符的间距；若未选定任何字符，则会调整所有字符的间距。

※ 比例间距：该功能用于设置所选字符的比例间距。

※ 水平缩放/垂直缩放：水平缩放功能用于调整字符的宽度，而垂直缩放则用于调整字符的高度。

※ 基线偏移：此功能可控制文字与基线的距离，能够上升或下降所选文字的位置。

※ OpenType字体：这类字体包含当前PostScript和TrueType字体所不具备的先进功能。

※ 连字及拼写规则：这一功能允许对所选字符进行连字符和拼写规则的相关语言设置。

延伸讲解

当输入的文字没有出现在画布上时，可能是某些设置出了问题。我们可以通过以下几个方法来解决：首先检查文字颜色是否与背景色相同，如果是，尝试更改文字颜色；其次，可以按快捷键Ctrl+T来确认文本框的位置是否在画布内；再者，观察文字图层是否被其他上层图层遮挡，如果是，调整文字图层的顺序；最后，如果文档尺寸过大而文字过小，也可能导致文字不可见，这时可以尝试调整文本或字体的大小。

9.2.3 文字相关快捷键

启动Photoshop软件，执行“文件”→“新建”命令可以新建空白文档。选择文字工具即可在画布上单击并输入文字。调整字间距的快捷键是Alt+左或右方向键，调整行间距的快捷键是Alt+上或下方向键。改变文字大小的快捷键为Ctrl+Shift+< 或Ctrl+Shift+>。填充前景色的快捷键是Alt+Delete，填充背景色的快捷键是Ctrl+Delete。

注意

文字结束编辑并使用相关操作后才会生效，否则不会产生任何效果，除非是单独选中并修改特定字符。

9.3 文本的基本类型

Photoshop 具有极为强大的文字编辑功能。当在文档中输入文字后，用户可以利用多样的文字工具来优化文字效果，从而使文本内容更为生动且引人注目。接下来，将介绍 4 种基本的文本类型，它们分别是：点文字、段落文字、变形文字以及路径文字。

9.3.1 实战：创建点文字

点文字是一个水平或垂直的文本行，适用于处理字数较少的文字，如标题等。接下来，将为一张卡通电视机图片添加点文字，具体的操作步骤如下。

01 执行“文件”→“打开”命令，打开素材文件，如图9-3所示。

02 选择“横排文字工具” T，在工具选项栏中设置字体为“方正剪纸简体”，文字大小为100点，文字颜色为白色。在需要输入文字的位置单击，设置插入点，画面中会出现一个闪烁的I形光标，如图9-4所示。

图9-3

图9-4

03 输入文字，如图9-5所示。

04 在“通”字和“电”字中间单击，按Enter键对文字进行换行，再在“卡”字前面单击，并按两次空白键，调整文字的位置，如图9-6所示。

05 选中“卡通”两字，如图9-7所示。在选项栏中重设文字颜色为黄色，得到如图9-8所示的效果。

图9-5

图9-6

图9-7

图9-8

9.3.2 创建段落文字

1．了解段落面板

“段落”面板用于编辑段落文本。执行“窗口”→“段落”命令，将打开如图 9-9 所示的“段落”面板，该面板中的主要选项含义如下。

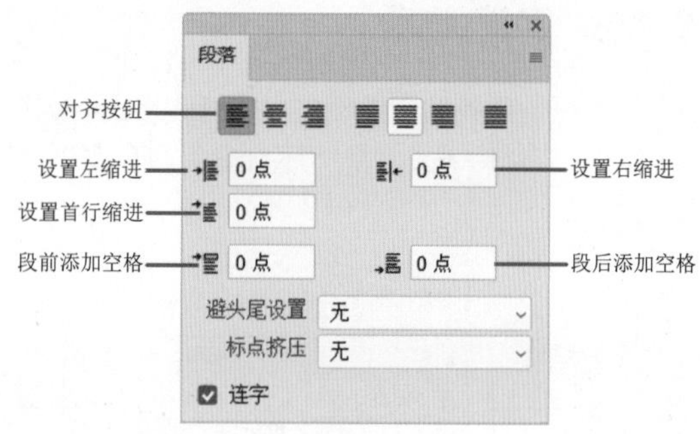

图9-9

※ 对齐按钮：单击对齐按钮，可以选择段落的对齐方式。

※ 缩进：通过相应文本框，可以定义段落的缩进方式，并设置段落文本的缩进量。

※ 段前添加空格：此功能用于设置光标所在段落与前一个段落之间的间隔距离。如图 9-10 所示，段前添加的空格为 80 点。

※ 段后添加空格：此设置用于确定当前段落

与后一个段落之间的距离，如图 9-11 所示。

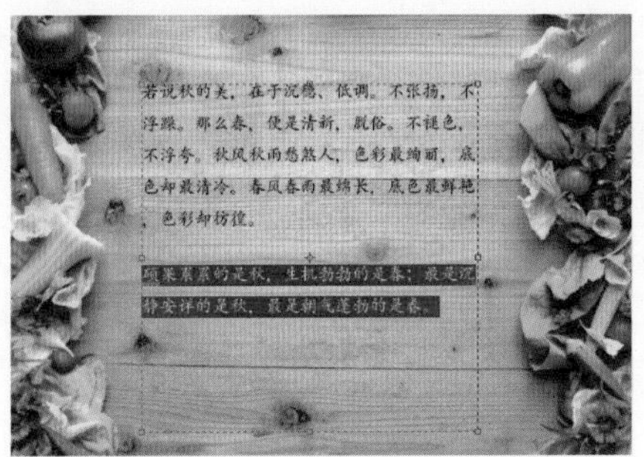

图9-10

图9-11

※ 避头尾法则设置：可选择换行集为“无”“JIS 宽松”或“JIS 严格”。

※ 间距组合设置：可选择内部字符间距集。

※ 连字：当选中此复选框后，若输入英文单词时段落文本框的宽度不足，英文单词会自动换行，并且单词之间会用连字符进行连接。

2．段落文本的对齐法则

※ 左对齐文本■：单击该按钮，文字左对齐，段落右端参差不齐，如图 9-12 所示。

图9-12

※ 居中对齐文本■：单击该按钮，文字居中对齐，段落两端参差不齐，如图 9-13 所示。

图9-13

※ 右对齐文本■：单击该按钮，文字右对齐，段落左端参差不齐，如图 9-14 所示。

图9-14

※ 最后一行左对齐■：单击该按钮，最后一行左对齐，其他行左右两端强制对齐，如图 9-15 所示。

图9-15

※ 最后一行居中对齐■：单击该按钮，最后一行居中对齐，其他行左右两端强制对齐，如图 9-16 所示。

※ 最后一行右对齐■：单击该按钮，最后一行右对齐，其他行左右两端强制对齐，如图 9-17 所示。

※ 全部对齐■：单击该按钮，在字符间添加额外

的间距，使文本左右两端强制对齐，如图 9-18 所示。

图9-16

图9-17

图9-18

当文字为直排排列方式时，对齐按钮会发生变化，如图 9-19 所示。

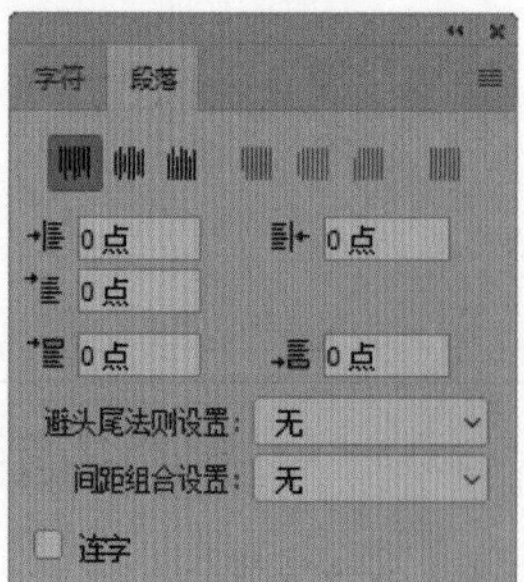

图9-19

3．连字

为了对齐的需要，有时我们需要将某一行末端的单词断开并移至下一行。在这种情况下，会使用连字符在断开的单词之间显示标记。断开前后的对比效果如图 9-20 和图 9-21 所示。

THE EUROPEAN MEDICAL JOURNAL PUBLISHED A STUDY IN WHICH RESEARCHERS STUDIED THE USE OF DILUTED HONEY (90% HONEY DILUTED IN WARM WATER) THAT 30 PATIENTS WITH CHRONIC SEBORRHEIC DERMATITIS OF THE FRONT OF THE CHEST, FACE, SCALP AND USED EVERY-DAY WITH GENTLE RUBBING FOR 2 TO 3 MINUTES. THE HONEY WAS THEN RINSED OFF AFTER 3 HOURS WITH WARM WATER.

图9-20

THE EUROPEAN MEDICAL JOURNAL PUBLISHED A STUDY IN WHICH RE-SEARCHERS STUDIED THE USE OF DILUT-ED HONEY (90% HONEY DILUTED IN WARM WATER) THAT 30 PATIENTS WITH CHRONIC SEBORRHEIC DERMATI-TIS OF THE FRONT OF THE CHEST, FACE, SCALP AND USED EVERY-DAY WITH GENTLE RUBBING FOR 2 TO 3 MINUTES. THE HONEY WAS THEN RINSED OFF AFTER 3 HOURS WITH WARM WATER.

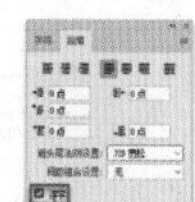

图9-21

9.3.3 实战：编辑段落文字

创建段落文本后，可以根据需要调整定界框的大小，文字会自动在调整后的定界框内重新排列。此外，通过定界框，还可以实现文字的旋转、缩放和斜切，具体的操作步骤如下。

01 执行“文件”→“打开”命令，打开素材文件，如图9-22所示。

02 选择“横排文字工具”**T**，将鼠标指针放在定界框的控制点上，鼠标指针会变为↗状，

03 拖动控制点可以缩放定界框，如图9-23所示，如果按住Shift键的同时，拖动控制点，可以成比例缩放定界框。

图9-22

图9-23

04 将鼠标指针放在定界框的外侧，当鼠标指针变为↩时拖动控制点，可以旋转定界框，如图

9-24所示。

05 按住Ctrl键的同时，将鼠标指针放在定界框的外侧，鼠标指针变为▸时，拖动鼠标指针可以改变定界框的倾斜度，如图9-25所示。

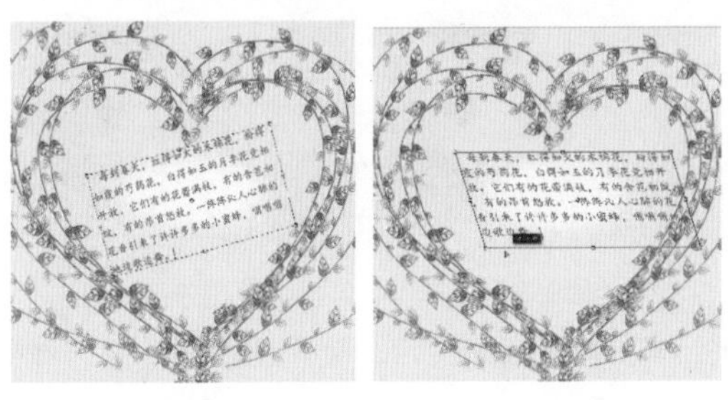

图9-24　　图9-25

9.3.4 创建变形文字

Photoshop 中的文字可以进行变形操作，可以转换为波浪形、球形等各种形状，从而创建出富有动感的文字特效。

执行“文字”→“文字变形”命令，或者单击文字工具选项栏中的按钮，弹出如图 9-26 所示的“变形文字”对话框，使用该对话框可制作出各种文字弯曲变形的艺术效果。Photoshop 提供的 15 种文字变形样式效果，如图 9-27 所示。

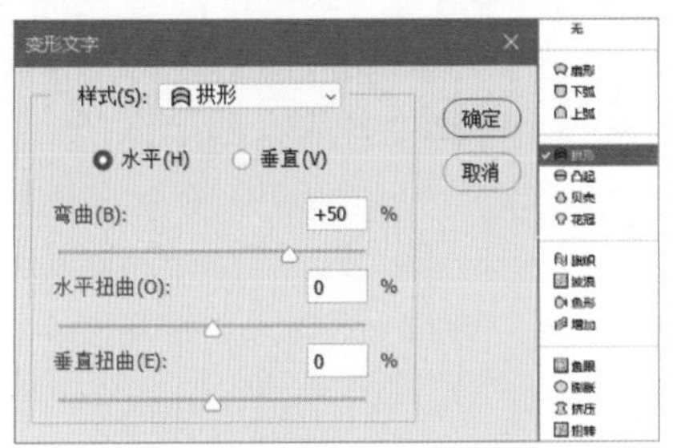

图9-26

图9-27

若要取消文字的变形，可以在“变形文字”对话框的“样式”下拉列表中选择“无”选项，单击“确定”按钮关闭对话框，即可取消文字的变形。

提示

重置变形与取消变形。对于使用“横排文字工具”和“直排文字工具”创建的文本，只要文本保持可编辑状态（即未被栅格化、未转换为路径或形状），即可随时进行重置变形或取消变形的操作。要重置变形，可以选择一种文字工具，然后单击工具选项栏中的“创建文字变形”按钮；或者执行“图层”→“文字”→“文字变形”命令，弹出“变形文字”对话框。在此对话框中，可以修改变形参数，或者在“样式”下拉列表中选择其他样式。

9.3.5 实战：创建变形文字

Photoshop 提供了多种变形文字选项。在图像中输入文字后，即可进行变形操作，具体的操作步骤如下。

01 按快捷键Ctrl+O，打开路径文件夹中的“背景.jpg”素材，效果如图9-28所示。

02 选择“横排文字工具”**T**，在图像中输入文字，然后在“字符”面板中设置字体为“黑体”，设置“字体大小”为280点，设置文字颜色为蓝色（# 93d3ff），如图9-29所示。

图9-28

图9-29

03 单击选项栏中的“创建文字变形”按钮，在弹出的“变形文字”对话框中选择“旗帜”样式，如图9-30所示。参数设置完毕后，单击“确定”按钮，效果如图9-31所示。

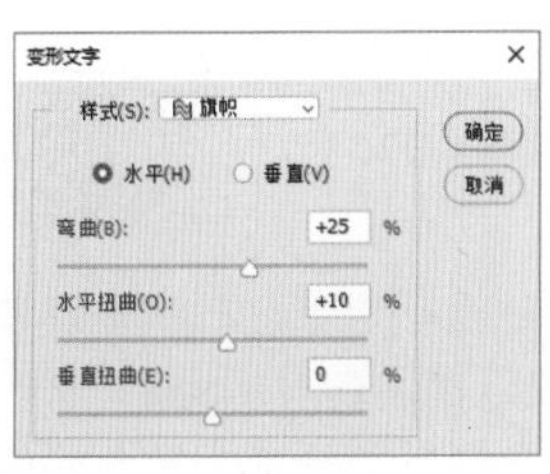

图9-30

图9-31

04 使用“钢笔工具”在文字上方绘制路径。按快捷键Ctrl+Enter将上述绘制的路径转换为选区，新建图层，填充蓝色（# 93d3ff），按快捷键Ctrl+D取消选择，效果如图9-32所示。

图9-32

06 将变形文字所在的图层与路径所在的图层合并，然后单击“添加图层样式”按钮，添加“斜面与浮雕”及“描边”样式。完成上述操作后，继续在画面中添加一些修饰元素，如图9-33所示。

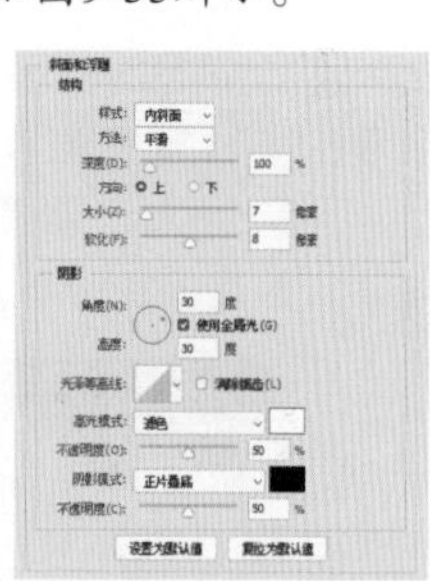

图9-33

9.3.6 创建路径文字

路径指的是使用“钢笔工具”或“形状工具”创建的直线或曲线轮廓。用户可以沿着这些已有的路径排列文字，并通过调整文字与路径之间的关系来改变文字的显示效果。

9.3.7 实战：沿路径排列文字

沿路径排列文字，首先需要绘制路径，然后使用文字工具输入文字，具体的操作步骤如下。

01 执行“文件”→“打开”命令，打开素材文件，选择“钢笔工具”，在工具选项栏中选择“路径”选项，在画布中绘制一段开放的路径，如图9-34所示。

02 选择“横排文字工具”T，设置选项栏中的字体为隶书，文字大小为25点，颜色为紫色（#fa03c3），在路径上方单击（鼠标指针会显示为形状），如图9-35所示。

图9-34　　图9-35

03 单击即可输入文字，文字输入完成后，按快捷键Ctrl+H隐藏路径，即得到文字按照路径走向排列的效果，如图9-36所示。

图9-36

9.3.8 实战：移动和翻转路径文字

在 Photoshop 中，不仅可以沿路径编辑文字，还可以移动翻转路径中的文字，具体的操作步骤如下。

01 执行“文件”→“打开”命令，打开素材文件。

02 在“图层”面板中选择文字图层，如图9-37所示。

03 画面中会显示路径，选择“路径选择工具”或“直接选择工具”，移动鼠标指针至文字上方，当鼠标指针显示为状时拖动，如图9-38所示。

图9-37　　图9-38

04 按住鼠标左键移动鼠标指针，即可改变文字在路径上的起始位置，如图9-39所示。

图9-39

05 按住鼠标左键并朝路径的另一侧拖动文字，即可翻转文字，如图9-40所示。

图9-40

9.4 编辑文本命令

在Photoshop中，除了可以使用“字符”和“段落”面板编辑文本，还可以通过相关命令来进行编辑，例如进行拼写检查、查找和替换文本等操作。

9.4.1 拼写检查

执行“编辑”→“拼写检查”命令，Photoshop会检查当前选中的文本中英文单词的拼写是否有误。如果检查到错误，Photoshop还会提供相应的修改建议。在选择需要检查拼写错误的文本并执行该命令后，会弹出“拼写检查”对话框，显示详细的检查信息，如图9-41所示。

图9-41

“拼写检查”对话框中主要选项含义如下。

※ 不在词典中：此区域会显示系统检测到的拼写错误的单词。

※ 更改为：在此处输入用来替换错误单词的正确单词。

※ 建议：系统检测到错误单词后，会在此列表中提供可能的修改建议。

※ 检查所有图层：选中此复选框，可以检查所有图层中的文本内容。

※ 完成：单击此按钮，将结束拼写检查并关闭对话框。

※ 忽略：单击此按钮，将忽略当前检查到的拼写错误。

※ 全部忽略：单击此按钮，将一次性忽略所有检查到的拼写错误。

※ 更改：单击此按钮，将使用“建议”列表中选中的单词来替换当前查找到的错误单词。

※ 更改全部：单击此按钮，将使用指定的正确单词替换文本中所有相同的错误单词。

※ 添加：如果系统标记为错误的单词实际上是正确的，可以单击此按钮将该单词添加到Photoshop的词典中。这样，在以后的拼写检查中，Photoshop会识别该单词为正确拼写。

9.4.2 查找和替换文本

执行“编辑”→“查找和替换文本”命令，可以在当前文本中查找到需要修改的文字、单词、标点或字符，并将其替换为正确的内容。执行该命令后，会弹出如图9-42所示的“查找和替换文本”对话框。

图9-42

在进行查找和替换操作时，需要在“查找内容”文本框中输入想要查找的内容，接着在“更改为”文本框中输入用于替换的新内容。之后，单击“查找下一个”按钮，Photoshop 会将搜索到的匹配内容高亮显示。单击“更改”按钮，可以将当前高亮显示的内容替换为在“更改为”文本框中输入的内容。如果单击“更改全部”按钮，Photoshop 会搜索并替换文档中所有与“查找内容”文本框中内容相匹配的部分。

9.4.3 更新所有文字图层

在 Photoshop 2024 中导入低版本中创建的文字时，执行“文字”→“更新所有文字图层”命令，可将其转换为矢量图形。

9.4.4 替换所有欠缺字体

打开文件时，如果该文档中的文字使用了系统中没有的字体，会弹出一个警告对话框，指明缺少哪些字体。出现这种情况时，可以执行“文字”→“替换所有欠缺字体”命令，使用系统中已安装的字体替换文档中欠缺的字体。

9.4.5 基于文字创建工作路径

选择一个文字图层，如图 9-43 所示，执行“文字”→“创建工作路径”命令，可以根据文字生成工作路径，而原文字图层将保持不变，如图 9-44 所示。所生成的工作路径可以应用于填充和描边，或者通过调整锚点来创建变形文字。

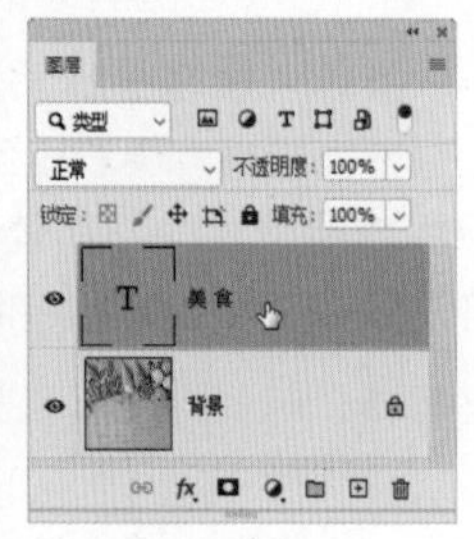

图9-43

图9-44

9.4.6 将文字转换为形状

选择文字图层，如图 9-45 所示，执行“文字”→“转换为形状”命令，或者右击文字图层，在弹出的快捷菜单中选择“转换为形状”选项，可以将其转换为具有矢量蒙版的形状图层，如图 9-46 所示。需要注意的是，执行此操作后，原文字图层将不再保留。

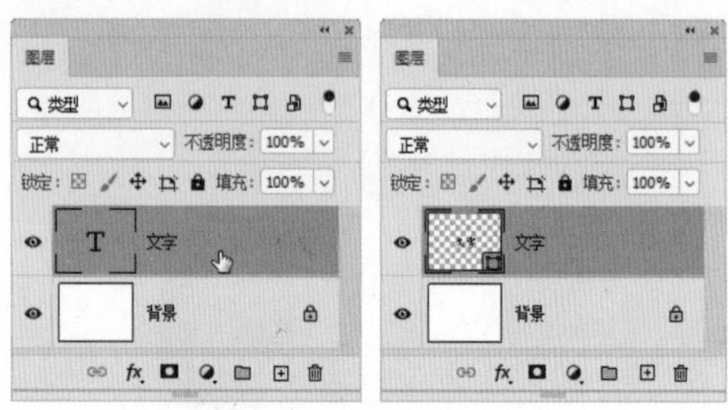

图9-45 图9-46

9.4.7 栅格化文字

在“图层”面板中选择文字图层，执行“文字”→“栅格化文字图层”命令，或者执行“图层”→“栅格化”→“文字”命令，可以将文字图层栅格化，从而将文字转换为图像。栅格化后的图像可以使用“画笔工具”和滤镜等进行编辑，但此时已无法再对原始文字内容进行修改。

9.5 综合实战

9.5.1 实战：清明海报文字设计

清明海报的文字设计，需要将文字栅格化，之后对文字进行打散、变形与重组，同时以水滴形状来替换部分笔画，最终效果如图 9-47 所示。若想了解具体的操作方法，建议查看本书配套的视频教程。

9.5.2 实战：简约多彩文字海报

本例的文字海报制作需要多次利用文字工具来输入文本，推荐选择 Photoshop 自带的英文字体 Impact 粗体。在制作过程中，还需要调整文字颜色、字

间距等参数，并使用快捷键 Ctrl+T 来调整文本框的大小和方向。完成这些步骤后，就完成了整个文字设计的部分，其最终效果如图 9-48 所示。若想了解具体的操作方法，建议查看本书配套的视频教程。

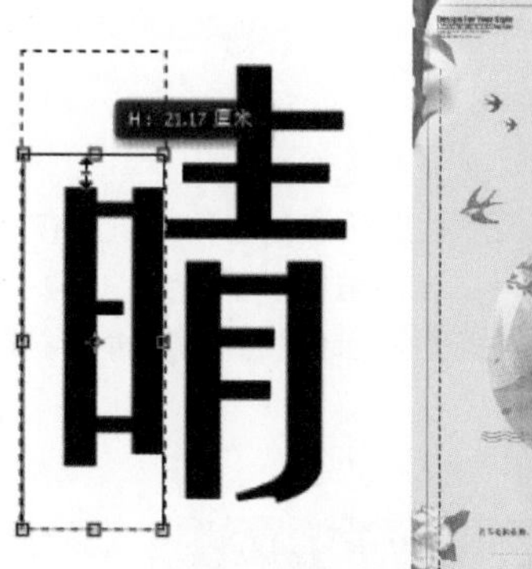

图9-47

图9-48

9.5.3 实战：给成品作品补足元素

本例主要介绍文字和选区之间的关系，其中，立体感数字效果是通过将文字转换成选区来实现的。具体操作为：按住 Ctrl 键并单击文字图层的缩略图以创建选区，然后使用方向键来移动该选区。为了便于观察，可以填充不同的颜色。通过重复创建选区、移动选区并填充颜色的操作，可以制作出如图 9-49 所示的独特文字效果。若想了解具体的操作方法，建议查看本书配套的视频教程。

图9-49

9.5.4 实战：周年庆海报设计

本例的周年海报主要部分是文字设计。首先输入文字，然后将其转换为形状。接着，使用“直接选择工具”选择锚点以制作文字变形效果。之后，利用“图层样式”制作出立体效果。再插入彩色光线背景素材，并调整其位置和大小。最后，在海报下方输入相关的文字信息。完成这些步骤后，即可得到如图 9-50 所示的最终效果。若想了解具体的操作方法，建议查看本书配套的视频教程。

图9-50

第10章 路径及形状基础操作

形状和路径是可以在 Photoshop 中创建的两种矢量图形。路径代表形状的轮廓，它独立于所在图层存在；而形状则是一个具体的图层。由于这两者都是矢量对象，因此可以自由地缩小或放大，且不会影响其分辨率。此外，它们还可以输出到 Illustrator 等矢量图像软件中进行进一步编辑。本章将主要介绍路径及形状的基础操作。

10.1 路径和锚点

要掌握 Photoshop 中各类矢量工具的使用方法，必须先深入了解路径与锚点的概念。本节将详细介绍路径与锚点的特征，并探讨它们之间的关系。

10.1.1 认识路径

“路径”是可以转换为选区的轮廓，并且可以为其填充颜色和描边。根据形态的不同，路径可分为开放路径、闭合路径和复合路径。开放路径的起始锚点和结束锚点未重合，如图 10-1 所示；而闭合路径的起始锚点和结束锚点重合，形成一个单一的锚点，使路径呈现闭合状态，没有明确的起点和终点，如图 10-2 所示；复合路径则是由两个独立的路径通过相交、相减等运算组合而成的新路径，它呈现一个复合的状态，如图 10-3 所示。

图10-1

图10-2

图10-3

10.1.2 认识锚点

路径由直线路径段或曲线路径段组成，这些路径段通过锚点相互连接。锚点分为两种类型：一种是平滑点，另一种是角点。平滑点连接可以形成流畅的曲线，如图 10-4 所示；而角点连接则形成直线，如图 10-5 所示，或者形成带有转角的曲线，如图 10-6 所示。在曲线路径段上，锚点附带有方向线，这些方向线的端点被称为方向点，它们的作用是帮助调整曲线的形状。

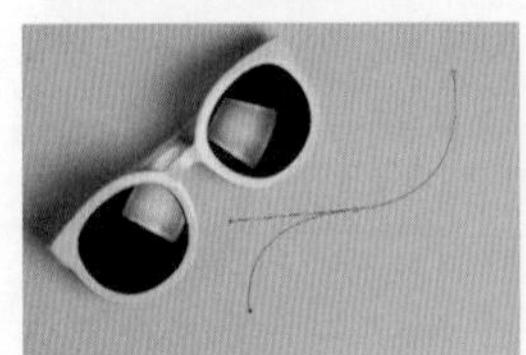

图10-4

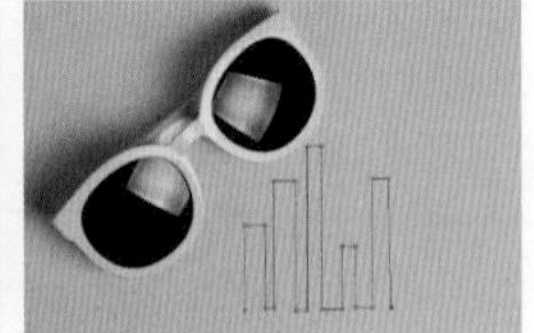

图10-5

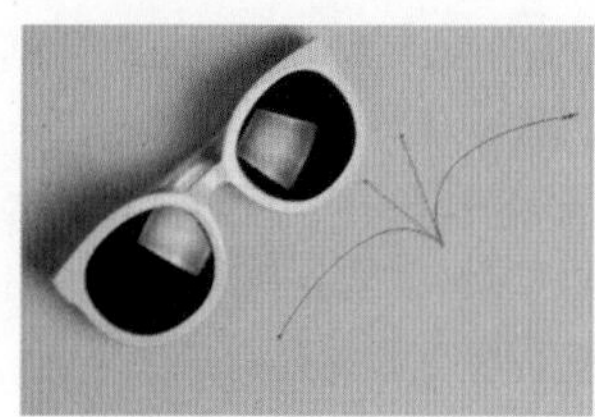

图10-6

10.1.3 了解绘图模式

Photoshop 中的“钢笔工具”等矢量工具可以用于创建不同类型的对象，包括形状图层、工作路径和像素图形。在选择一个矢量工具后，需要先在工具选项栏中选择相应的绘制模式，然后再执行绘图操作。

当选择“形状”选项后，可以在单独的形状图层中创建形状。这个形状图层由填充区域和形状两部分构成：填充区域用于定义形状的颜色、图案以及图层的不透明度；而形状本身则是一个矢量图形，它会同时出现在“路径”面板中，如图 10-7 所示。

图10-7

选择“路径”选项后，可以创建工作路径。该路径会出现在“路径”面板中，如图 10-8 所示。工作路径可以转换为选区，用于创建矢量蒙版，也可以直接进行填充和描边操作，从而得到光栅化的图像。

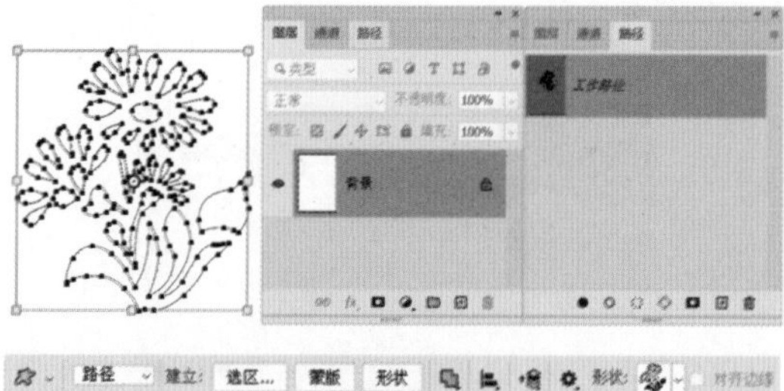

图10-8

选择“像素”选项后，可以在当前图层上直接绘制栅格化的图形，且图形的填充颜色为前景色。但请注意，这种方式不能创建矢量图形，因此在“路径”面板中也不会生成对应的路径，如图10-9所示。另外，需要特别指出的是，“像素”选项并不适用于“钢笔工具”。

图10-9

10.2 钢笔工具

“钢笔工具”是 Photoshop 中功能最为强大的绘图工具。了解和掌握“钢笔工具”的使用方法是创建路径的基石。它主要有两种应用：一是用于绘制矢量图形，二是辅助选取对象。在作为选取工具时，“钢笔工具”能描绘出光滑且精确的轮廓。将这些路径转换为选区，就可以实现对对象的精确选择。

10.2.1 钢笔工具组

Photoshop 中的钢笔工具组包含 6 个工具，如图 10-10 所示，它们分别用于绘制路径、添加锚点、删除锚点、转换锚点类型。

图10-10

钢笔工具组中各工具的说明如下。

※ 钢笔工具：这是最常用的路径工具，利用它可以创建出光滑且复杂的路径。

※ 自由钢笔工具：这个工具类似真实的钢笔工具，允许用户通过单击并拖动鼠标来创建路径。

※ 弯度钢笔工具：此工具可用于创建自定义形状或定义精确的路径，其特点在于无须切换工具，即可在钢笔的直线和曲线模式之间进行转换。

※ 添加锚点工具：这个工具用于为已经创建的路径添加新的锚点。

※ 删除锚点工具：此工具用于从路径中删除锚点。

※ 转换点工具：这个工具用于改变锚点的类型，例如，可以将路径的圆角转换为尖角，或者相反，将尖角转换为圆角。

在工具箱中选择“钢笔工具”后，可在工作界面上方看到“钢笔工具”选项栏，如图10-11所示。

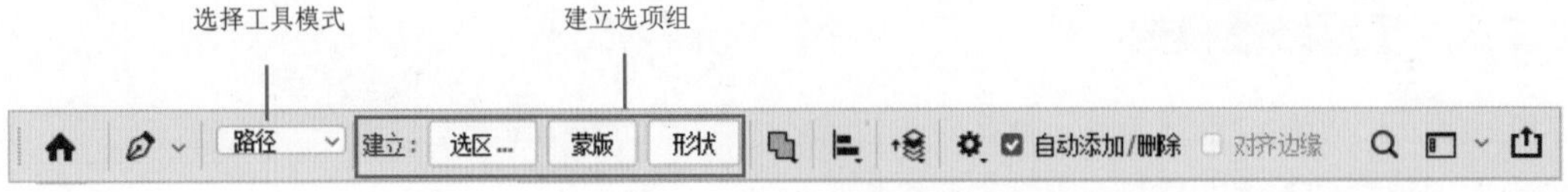

图10-11

“钢笔工具”选项栏中主要选项说明如下。

※ 选择工具模式：在该下拉列表中，若选择“形状”选项，将会在形状图层中创建路径；若选择“路径”选项，则会直接创建工作路径；而选择“像素”选项时，所创建的路径将是一个填充了像素的图形框。

※ 建立选项组：通过单击不同的按钮，可以选择将路径创建为不同类型的对象。

※ 路径操作：单击按钮后，在展开的下拉列表中可以选择不同的路径操作方式。

※ “路径对齐方式”选项：此下拉列表中提供了多种对齐方式，允许用户设置对象以特定的方式进行对齐。

※ “路径排列方式”选项：通过选择该下拉列表中的选项，可以将形状调整到不同的图层顺序。

※ 几何选项：显示当前所选工具的特定选项面板。当选择“钢笔工具”并在工具选项栏中单击按钮时，会展开钢笔选项的下拉面板，其中包含“橡皮带”等复选框。

※ 自动添加/删除：此功能决定了当“钢笔工具”鼠标指针停留在路径上时，是否可以直接添加或删除锚点。

※ 对齐边缘：选中此复选框后，矢量形状的边缘将会与像素网格对齐，以确保图形的清晰度。

知识拓展

如何判断路径的走向？

单击“钢笔工具”选项栏中的按钮，以打开下拉面板，然后选中“橡皮带”复选框。此后，在使用“钢笔工具”绘制路径时，可以预先看到将要创建的路径段，这样有助于判断路径的走向，如图10-12所示。

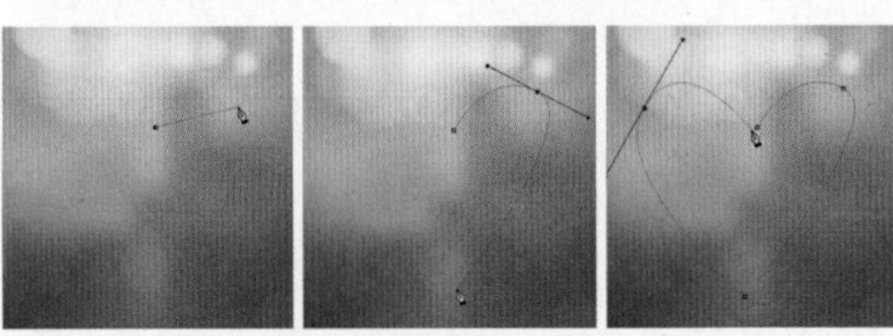

图10-12

10.2.2 实战：钢笔工具

选择“钢笔工具”后，在工具选项栏中选择“路径”选项。接下来，在图像窗口中依次单击以确定路径上各个锚点的位置。在这些锚点之间，系统将自动创建一条直线路径。此外，通过调整锚点的位置和类型，还可以绘制出曲线路径，具体的操作步骤如下。

01 启动Photoshop 2024，按快捷键Ctrl+O，打开相关素材中的“拖鞋.jpg”文件，效果如图10-13所示。

图10-13

02 在工具箱中选择“钢笔工具”，在工具选项栏中选择“路径”选项，将鼠标指针移至画面上，当鼠标指针变为状态时，单击即可创建一个锚点，如图10-14所示。

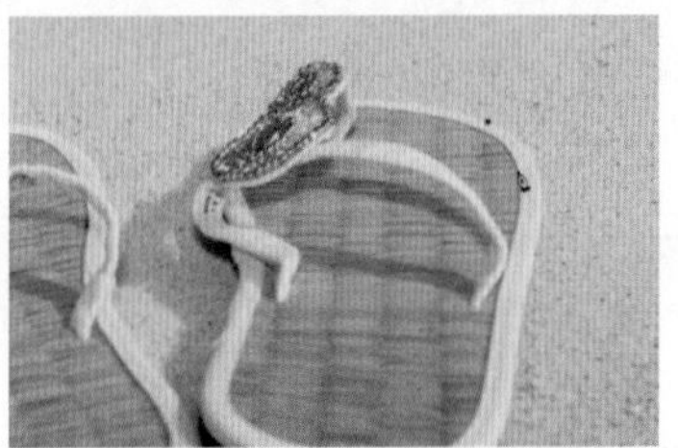

图10-14

延伸讲解

锚点是连接路径的关键点，其两端带有方向线，用于调整路径的形状。锚点主要分为两种类型：平滑点和角点。平滑点连接可以形成流畅的曲线，而角点连接则会产生直线或带有转角的曲线。

03 将鼠标指针移至下一处并单击，创建另一个锚点，两个锚点之间由一条直线连接，即创建了一条直线路径，如图10-15所示。

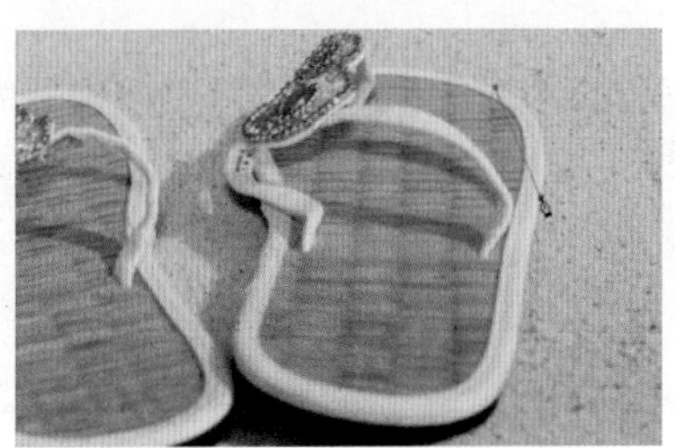

图10-15

04 由于拖鞋边缘具有弧度，因此在将鼠标指针移至下一个位置时，需要按住鼠标左键进行拖动。在拖动过程中，要仔细观察方向线的方向和长度。当路径与边缘完全重合时，释放鼠标，这样就在该锚点与上一个锚点之间创建了一条平滑的曲线路径，如图10-16所示。

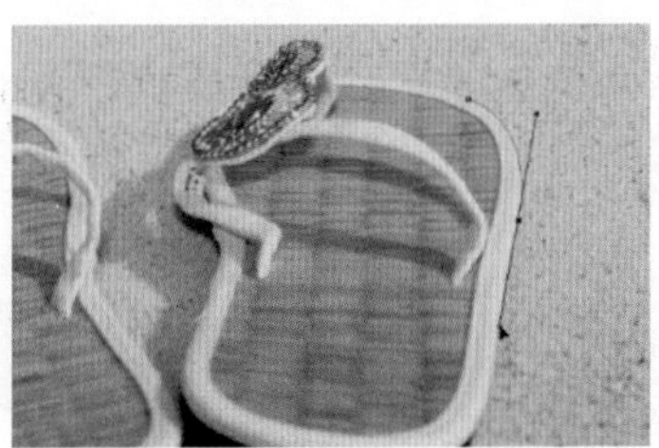

图10-16

05 使用相同的方法，沿着整只鞋的边缘逐步创建路径。当起始锚点和结束锚点重合时，路径会自动闭合，形成一个完整的轮廓，如图10-17所示。

图10-17

06 在路径上右击，从弹出的快捷菜单中选择“建立选区”选项。在随后弹出的“建立选区”对话框中，将“羽化半径”值设置为0，如图10-18所示。完成设置后，单击“确定”按钮，即可将路径成功转换为选区。

图10-18

07 将整双鞋的轮廓抠好后，新建一个图层，并填充纯色，然后将该图层放置在所有图层的底层。接着调整图层的大小，并将其摆放到合适的位置，最终效果如图10-19所示。

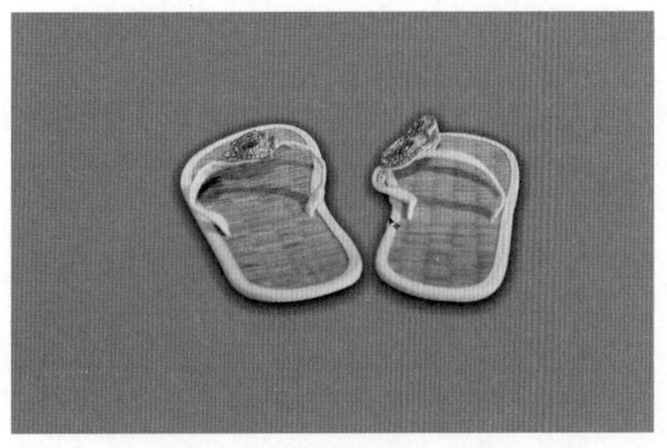

图10-19

10.3 自由钢笔工具

与“钢笔工具”不同，“自由钢笔工具”允许用户以徒手绘制的方式创建路径。在工具箱中选择“自由钢笔工具”后，将鼠标指针移至图像窗口中并自由拖动，直到到达适当的位置后释放鼠标。鼠标指针移动的轨迹即形成路径。在绘制过程中，系统会根据曲线的走向自动添加适当的锚点，并调整曲线的平滑度。

10.3.1 自由钢笔工具选项栏

选择“自由钢笔工具”后，选中工具选项栏中的“磁性的”复选框。这样，“自由钢笔工具”也会具有和“磁性套索工具”一样的磁性功能，在单击确定路径起始点后，沿着图像边缘移动鼠标指针，系统会自动根据颜色反差建立路径。

选择“自由钢笔工具”，在工具选项栏中单击按钮，将打开如图 10-20 所示的面板。

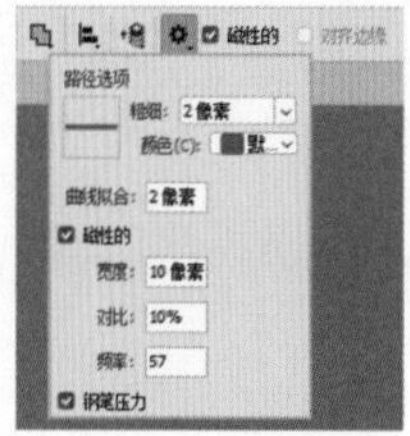

图10-20

该面板中主要选项说明如下。

※ 曲线拟合：此选项允许根据拟合贝塞尔曲线时所允许的错误容差来创建路径。像素值设定得越小，允许的错误容差就越小，从而创建的路径会更加精细。

※ 磁性的：当选中“磁性的”复选框后，“宽度”“对比”和“频率”这三个参数将变得可用。“宽度”参数用于检测“自由钢笔工具”指定距离内的边缘；“对比”参数则用于设定被视为边缘所需的像素对比度，该值越大，则图像被视为边缘的对比度要求越低；“频率”参数则决定了锚点被添加到路径中的频率。

※ 钢笔压力：当选中此复选框时，可以使用数位板来调整钢笔的宽度。这一功能通常用于配合具有压力感应功能的数位板，以实现更加自然的绘图效果。

10.3.2 实战：自由钢笔工具

“自由钢笔工具”和“套索工具”类似，都可以用来绘制比较随意的图形。不同的是，用“自由钢笔工具”绘制的是封闭的路径，而“套索工具”创建的是选区，具体的操作步骤如下。

01 启动Photoshop 2024，按快捷键Ctrl+O，打开相关素材中的“背景.jpg”文件，效果如图10-21所示。

图10-21

02 选择工具箱中的“自由钢笔工具”，在工具选项栏中选择“路径”选项，在画面中单击并拖动鼠标，沿着苹果轮廓绘制路径，如图10-22所示。

图10-22

延伸讲解

单击即可添加一个锚点，双击可结束编辑。

03 单击“图层”面板中的“创建新图层”按钮，新建空白图层。按快捷键Ctrl+Enter将路径转换为选区，如图10-23所示。

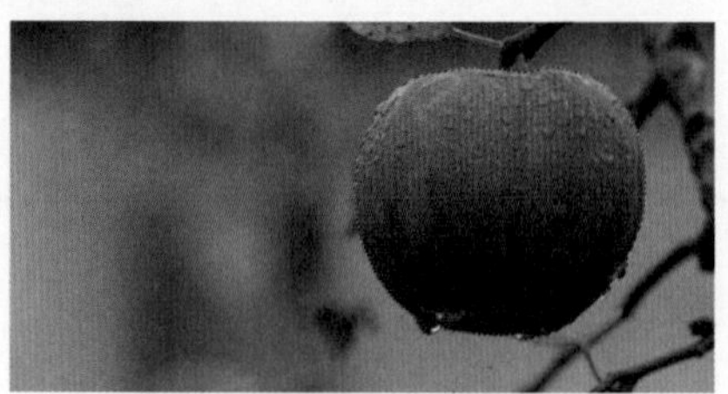

图10-23

04 按快捷键Ctrl+J复制选区内容，隐藏背景图层就能看到抠好的苹果了，如图10-24所示。

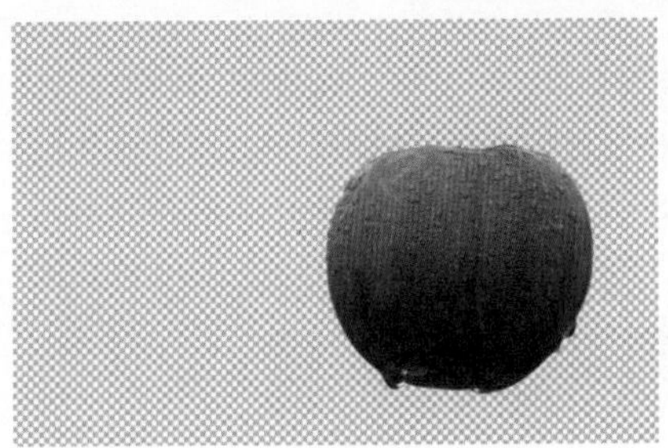

图10-24

10.4 矩形工具

使用“矩形工具”可绘制矩形和正方形的形状、路径或填充区域。

10.4.1 了解矩形工具

选择工具箱中的“矩形工具”，在选项栏中设置各个参数，移动鼠标指针至图像窗口中并拖动，即可得到所需的矩形路径或形状。

单击“矩形工具”选项栏中的“设置其他形状和路径选项”按钮，将打开如图 10-25 所示的面板，在其中可设置矩形的大小和长宽比例。其中主要选项的含义如下。

图10-25

※ 对齐边缘：此选项用于将路径的边缘与像素网格的边缘对齐，以确保图形的清晰度。

※ 路径选项：设置路径的显示样式，包括路径的粗细和颜色，以便更好地观察和编辑路径。

※ 从中心：当选中该单选按钮时，绘制的矩形将从中心点开始向外扩展，而不是从左上角开始绘制。

10.4.2 实战：“矩形工具”

绘制矩形后，通过修改圆角半径，可以创建圆角矩形。该工具支持用户独立调整每个角的半径值，以实现个性化的圆角效果。此外，用户还可以同时对多个图层上的矩形进行圆角调整，提高工作效率，具体的操作步骤如下。

01 启动Photoshop 2024，按快捷键Ctrl+O，打开素材文件，如图10-26所示。

02 按快捷键Ctrl+J，复制背景图层，得到“背景拷贝图层1”，选中该图层。

03 选择“矩形工具”，在选项栏中选择“路径”选项，设置“圆角半径”值为0像素，在画面中绘制矩形，如图10-27所示。

图10-26

图10-27

04 单击“属性”面板中的“将角半径链接在一起”按钮，如图10-28所示，解除角半径的链接。

05 重新输入圆角半径值，如图10-29所示。修改圆角半径的结果如图10-30所示。

图10-28

图10-29

06 按快捷键Ctrl+Enter载入选区，单击“图层”面板底部的“添加图层蒙版”按钮，创建图层蒙版，如图10-31所示。

07 单击“图层”面板底部的“添加图层样式”按钮fx，在弹出的菜单中添加“投影”样式，在弹出的对话框中设置参数，如图10-32所示。单击“确定”按钮，最终效果如图10-33所示。

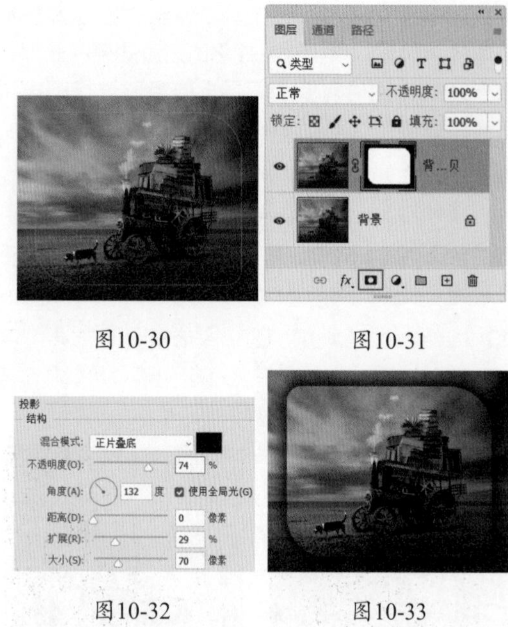

图10-30　图10-31

图10-32　图10-33

10.5 编辑路径

为了使用“钢笔工具”精确地描绘对象的轮廓，熟练掌握锚点和路径的编辑方法是至关重要的。接下来，将深入了解如何对锚点和路径进行编辑。

10.5.1 “路径”面板

“路径”面板中展示了所有存储的路径，包括工作路径和矢量蒙版的名称与缩览图。利用这个面板，可以方便地保存和管理路径。要打开“路径”面板，可以执行“窗口”→“路径”命令，如图10-34所示。该面板中主要控件的含义如下。

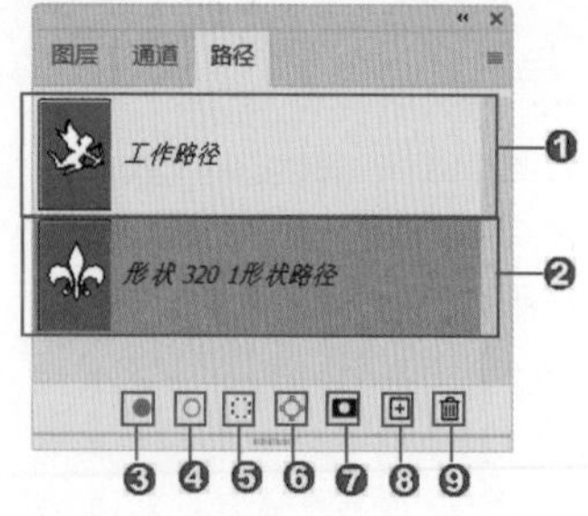

图10-34

❶ 工作路径：通过使用“钢笔工具”或“形状工具”绘制的路径被称为“工作路径”。这种路径是临时的，会出现在“路径”面板中。如果在没有存储的情况下取消了对其的选择（可以通过在“路径”面板的空白处单击来取消对工作路径的选择），并且在之后绘制了新的路径，那么原来的工作路径将会被新的工作路径替换，如图10-35所示。

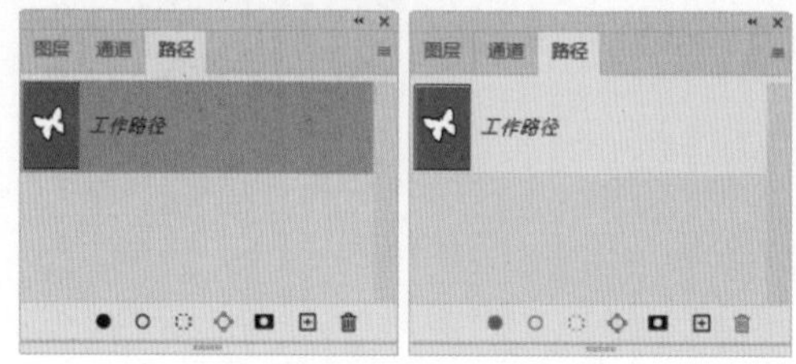

原工作路径　取消选择工作路径

绘制新的工作路径

图10-35

❷ 形状路径：指的是当前文件中包含的形状图层所定义的路径。

❸ 用前景色填充路径：此功能允许用户使用当前的前景色来填充路径所定义的区域。

❹ 用画笔描边路径：通过使用“画笔工具”，可以为路径描边，即沿着路径的轮廓进行绘画。

❺ 将路径作为选区载入：单击该按钮可以将当前选择的路径转换为选区，从而方便进行后续的图像编辑操作。

❻ 从选区中生成工作路径：如果已经有了一个选区，并且希望将其转换为一个工作路径，可以单击该按钮。

❼ 添加图层蒙版：利用当前路径，可以单击该按钮创建一个图层蒙版，从而实现对图像的局部遮盖或显示。

❽创建新路径：在“路径”面板中，单击“创建新路径”按钮，即可新建一条路径，如图10-36所示。另外，执行“路径”面板菜单中的“新建路径”命令，或者在按住Alt键的同时单击面板中的“创建新路径”按钮，都可以弹出“新路

径”对话框。在该对话框中，可以输入路径的名称，然后单击“确定”按钮来新建路径。新建路径之后，可以使用“钢笔工具”或“形状工具”来绘制图形。此时，创建的路径将不再是临时的工作路径，而会被保存在“路径”面板中，如图 10-37 所示。

⑨ 删除当前路径：若要删除当前选择的路径，可以在“路径”面板中单击该按钮。

通过“路径”面板的面板菜单也可实现这些操作，面板菜单如图 10-38 所示。

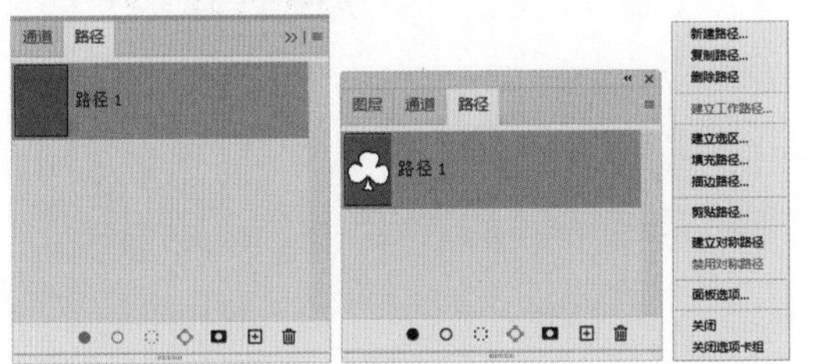

图10-36　　图10-37　　图10-38

10.5.2 一次选择多条路径与隐藏路径

Photoshop 允许用户同时处理多条路径。可以通过“路径”面板的菜单将命令应用于多条路径。若要选择多条路径，只需在“路径”面板中按住 Shift 键并单击希望选择的路径。如果想隐藏路径，只需单击“路径”面板的空白区域即可，这样操作后，路径将从图像窗口中消失。

> **提示**
>
> 按快捷键Ctrl+H，可以隐藏图像窗口中当前显示的路径，但请注意，这并不意味着当前路径被关闭或删除了。实际上，该路径仍然存在，并且任何编辑路径的操作仍然对当前隐藏的路径有效。

10.5.3 复制路径

1. 在面板中复制路径

若想要复制一条路径，可以采用以下方法：将要复制的路径拖动至“路径”面板中的“创建新路径”按钮 ⊞ 上，并释放鼠标，即可创建一个该路径的副本；或者，右击该路径，在弹出的快捷菜单中选择“复制路径”选项来完成复制操作。

2. 通过剪切板复制路径

使用“路径选择工具” ▶ 选择画面中的路径后，执行“编辑”→“拷贝”命令，这样可以将路径复制到剪贴板中。完成路径的复制后，执行“编辑”→“粘贴”命令，即可将路径粘贴到当前图像中。如果在其他打开的图像文件中执行“粘贴”命令，那么路径将会被粘贴到那个图像文件中。

10.5.4 实战：复制路径

前文讲解了两种不同复制路径的方法，具体的操作步骤如下。

01 启动Photoshop 2024，按快捷键Ctrl+O，打开素材文件，如图10-39所示。

02 打开“路径”面板，单击工作路径，将路径激活，按快捷键Ctrl+C复制路径，如图10-40所示。

图10-39

图10-40

03 打开“素材.jpg”文件，切换到“路径”面板，单击“路径”面板中的“新建路径”按钮 ⊞，按快捷键Ctrl+V，粘贴路径。选择“路径选择工具” ▶，选中路径，按快捷键Ctrl+T，进入自由变换状态，调整路径的大小及方向，并移至合适的位置，如图10-41所示。

04 按快捷键Ctrl+Enter，载入选区，新建图层，填充白色，添加黑色描边，大小为1像素，如图10-42所示。

图10-41

图10-42

10.5.5 实战：创建相对规则的路径

通过单击并拖动鼠标，可以绘制出光滑且流畅的曲线。然而，若想要在上一段曲线之后绘制一个带有转折

的曲线，就需要在创建新的锚点之前调整方向线的方向。接下来，将通过结合转角曲线和网格的技巧来绘制一个心形图形，具体的操作步骤如下。

01 按快捷键Ctrl+O，弹出“打开”对话框，选中素材文件，单击“打开”按钮，如图10-43所示。

02 执行“视图”→“显示”→“网格”命令，显示网格，通过网格辅助绘图可以轻松地创建对称图形。

03 选择“钢笔工具”，在工具属性栏中选择“路径”选项，在网格点上单击并向右上方拖动鼠标，创建一个平滑点，如图10-44所示。

图10-43

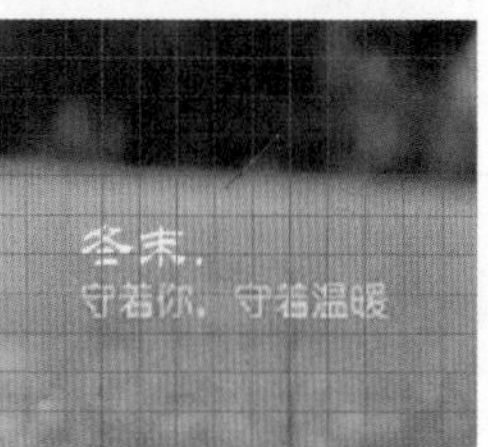

图10-44

04 将鼠标指针移至下一个锚点处，单击并向下拖动鼠标创建曲线，如图10-45所示。

05 将鼠标指针移至下一个锚点处，单击但无须拖动鼠标，创建一个角点，如图10-46所示。完成半边的心形绘制。

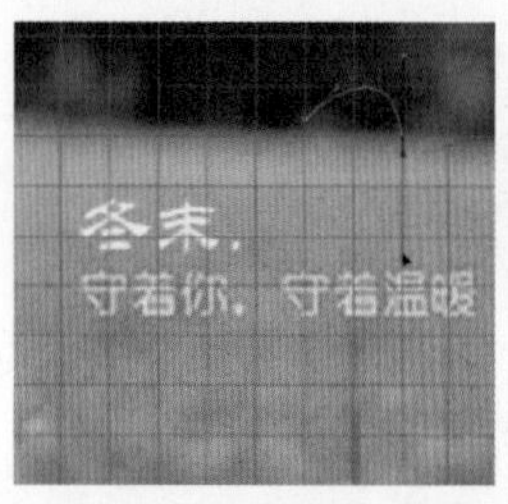

图10-45

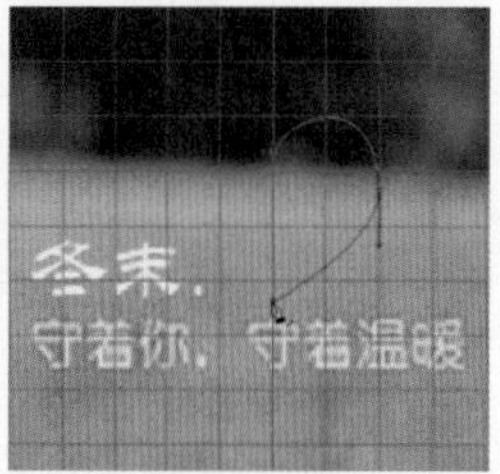

图10-46

06 继续在左侧的位置上建立曲线，如图10-47所示。

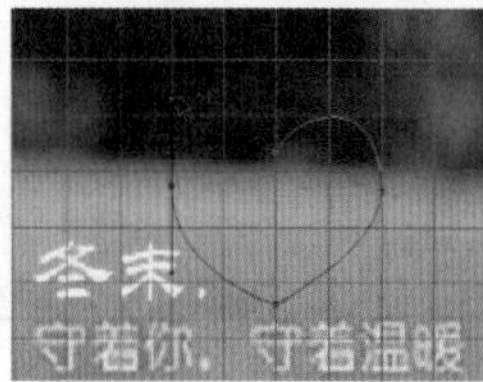

图10-47

07 将鼠标指针移至路径的起点上，建立一个闭合路径，如图10-48所示。按Ctrl键切换到“直接选择工具”，在路径的起始处单击显示锚点，此时当前锚点上会出现两条方向线，将鼠标指针移至左下角的方向线上，按住Alt键切换为“转换点工具”，单击并向上拖动该方向线，使之与右侧的方向对称，如图10-49所示。

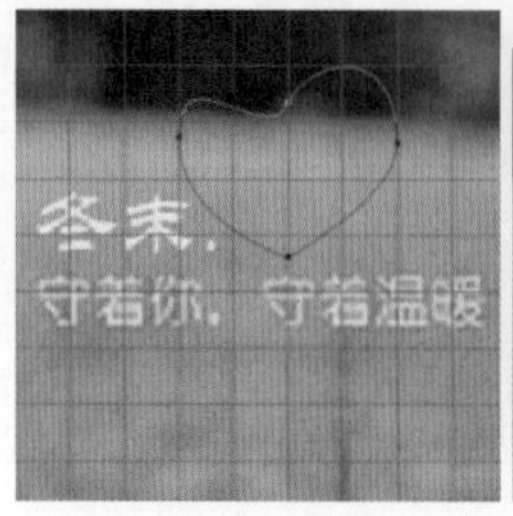

图10-48

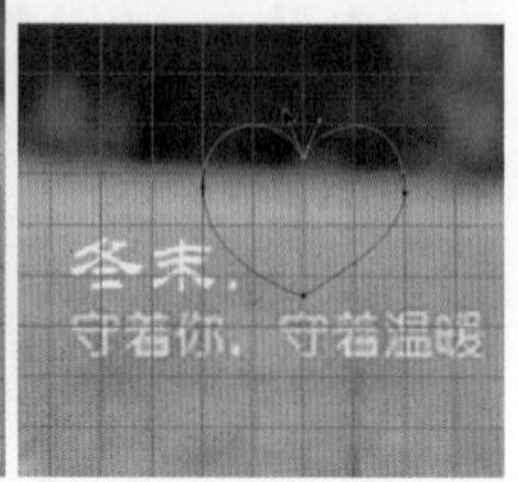

图10-49

08 继续调整心形的弧度，如图10-50所示。

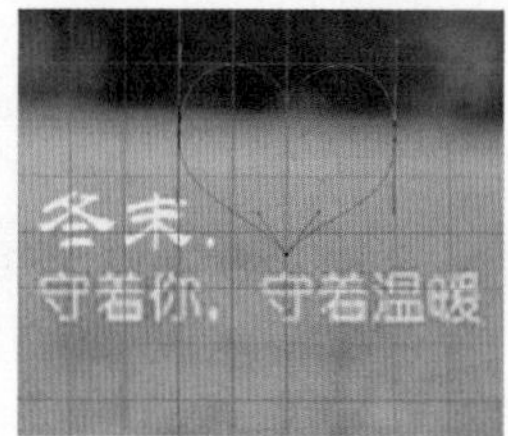

图10-50

09 新建图层，按快捷键Ctrl+Enter，将路径转换为选区，如图10-51所示。

10 填充红色，按快捷键Ctrl+H，隐藏网格，得到如图10-52所示的最终效果。

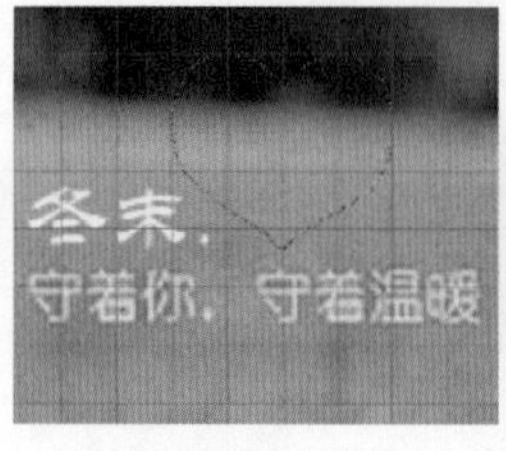

图10-51

图10-52

10.5.6 实战：描边路径制作音乐会海报

目前，许多音乐会海报都采用剪影人物这一设计元素。在本例中，将通过使用描边路径的技术为剪影人物

增添独特的效果，具体的操作步骤如下。

01 启动Photoshop 2024，执行“文件”→“打开”命令，打开素材文件，如图10-53所示。

图10-53

02 切换到“路径”面板，选择工作路径，返回“图层”面板，如图10-54所示。

图10-54

03 选中4个剪影人物，按快捷键Ctrl+Alt+E，盖印图层，选中盖印图层，设置前景色为白色，选择“画笔工具”，在路径的位置上右击，设置大小为10像素，硬度为100%。

04 选择“钢笔工具”，在剪影人物上右击，在弹出的快捷菜单中选择“描边子路径”选项，如图10-55所示。

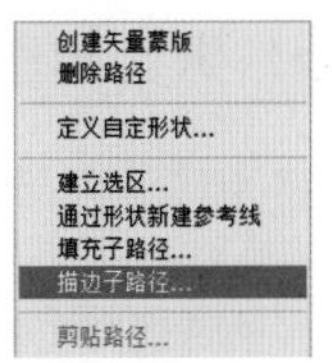

图10-55

05 弹出“描边子路径”对话框，设置工具为“画笔”，选中“模拟压力”复选框，如图10-56所示。单击“确定”按钮。完成后，按快捷键Ctrl+H，隐藏路径，如图10-57所示。

图10-56　　图10-57

提示

在“描边子路径”对话框中，可以选择多种工具进行路径描边，包括画笔、铅笔、橡皮擦、背景橡皮擦、仿制图章、历史记录画笔、加深或减淡等工具。如果选中了“模拟压力”复选框，描边的线条将会产生粗细变化，从而增添更多的艺术效果。在进行路径描边之前，需要先设置好所选工具的参数，以确保描边效果符合预期。

10.5.7 路径的隔离模式

当文件中包含多条矢量路径，特别是当这些路径存在叠加关系时，处理起来可能会相当棘手。为了方便编辑，可以采用隔离操作，这样可以在不影响其他路径的情况下，专注于编辑选定的路径。

若要显示当前文档中的所有路径，如图10-58所示。使用“路径选择工具”选中希望编辑的路径，然后右击，并在弹出的快捷菜单中选择“隔离图层”选项，如图10-59所示。这样，就可以隔离并单独编辑所选的路径了，而其他路径将不受任何影响。

图10-58

图10-59

10.5.8 保存路径

在使用“钢笔工具”或“自定形状工具”创建路径时，新生成的路径会以工作路径的形式出现在“路径”面板中。需要注意的是，工作路径是临时的，如果不进行保存，在再次绘制新路径时，新的路径将会替换掉原有的工作路径。因此，为了避免数据丢失，务必及时保存工作路径。

保存工作路径的方法如下。

(1) 执行下列操作之一以保存工作路径。

※ 单击“路径”面板底端的“创建新路径”按钮。

※ 单击“路径”面板右上角的按钮，从弹出的面板菜单中选择“新建路径”信息，弹出“新建路径”对话框，如图 10-60 所示。单击“确定”按钮，即可新建路径。

(2) 工作路径保存之后，在“路径”面板中双击该路径名称位置，可为新路径命名，如图 10-61 所示。

新建路径

名称(N): 路径 3

确定

取消

图10-60　　图10-61

10.5.9 删除路径

在“路径”面板中选择需要删除的路径后，单击“删除当前路径”按钮，或者执行面板菜单中的“删除路径”命令，即可将其删除。也可将路径直接拖至按钮上删除。用“路径选择工具”选择路径后，按 Delete 键也可以将其删除。

10.6 综合实战

10.6.1 实战：跑车抠图

扫码看资源

使用“钢笔工具”创建路径时，可以通过按住 Alt 键来调节控制柄，以使路径更好地与汽车的轮廓相吻合。在编辑过程中，可以拖动路径上的点和线进行调整，同时使用“添加锚点工具”和“删除锚点工具”来灵活地增加或删除锚点。另外，当选择“钢笔工具”并将它停留在路径上没有锚点的位置时，工具转换为“添加锚点”状态；反之，如果将“钢笔工具”停留在已有的锚点上，则会转换为“删除锚点”状态。

在完成与汽车轮廓紧密贴合的闭合路径绘制后，通过按快捷键 Ctrl+Enter，可以将路径快速转换为选区。随后，按快捷键 Ctrl+J 复制选区内容，从而完整地抠出跑车图像。图 10-62 展示了原始图像，而图 10-63 则呈现了抠图完成后的效果。若想了解具体的操作方法，建议查看本书配套的视频教程。

图10-62

图10-63

10.6.2 实战：男士抠图

扫码看资源

本例将结合使用“快速选择工具”和“钢笔工具”来对人物进行抠图操作。其中，“快速选择工具”用于快速、大范围地抠取图像，而“钢笔工具”则用于精细处理那些“快速选择工具”无法准确选中的细节部分。如图 10-64 所示为原始图像，图 10-65 则展示了抠图完成后的效果。若想了解具体的操作方法，建议查看本书配套的视频教程。

图10-64

图10-65

10.6.3 实战：水果瓶子抠图

本例将结合使用“魔棒工具”和“钢笔工具”来对水果瓶子进行抠图。首先，使用“魔棒工具”并单击属性栏中的“添加到选区”按钮，以便对瓶子进行大范围抠图。随后，利用“钢笔工具”精细处理瓶子的细节部分。如图 10-66 所示为原始图像，而图 10-67 则展示了抠图完成后的效果。若想了解具体的操作方法，建议查看本书配套的视频教程。

扫码看资源

图10-66

图10-67

10.6.4 实战：路径的移动与修改

扫码看资源

使用“钢笔工具”沿着图中沙发丝绒材质的区域绘制一个闭合路径，然后按快捷键 Ctrl+Enter 将该路径转换成选区。之后，按 Delete 键即可将选区内的内容删除，从而使沙发变成分开的两部分。接着，使用“套索工具”框选其中一部分沙发，然后切换到“移动工具”，移动选区内容，以便将沙发合并成一个整体。如图 10-68 所示为原始图像，而图 10-69 则展示了调整完成后的效果。若想了解具体的操作方法，建议查看本书配套的视频教程。

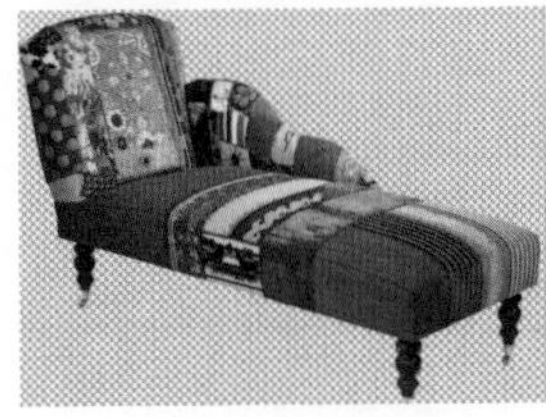
图10-68

图10-69

10.6.5 实战：主题特效制作

本例主要是对形状工具的演练，通过使用“矩形工具”和“钢笔工具”等绘制变形长方体，打造方块字的学习主题特效，结合颜色渐变营造光影结构，如图 10-70 所示。

扫码看资源

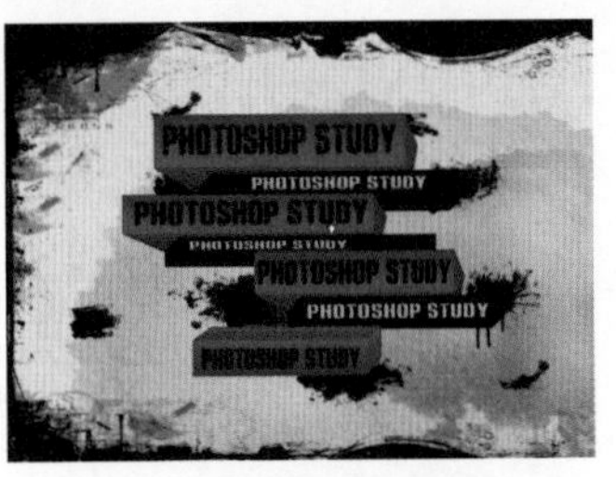

图10-70

本例主要围绕形状工具的应用进行演练，通过使用“矩形工具”和“钢笔工具”等绘制变形长方体，以创造出方块字的特效。同时，通过结合颜色渐变来营造光影结构，从而增强整体的视觉效果。若想了解具体的操作方法，建议查看本书配套的视频教程。

10.6.6 实战：MBE 风格微笑表情

扫码看资源

制作 MBE 风格图标时，首先需要使用“椭圆工具”并按住 Shift 键来绘制一个正圆，并适当地添加锚点，同时设置好填充颜色和描边大小。接下来，利用“直接选择工具”框选需要去除的锚点，并按 Delete 键来删除这些锚点及其两端的路径，从而形成路径间断的效果。

对于制作下方的水波纹效果，方法类似，不同之处在于将使用“椭圆工具”绘制正圆替换为使用“钢笔工具”来绘制直线。

最后，通过灵活运用所学的工具和方法，绘制出内部的微笑表情，以完成整个图标的设计。如图 10-71 所示，即为最终的图标效果。若想了解具体的操作方法，建议查看本书配套的视频教程。

图10-71

第11章

强大的形状工具

形状实际上是由路径轮廓围成的矢量图形。通过使用Photoshop提供的“矩形”“椭圆”“多边形”“直线”等形状工具，可以创建出规则的几何形状。而“自定形状工具”则允许创建出不规则的复杂形状。

11.1 实战：广告海报5G文字元素制作

“矩形工具”主要用来绘制矩形，也可以为“矩形工具”绘制的矩形设置圆角。

广告海报5G文字主要是通过“矩形工具”、“转换点工具”、“直接选择工具”来制作完成，效果如图11-1所示。若想了解具体的操作方法，建议查看本书配套的视频教程。

图11-1

11.2 实战：“圆角矩形工具”创建形状

“圆角矩形工具”主要用来绘制圆角矩形，使用方法和“矩形工具”类似，工具选项栏与“矩形工具”相比，多了一个“半径”选项。

本例主要通过“圆角矩形工具”和“椭圆选框工具”制作出相机和书本图标，效果如图11-2所示。若想了解具体的操作方法，建议查看本书配套的视频教程。

图11-2

11.3 实战：“椭圆工具”创建表情包

“椭圆工具”主要用来绘制椭圆、圆形和路径，可以创建固定数据的椭圆，如要创建正圆形，可按住Shift键画出正圆。

本例主要通过“椭圆工具”和“直接选择工具”来制作表情包图像，如图11-3所示。若想了解具体的操作方法，建议查看本书配套的视频教程。

图11-3

11.4 多边形工具

“多边形工具” 主要用于绘制多边形。若想要创建具有指定半径的多边形或星形，可以在工具选项栏中的“半径”文本框内输入相应的数值，从而轻松地创建出具有特定半径的多边形或星形。

11.4.1 了解“多边形工具”

使用“多边形工具” 可以绘制多边形，例如三角形、五角形等。在开始使用“多边形工具” 之前，可以在选项栏中设置所需的多边形边数。如图 11-4 所示，系统默认边数为 5，而可选的边数范围是从 3 到 100。

图11-4

“属性”面板中主要选项含义如下。

※ 路径选项：用于设置路径的样式参数，包括线条的粗细和颜色。

※ 多边形选项：确定多边形的创建方式和相关设置。

※ 星形比例：通过调整此参数，可以改变多边形的形状。例如，将数值设置为 50% 时，可以生成星形。

※ 平滑星形缩进：该选项用于创建具有平滑凹角的星形。

※ 从中心：选中此复选框后，将以中心点为基准创建多边形。

11.4.2 实战：小元素制作

本例主要通过“多边形工具” 、“直接选择工具” 、“多边形套索工具” 来制作出小元素，效果如图 11-5 所示。若想了解具体的操作方法，建议查看本书配套的视频教程。

扫码看资源

图11-5

11.4.3 实战：制作城市海报

本例的制作重点在于海报上的三角图案制作与文字的布局。首先，使用“多边形工具” 绘制三角形图形，并进行颜色填充。随后，调整图形的不透明度、位置和大小。最后，添加文字并将其调整到合适的位置，最终效果如图 11-6 所示。若想了解具体的操作方法，建议查看本书配套的视频教程。

扫码看资源

图11-6

11.5 直线工具

使用“直线工具” 不仅可以绘制直线路径，也可以绘制带箭头的路径。

11.5.1 了解“直线工具”选项栏

若使用“直线工具”绘制线段，首先可以在如图 11-7 所示的选项栏的“粗细”文本框中输入线段的宽度，然后移动鼠标指针至图像窗口并拖动即可。若想绘制水平、垂直或呈 45°角的直线，可以在绘制时按住 Shift 键。

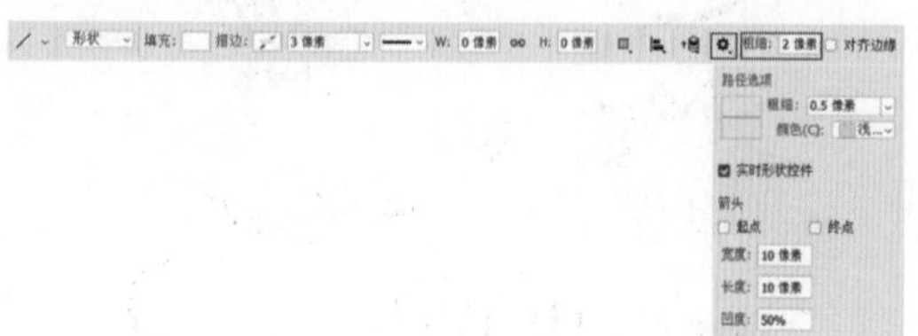

图11-7

如果绘制的是带箭头的直线，则需要在选项栏的“箭头”选项区域中确定箭头的位置和形状。

※ 起点：箭头位于线段的起始端。

※ 终点：箭头位于线段的终止端。

※ 宽度：确定箭头的宽度，系统默认为 10 像素。

※ 长度：确定箭头的长度，系统默认为 10 像素。

※ 凹度：确定箭头内凹的程度，系统默认为 50%。

11.5.2 实战：奔跑海报

本例首先使用“直线工具”和“椭圆工具”为画面背景绘制线条，利用“渐变工具”更改线条颜色，再使用“横排文字工具”为画面添加文字，丰富画面，效果如图 11-8 所示。若想了解具体的操作方法，建议查看本书配套的视频教程。

扫码看资源

图11-8

11.6 自定义形状工具

使用“自定形状工具”，可以绘制 Photoshop 预设的各种形状，以及自定义形状。

11.6.1 了解“自定形状工具”

首先，在工具箱中选择“自定形状工具”，接着单击选项栏中的“形状”下拉列表按钮，从形状列表中选择所需的形状。最后，在图像窗口中拖动鼠标，即可绘制出相应的形状，如图 11-9 所示。

图11-9

单击下拉面板右上角的按钮，可以打开面板菜单，如图 11-10 所示。选择“导入形状”选项后，会弹出一个提示对话框。单击“确定”按钮后，将弹出“载入”对话框，在此选择形状文件。单击“载入”按钮，即可成功导入外部形状文件，如图 11-11 所示。

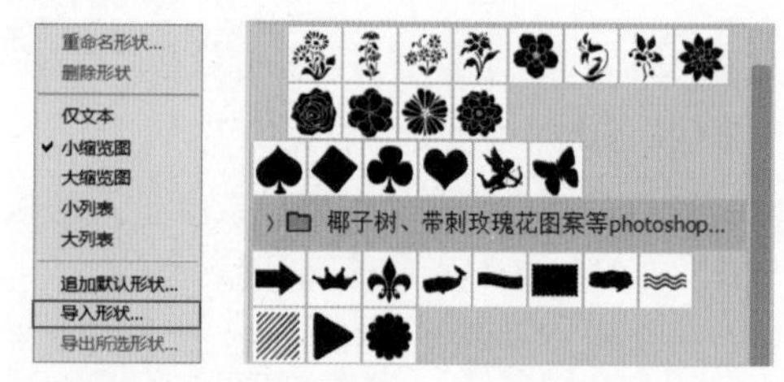

图11-10　　图11-11

11.6.2 实战：创建自定义形状

绘制的形状可以保存为自定义形状，以便以后需要时随时使用，无须重新绘制。接下来，将演示如何将之前绘制的形状保存为自定义形状，具体的操作步骤如下。

扫码看资源

01 在“路径”面板中选择已绘制的工作路径，如图11-12所示。

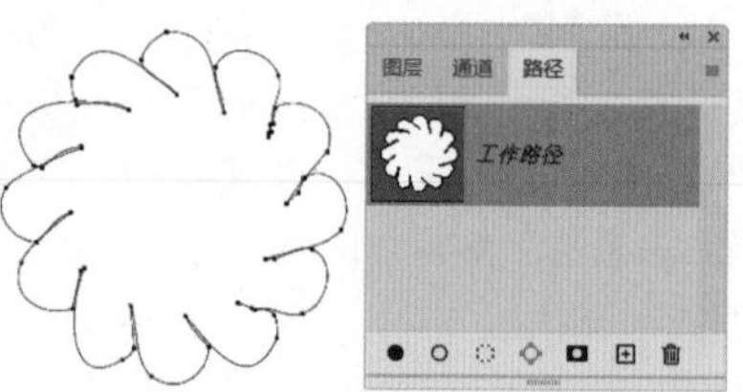

图11-12

02 执行“编辑”→“定义自定形状”命令，弹出“形状名称”对话框，输入名称后单击“确定”按钮，如图11-13所示。

图11-13

03 需要此形状时，可以选择“自定形状工具”，单击工具选择栏中的“形状”按钮，在打开下拉面板中可以找到该形状，如图11-14所示。

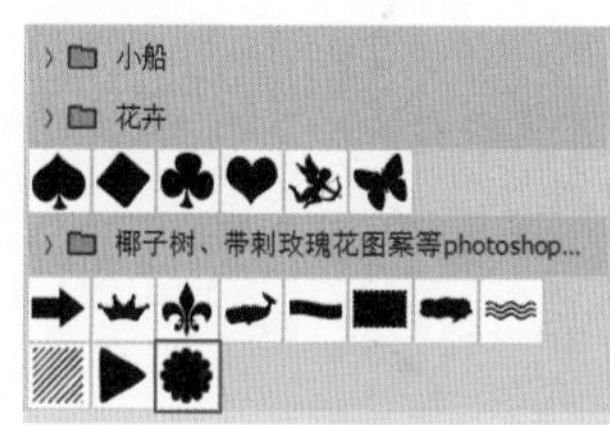

图11-14

04 绘制该形状，并填充黄色（#f5f80b），添加“内发光”样式，参数设置如图11-15所示。最终效果如图11-16所示。

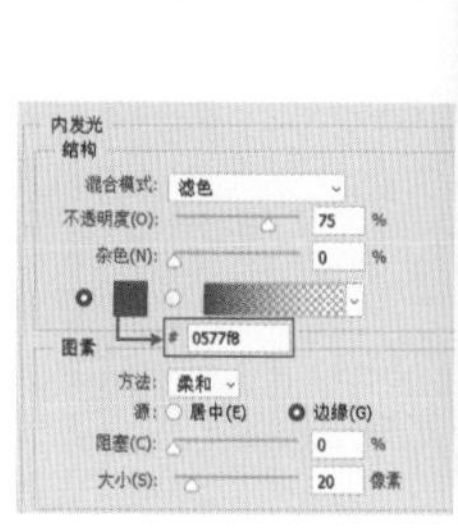

图11-15　　图11-16

11.6.3　实战：添加自定义形状

除了软件自带的形状，用户还可以自行绘制新形状并将其添加到自定义形状库中，具体的操作步骤如下。

01 启动Photoshop 2024，执行“文件”→“打开”命令，打开“丘比特.jpg”文件，如图11-17所示。

02 选择工具箱中的“魔棒工具”，将“丘比特”载入选区，如图11-18所示。

图11-17　　图11-18

03 在选区边缘右击，在弹出的快捷菜单中选择“建立工作路径”选项，弹出“建立工作路径”对话框，如图11-19所示。

04 设置“容差”值为2.0像素，单击“确定”按钮，选区即转换为路径，如图11-20所示。

图11-19　　图11-20

05 选择工具箱中的“路径选择工具”，将鼠标指针移至路径边缘，右击，在弹出的快捷菜单中选择“定义自定形状”选项，弹出“形状名称”对话框。

06 设置形状名称为“丘比特”，按Enter键确定，便自定义好了一个形状。

07 执行“文件”→“打开”命令，打开“背景.jpg”文件，如图11-21所示。

08 选择工具箱中的“自定形状工具”，在工具选项栏中选择“形状”选项。设置填充颜色为#eb505e，描边颜色为无。在“自定形状”拾色器菜单中，选择刚刚定义的形状，如图11-22所示。

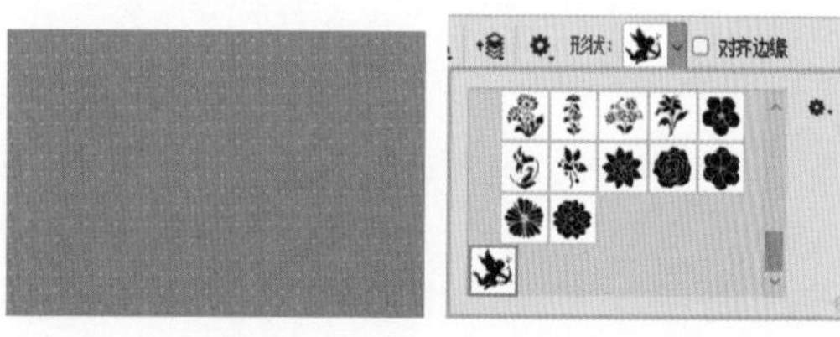

图11-21　　图11-22

09 按住Shift键，单击并拖动鼠标绘制图形，然后同时按住空格键，拖动鼠标移动形状的位置，调整后的效果如图11-23所示。

10 按住Alt键拖动鼠标，复制该形状。按快捷键Ctrl+T调出自由变换框，右击，在弹出的快捷菜单中选择“水平翻转”选项，按Enter 键确定变形，如图11-24所示。

图11-23

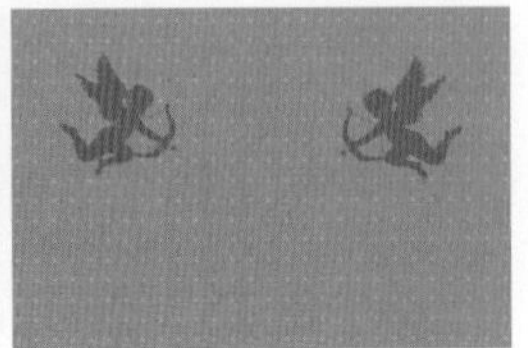

图11-24

11 打开“爱心.jpg”素材文件，选择工具箱中的“魔棒工具”，将“爱心”载入选区，如图11-25所示。

12 采用同样的方法，将“爱心”定义为形状，如图11-26所示。

图11-25

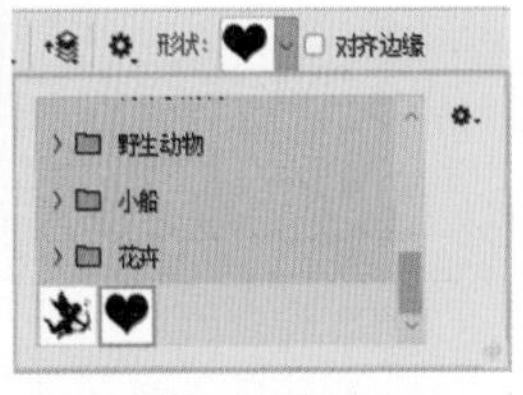

图11-26

13 选择工具箱中的“自定形状工具”，设置填充颜色为#eb505e，绘制爱心图形，并更改部分形状的颜色为#ef8591，如图11-27所示。

14 在“自定形状”拾色器中选择其他形状并进行绘制，如图11-28所示。

图11-27

图11-28

15 在工具箱中选择“椭圆工具”，在工具选项栏中选择“形状”选项，设置填充颜色为#f3e9d3，描边颜色为无。单击并拖动鼠标绘制椭圆，并将椭圆图层移至其他形状图层的下面，如图11-29所示。

16 将所有形状图层拖至“图层”面板中的“创建新组”按钮上，将所有形状图层编组。

17 单击“添加图层样式”按钮，为形状组增加“描边”和“投影”图层样式，并设置描边“大小”值为35像素，“位置”为“外部”，颜色为#f3e9d3。设置“不透明度”值为45%，“角度”值为120°，“距离”值为73像素，“扩展”值为0%，“大小”值为1像素。

18 选择“文字”素材，并拖入文档，调整大小后按Enter键确定，图像制作完成，如图11-30所示。

图11-29

图11-30

> **提示**
>
> 在绘制矩形、圆形、多边形、直线或自定义形状时，均可以通过按下空格键并拖动鼠标的方式来移动该形状。

11.7 综合实战

11.7.1 实战：淘宝热卖标签

本例主要通过“多边形工具”和“渐变工具”来制作标签图案。使用“多边形工具”时，选择“平滑拐角”和“星形”选项，可以绘制出外轮廓。之后，利用“渐变工具”进行颜色填充，以创造出立体效果，如图 11-31 所示。若想了解具体的操作方法，建议查看本书配套的视频教程。

扫码看资源

11.7.2 实战：思考者激励海报

扫码看资源

首先，选择“自定义形状工具”中的“灯泡”形状，绘制出灯泡图形并调整好其位置和大小。接下来，在灯泡中间添加“思考者”素材。然后，使用“矩形工具”，并选择填充描边以绘制出海报下方的框。最后，添加文字并调整其位置和大小。最终效果如图11-32所示。若想了解具体的操作方法，建议查看本书配套的视频教程。

图11-31

图11-32

11.7.3 实战：电影胶片

扫码看资源

首先，使用“自定义形状工具”中的“胶片”形状，绘制出相应形状。接着，将人物素材插入到胶片形状中，并使用“矩形选框工具”删除人物的多余部分。然后，应用“切变”滤镜对胶片进行扭曲处理。最后，调整胶片的位置、大小和透视关系。效果如图11-33所示。若想了解具体的操作方法，建议查看本书配套的视频教程。

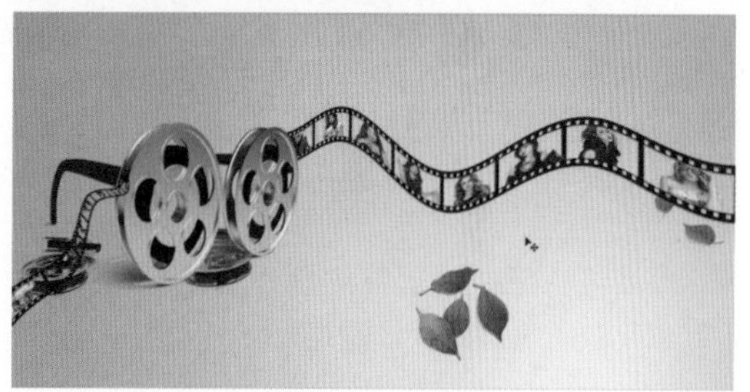

图11-33

11.7.4 实战：美发海报

扫码看资源

首先，使用“矩形工具”绘制一个矩形。然后，对该形状执行“栅格化图层”命令，将矢量图形转换为像素位图，以便进行更细致的图形调整。最后，添加文字和人物素材，并使用“画笔工具”绘制背景中的白点装饰图案。最终效果如图11-34所示。若想了解具体的操作方法，建议查看本书配套的视频教程。

图11-34

第12章 路径及形状高级操作

本章将介绍布尔运算的操作方法，通过布尔运算来获取所需的形状以及路径。

12.1 布尔运算

布尔运算在 Photoshop 作图过程中是非常常用且重要的。布尔运算实质上就是对选区进行操作，它包括 4 种方式，即相加、相减、相交以及反向相交。

在图像编辑过程中，有时需同时选取多个不相邻的区域，或者调整当前选区的面积。在任何选择工具的选项栏上，均可看到如图 12-1 所示的选项按钮。利用这些按钮，可选择选区的运算方式。

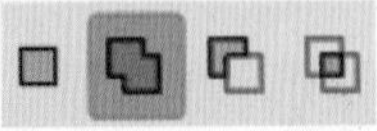

图12-1

※ 新选区：单击该按钮后，可在图像上创建一个新的选区。若图像上已存在选区，则每次新建选区时，原有选区将被替换。

※ 添加到选区：单击该按钮或按住 Shift 键，此时鼠标指针下方将显示 + 标记，通过拖动鼠标，可将选定区域添加到现有选区中。

※ 从选区减去：对于多余的选区，可以将其从选区中减去。单击此按钮或按住 Alt 键，鼠标指针下方会显示—标记，随后使用“矩形选框工具”绘制需要减去的区域即可。

※ 与选区交叉：单击该按钮或同时按住 Alt+Shift 键，鼠标指针下方将显示 × 标记。此时，新绘制的选区与原有选区重叠的部分（即相交区域）将被保留，形成一个新的选区，而不相交的部分则将被删除。

12.2 实战：路径与选区加减

本例使用“钢笔工具”、“横排文字工具”、“快速选择工具”进行综合抠图，首先使用“快速选择工具”快速选取人物及地面，再使用“钢笔工具”将多余和少选的部分进行选取，按快捷键 Ctrl+Enter+Shift 为添加选取，按快捷键 Ctrl+Enter+Alt 为减去选取，如图 12-2 所示为原图像，如图 12-3 所示为使用路径和选区进行加减后的效果图。若想了解具体的操作方法，建议查看本书配套的视频教程。

图12-2

图12-3

12.3 实战：路径与画笔的关系

本例使用路径与画笔结合来绘制头发，使用“钢笔工具”画出多条头发路径，按快捷键 Ctrl+T 复制路径，并调整好形状。选中“画笔工具”，设置笔尖、大小和颜色，在属性栏中单击“预设压力”按钮。选中“钢笔工具”并右击，在弹出的快捷菜单中选择“描边路径”选项，在弹出的对话框中选中“模拟压力”复选框，单击“确定”按钮即可，最终效果如图 12-4 所示。若想了解具体的操作方法，建议查看本书配套的视频教程。

扫码看资源

图12-4

12.4 实战：路径与文字的关系

本例首先使用“钢笔工具”画出路径，再选择“横排文字工具”T，在路径的起点单击，并输入文字，文字则沿着路径的方向排列，效果如图 12-5 所示。若想了解具体的操作方法，建议查看本书配套的视频教程。

扫码看资源

图12-5

12.5 综合实战

12.5.1 实战：抠取卡通人物

本例通过“钢笔工具”和“快速选择工具”结合起来进行抠取卡通人物的操作。首先，使用“钢笔工具”对人物建立好路径；再用“钢笔工具”选取右手臂中间部分建立起路径，通过按快捷键 Ctrl+Enter+Alt 减去中间选取部分，如图 12-6 所示；最后，按快捷键 Ctrl+J 将人物复制出来，卡通人物抠取完成，效果如图 12-7 所示。若想了解具体的操作方法，建议查看本书配套的视频教程。

扫码看资源

图12-6

图12-7

12.5.2 实战：字母 R 特效

首先，使用“横排文字工具”T 输入字母 R；接着，使用“钢笔工具”沿着字母 R 描出路径；然后，再次选择“横排文字工具”T，单击字母路径的起点，开始输入文字；最后，在图层样式中修改颜色并增加外发光效果，效果如图 12-8 所示。若想了解具体的操作方法，建议查看本书配套的视频教程。

扫码看资源

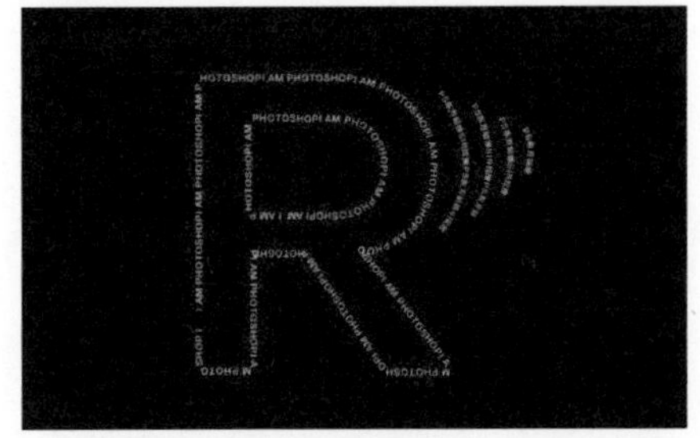

图12-8

12.5.3 实战：一只大公鸡

本例主要练习路径运算的基本操作方法。首先，利用椭圆和矩形工具创建图形，并通过设置路径操作选项实现形状的合并、相交、减去和排除重叠效果，逐步构建图形。通过这些操作，组合出具有层次感的公鸡形象，完成图像制作。图 12-9 展示了最终效果，若想了解具体的操作方法，建议查看本书配套的视频教程。

图12-9

12.5.4 实战：太极图标

首先，使用“椭圆工具”绘制出一个正圆形；接着，选择“矩形工具”，并按住 Alt 键删除左半边圆；然后，再次使用“椭圆工具”，通过选区的加减方式将太极图标绘制出来，最终效果如图 12-10 所示。若想了解具体的操作方法，建议查看本书配套的视频教程。

图12-10

12.5.5 实战：卡通小鱼

本例先通过使用“椭圆工具”绘制出正圆形，然后利用属性栏中的布尔运算功能并进行修剪调整，最终绘制出卡通小鱼，效果如图 12-11 所示。若想了解具体的操作方法，建议查看本书配套的视频教程。

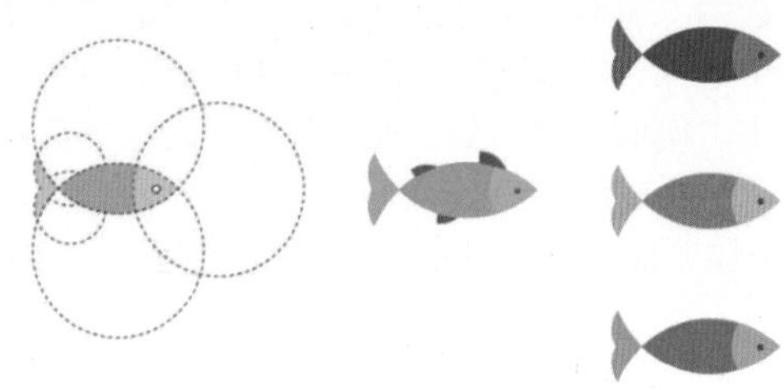

图12-11

12.5.6 实战：谷歌浏览器 LOGO

本例先通过使用“椭圆工具”绘制出正圆形，然后利用属性栏中的布尔运算功能并进行修剪调整，最终绘制出谷歌浏览器 LOGO，效果如图 12-12 所示。若想了解具体的操作方法，建议查看本书配套的视频教程。

图12-12

12.5.7 实战：宣传促销海报

本例主要是制作海报中间的文字，综合运用了选取加减和“直接选择工具”来对文字图形进行调整，再使用“多边形工具”和“椭圆工具”制作底图，最后通过图层样式为文字制作出效果，最后插入素材图案，海报效果如图 12-13 所示。若想了解具体的操作方法，建议查看本书配套的视频教程。

图12-13

12.5.8 实战：水果宣传促销海报

扫码看资源

本例主要探索文字与图形的关系。首先，我们使用“横排文字工具” T 输入文字，然后通过“直接选择工具”调整文字形状，并为其添加“描边”效果。接着，运用“去色”和“色阶”命令来抠取插入的水滴素材，并利用“橡皮擦工具”擦除多余部分。最后，调整水果素材的摆放位置和文字，以达到如图12-14所示的最终效果。若想了解详细的操作方法，建议观看本书配套的视频教程。

图12-14

12.5.9 实战：MBE风格图标

扫码看资源

首先，使用“圆角矩形工具”和“椭圆工具”绘制出菠萝的基本形状，然后按快捷键Ctrl+E合并图层，并单击“合并形状组”按钮。接下来，利用“直接选择工具”框选路径，通过“删除锚点工具”去除多余的点，以便对菠萝的形状进行精细调整，并填充适当的颜色。之后，通过按快捷键Ctrl+J复制两个形状图层，将顶层图层向左稍微移动，并调整颜色以模拟高光和阴影效果。为了增强视觉效果，为菠萝添加了“描边”效果，并使用“添加锚点工具”在描边上创建隔断效果，同时将“端点”设置为圆角。此外，我们还使用“钢笔工具”绘制了菠萝内部的高光部分。最后，通过“椭圆工具”绘制菠萝的表情和叶子。最终效果如图12-15所示。若想了解详细的操作方法，建议观看本书配套的视频教程。

图12-15

第13章
蒙版

在 Photoshop 中，蒙版功能被广泛应用于画面的修饰与合成。蒙版能够方便地控制图层区域的显示或隐藏，因而成为图像合成中的常用手段。利用图层蒙版混合图像的优势在于，可以在不破坏原始图像的基础上反复调整混合方案，直到达到满意的效果。

13.1 认识蒙版

在 Photoshop 中，蒙版相当于遮罩，它决定着图层或图层组中的不同区域如何显示或隐藏。通过调整蒙版，可以为图层添加各种特殊效果，而这一过程中并不会改变图层上的实际像素。

13.1.1 蒙版的种类和用途

Photoshop 提供了 4 种蒙版：图层蒙版、剪贴蒙版、快速蒙版和矢量蒙版。图层蒙版利用灰度图像来控制图层的显示与隐藏，用户可以使用绘画工具或选择工具进行创建和修改；剪贴蒙版是一种特殊的蒙版类型，它依赖于底层图层的形状来确定图像的显示范围；快速蒙版作为一种临时蒙版，能够在临时蒙版和选区之间实现快速转换；矢量蒙版也可以控制图层的显示与隐藏，但与分辨率无关，用户可以通过“钢笔工具”或“形状工具”进行创建。虽然不同类型的蒙版有其独特的特点，但它们的工作方式大体上是相似的。

13.1.2 “属性”面板

“属性”面板用于调整所选图层中的图层蒙版和矢量蒙版的不透明度以及羽化范围，具体如图 13-1 所示。另外，当使用“光照效果”滤镜或创建调整图层时，“属性”面板同样也会被用到。

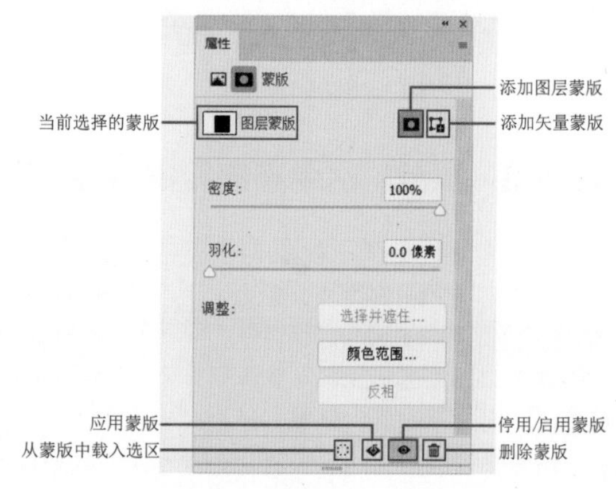

图13-1

13.2 图层蒙版

图层蒙版在图像合成中扮演着重要角色，它是一个包含 256 级色阶的灰度图像。这个蒙版覆盖在图层上方，虽然它本身并不可见，但却能有效遮罩图层内容。此外，在 Photoshop 中，当创建调整图层、填充图层或应用智能滤镜时，软件会自动为这些图层添加图层蒙版。因此，图层蒙版不仅能用于图像合成，还能精确控制颜色调整和滤镜的应用范围。

13.2.1 创建图层蒙版

图层蒙版可以被理解为在当前图层上方覆盖的一层玻璃片，这种玻璃片有透明和不透明两种状态，前者会使图层内容完全显示，而后者则会隐藏内容。要添加图层蒙版，只需在“图层”面板中单击“添加图层蒙版”按钮，即可为图层或基于图层的选区添加图层蒙版，如图 13-2 和图 13-3 所示。

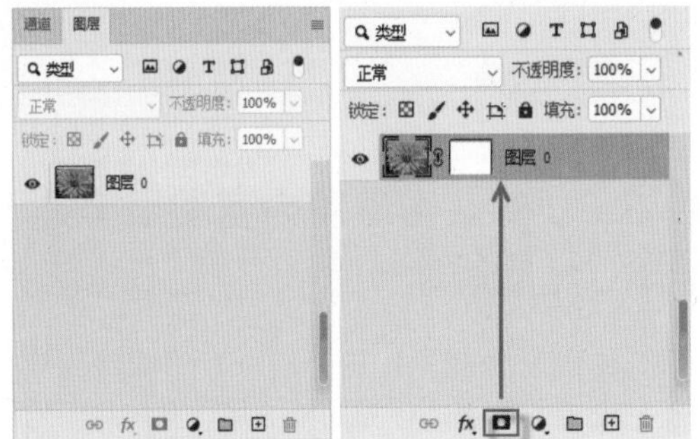

图13-2　　　　图13-3

13.2.2　应用图层蒙版

通过执行“应用图层蒙版”命令，可以将蒙版效果直接应用于源图层，并同时删除图层蒙版。在此过程中，图像中对应蒙版中的黑色区域将被删除，白色区域得以保留，而灰色区域则会呈现为半透明效果。要在图层蒙版缩览图上应用此命令，只需右击并在弹出的快捷菜单中选择“应用图层蒙版”选项，即可完成操作，如图 13-4 和图 13-5 所示。

图13-4　　　　图13-5

13.2.3　实战：人物风景合成

扫码看资源

本例主要利用“图层蒙版”功能，将如图 13-6 和图 13-7 所示的两张图像进行完美融合。首先，我们会创建一个图层蒙版，并使用“画笔工具”进行精细调整，以擦除不需要的部分。接着，将优化画面的色彩，以达到更加和谐统一的视觉效果。最终完成的效果如图 13-8 所示。若想了解详细的操作方法，建议观看本书配套的视频教程。

图13-6

图13-7

图13-8

13.2.4　实战：宣传展板

扫码看资源

本例的核心是利用“图层蒙版”来打造一张色彩绚烂的宣传展板。我们使用“渐变工具”来绘制丰富多彩的背景，并插入喷溅效果的素材。接着，创建图层蒙版，并运用“画笔工具”进行精细调整，擦除不需要的部分，从而将喷溅效果与人物和字母元素巧妙地融合在一起。这样的处理不仅展现了运动的活力，还使整体色彩更加生动鲜明。最终呈现的效果如图 13-9 所示，充满动感和视觉冲击力。若想了解详细的操作方法，建议观看本书配套的视频教程。

图13-9

13.3　剪贴蒙版

剪贴蒙版是 Photoshop 中的一个特殊功能，它能够通过下方图层的图像形状来剪切上方图层中的图像，进而控制上方图层的显示区域和范围，以创造出独特的效果。其最大的优势在于，可以通过单一图层来同时控制多个图层的可见内容，这是图层蒙版和矢量蒙版所无法比拟的，因为后两者都只能控制一个图层。

13.3.1 创建剪贴蒙版

创建剪贴蒙版的方法相当简单。以图 13-10 所示的图像为例，其中包含“背景”图层、“文字”图层和“素材”图层。首先选择“素材”图层，然后执行“图层”→“创建剪贴蒙版”命令，这样就可以将“素材”图层和“文字”图层组合成一个剪贴蒙版组，如图 13-11 所示。创建剪贴蒙版后，“素材”图层将仅在“文字”图层的区域内可见，效果如图 13-12 所示。

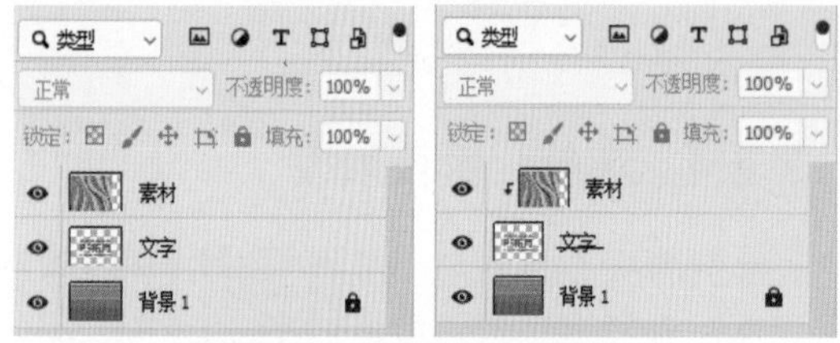

图13-10　　图13-11

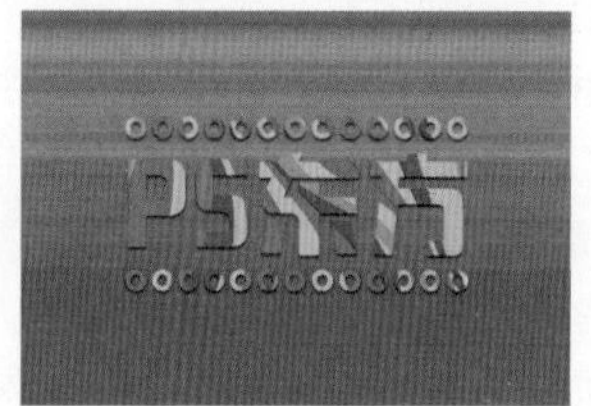

图13-12

13.3.2 释放剪贴蒙版

选择位于基底图层上方的内容图层，如图 13-13 所示。接着，执行“图层”→“释放剪贴蒙版”命令，或者在图层上右击，并在弹出的快捷菜单中选择“释放剪贴蒙版”选项，即可解除所选的剪贴蒙版图层。此外，直接按快捷键 Alt+Ctrl+G，也可以一次性解除所有剪贴蒙版，操作后的效果如图 13-14 所示。

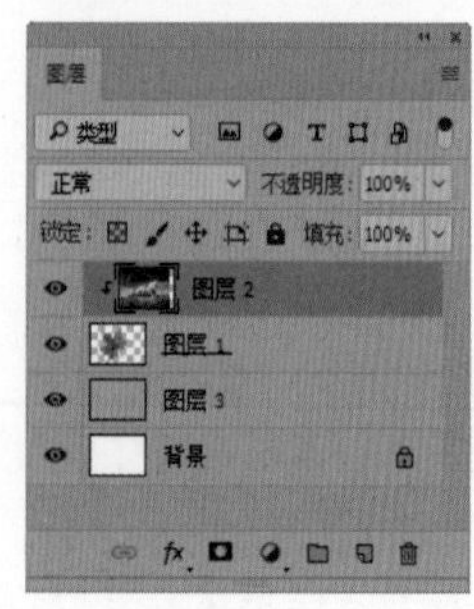

图13-13

图13-14

延伸讲解

将鼠标指针放在两个图层中间，按住Alt键，当鼠标指针变为图标时，单击可以快速创建剪贴蒙版；再次按住Alt键，当鼠标指针变为图标时，单击即可释放剪贴蒙版。

13.3.3 基底图层和内容图层剪贴蒙版组合

在剪贴蒙版组中，位于最下方的图层被称为“基底图层”（图标指向的图层，其名称下方带有下画线）；而位于基底图层上方的图层则被称为“内容图层”。内容图层的缩览图是缩进显示的，并且带有一个指向基底图层的状图标。这些特征可以帮助用户清晰地识别和区分剪贴蒙版组中的不同图层，如图 13-15 和图 13-16 所示。

图13-15

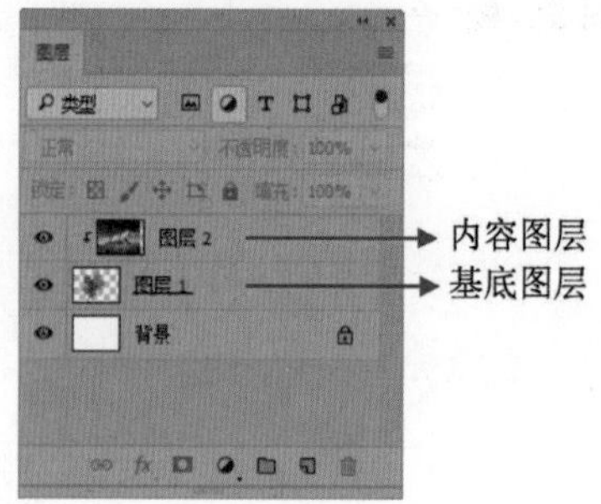

图13-16

基底图层中的透明区域实际上充当了整个剪贴蒙版组的蒙版。这意味着，透明区域就像是一个蒙版，能够隐藏内容图层中的图像。因此，一旦移动基底图层，内容图层的显示区域也会随之改变，如图 13-17 所示。

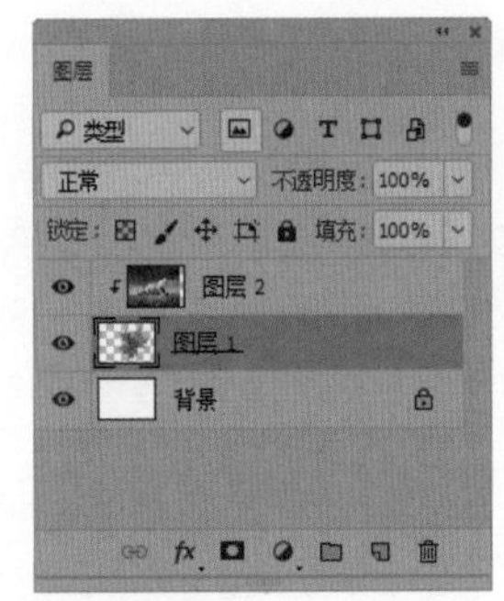

图13-17

13.3.4 实战：城市剪影

扫码看资源

本例利用“剪贴蒙版”功能为如图 13-18 所示的城市剪影进行上色。通过使用剪贴蒙版，可以根据下方图层的图像形状来剪切上方图层中的图像，从而实现精准的上色效果。最终完成的效果如图 13-19 所示。若想了解详细的操作方法，建议观看本书配套的视频教程。

图13-18

图13-19

13.3.5 实战：吊旗海报

扫码看资源

本例将通过运用“剪贴蒙版”来制作一张吊旗海报。具体步骤包括使用背景颜色和图案素材，并通过剪贴蒙版技术依次对它们进行剪切处理，以去除多余部分，确保画布中仅保留所需的素材图像。最终完成的海报效果如图 13-20 所示，呈现出精美且专业的视觉效果。若想了解详细的操作方法，建议观看本书配套的视频教程。

图13-20

13.3.6 实战：运动鞋海报

扫码看资源

本例将通过结合使用“剪贴蒙版”和“图层蒙版”来制作一张运动鞋海报。我们将运用蒙版对鞋子及其周围的素材进行颜色的叠加处理，并使用“画笔工具”进行精细的擦除和调整，以确保海报的整体色调和谐统一。最终完成的海报效果如图 13-21 所示，展现出动感十足的视觉效果。若想了解详细的操作方法，建议观看本书配套的视频教程。

图13-21

13.4 快速蒙版

快速蒙版是一种便于快速创建和编辑选区的临时蒙版。在快速蒙版模式下，无色区域代表选区以内的部分，而半透明的红色区域则代表选区以外的部分。当退出快速蒙版模式时，原先的无色区域就会转变为当前的选择区域。

当处于快速蒙版模式中时，“通道”面板会自动添加一个临时的快速蒙版通道。如果希望保存所创建的选区，可以选择将快速蒙版转换为 Alpha 通道，以便后续使用或修改。

13.4.1 创建快速蒙版

在 Photoshop 2024 中，单击工具箱底部的“以快速蒙版模式编辑”按钮，或者按“Q”键，待按钮变为状态，表示已经处于“快速蒙版编辑”模式。

13.4.2 实战：人物换脸

扫码看资源

本例将通过使用“快速蒙版”来更换如图 13-22 和图 13-23 所示的人脸。具体步骤包括：首先，利用“快速蒙版”功能涂抹脸部范围以建立精确的选区；接着，将抠取出的脸部移动到需要更换脸部的身体上；最后，通过“图层蒙版”对脸部进行精细的涂抹擦除操作，以达到自然融合的效果。最终完成的效果如图 13-24 所示。若想详细了解操作方法，建议观看本书配套的视频教程。

图13-22

图13-23

图13-24

13.5 矢量蒙版

矢量蒙版是通过路径图形来确定图层中图像的显示范围。它与图像的分辨率无关，而是通过“钢笔工具”或“形状工具”来创建的。利用矢量蒙版，可以在图层上制作出锐利、无锯齿的边缘形状。

13.5.1 矢量蒙版创建的两种方法

1. “显示全部”命令

执行“图层”→“矢量蒙版”→“显示全部”命令，可以为图像创建一个空白的矢量蒙版，此时图像将完全显示，如图 13-25 所示。随后，可以在此蒙版中自由绘制路径以定义图像的显示区域。在操作过程中，“图层”面板的状态如图 13-26 所示，便于查看和管理图层及蒙版的状态。

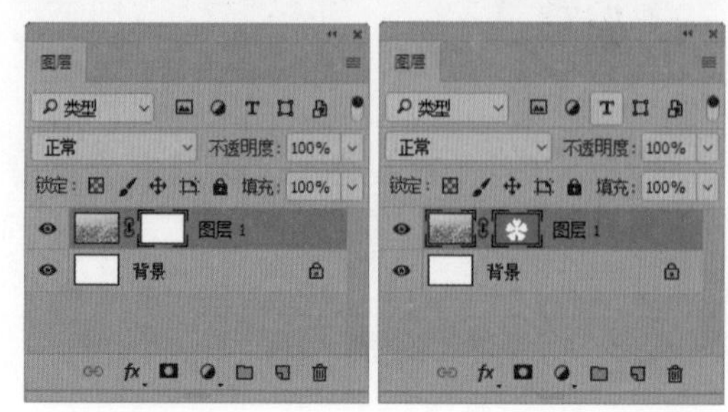

图13-25　　图13-26

2. “当前路径”命令

在绘制路径之后，如图 13-27 所示，执行“图层”→“矢量蒙版”→“当前路径”命令，可以将当前绘制的路径转换为矢量蒙版。完成这一操作后，“图层”面板会显示相应的矢量蒙版信息，如图 13-28 所示。

图13-27

图13-28

13.5.2 实战：儿童贴纸

扫码看资源

本例将通过使用“矢量蒙版”功能，将如图 13-29 所示的图像转化为可爱的儿童贴纸效果。首先，打开所需的素材图像，接着利用“自定义形状工具”绘制出一个爱心形状的路径。然后，将基于此路径创建一个“矢量蒙版”，从而精确地定义出贴纸的显示区域。最终，通过这一系列操作，将得到如图 13-30 所示的儿童贴纸效果，既美观又富有创意。若想了解详细的操作方法，建议观看本书配套的视频教程。

图13-29

图13-30

13.6 综合实战

13.6.1 实战：时尚城市夜景调色

本例主要通过利用“调整图层”中自带的图层蒙版功能，来对如图13-31所示的图片进行色彩饱和度的调节。首先，我们会选择一个合适的调整图层，然后通过单击蒙版部分，使用“画笔工具”对图片中多余的色彩进行精细的涂抹和调整。经过这样的处理，可以达到如图13-32所示的效果，使图片的色彩更加和谐统一，同时提升了整体的美感。若想了解详细的操作方法，建议观看本书配套的视频教程。

扫码看资源

图13-31

图13-32

13.6.2 实战：调节偏暗图片

本例主要利用复制和替换蒙版的技术来调节如图13-33所示图片的明暗效果。首先使用“滤色”模式来提亮整个图片，然后通过蒙版工具擦除人物部分，以避免其被提亮。接下来，复制并替换蒙版，以确保人物的亮度保持不变，而背景则达到预期的提亮效果。最终完成的效果如图13-34所示，既保留了人物的原始亮度，又有效地提亮了背景，使整个图片呈现更加明亮和生动的视觉效果。若想了解详细的操作方法，建议观看本书配套的视频教程。

扫码看资源

13.6.3 实战：非破坏性抠图

首先，需要建立起选区，然后单击“图层”面板底部的“添加图层蒙版”按钮，这样可以进行非破坏性的抠图操作，如图13-35所示。通过这种方式，可以在不破坏原始图像的基础上，实现精确的抠图效果。若想了解详细的操作方法，建议观看本书配套的视频教程。

扫码看资源

图13-33

图13-34

图13-35

13.6.4 实战：呵护牙齿公益海报

本例主要运用“蒙版与选区”技术，将如图13-36所示的素材图制作成一张具有视觉冲击力的公益海报。在制作过程中，我们使用了颜色叠加技巧来加深嘴巴的颜色，以增强视觉效果。随后，通过巧妙地运用蒙版与选区功能，将嘴巴与背景进行了完美的融合，使整个海报呈现更加和谐统一的视觉效果，如图13-37所示。若想了解详细的操作方法，建议观看本书配套的视频教程。

扫码看资源

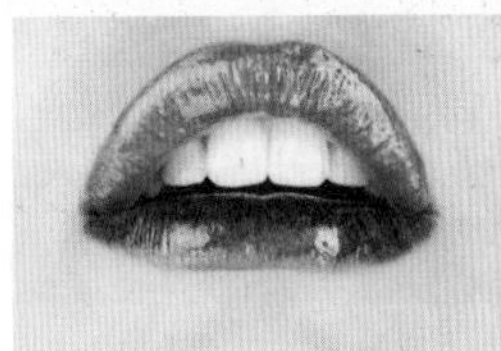

图13-36

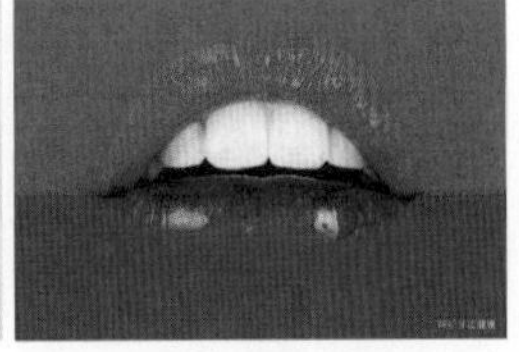

图13-37

13.6.5 实战：抵制暴力宣传海报

扫码看资源

本例主要通过综合运用“图层蒙版”和“矢量蒙版”来制作一张宣传海报。首先，使用“矢量蒙版”对如图 13-38 所示的人物素材进行精细抠图，以确保人物轮廓的清晰度。接着，利用“图层蒙版”对人物底部边缘进行柔和处理，以实现与背景的自然过渡。最后，通过巧妙运用选区工具，将抠出的人物与背景完美融合，呈现如图 13-39 所示的和谐统一效果。整个过程中，“图层蒙版”和“矢量蒙版”的灵活运用为我们提供了强大的图像编辑能力，使海报制作更加专业、高效。若想了解详细的操作方法，建议观看本书配套的视频教程。

图13-38

图13-39

13.6.6 实战：图层蒙版属性调色

扫码看资源

本例利用蒙版的基本属性来调整如图 13-40 所示图像的明暗度以及颜色的饱和度。通过使用“属性”面板中的“反相”功能，我们巧妙地调节了图像的颜色，实现了独特的视觉效果。最终，经过一系列精细的调整，得到了如图 13-41 所示的效果图，图像的色彩更加丰富饱满，明暗度也得到了恰到好处的调整，整体视觉效果更加引人入胜。若想了解详细的操作方法，建议观看本书配套的视频教程。

图13-40

图13-41

13.6.7 实战：超现实特效

扫码看资源

本例使用“链接”功能对如图 13-42 和图 13-43 所示的图像进行特效合成。通过执行“图层”→“图层蒙版”→“取消链接”命令，可以解除蒙版对图层的影响，使图像能够进行自由变换，且不受后续蒙版的限制。这样，我们可以更加灵活地调整图像，达到预期的视觉效果。最终，经过一系列的操作和调整，得到了如图 13-44 所示的效果图，图像呈现出独特的视觉效果，更具吸引力和创意性。若想了解详细的操作方法，建议观看本书配套的视频教程。

图13-42

图13-43

图13-44

13.6.8 实战：《创世纪 II》游戏海报

扫码看资源

首先，插入两张素材图片，分别是城市和天空，然后为它们添加“图层蒙版”。接着，使用“画笔工具”仔细删除多余的天空部分，以确保合成的自然流畅。之后，利用“曲线”调整图层来调节整体颜色，以达到更和谐的视觉效果。接下来，插入人物和文身素材，通过运用“正片叠底”混合模式和“画笔工具”，将人物与文身巧妙地融合在一起。在此过程中，再次使用“画笔工具”精细擦除多余的部分，以确保合成的完美无瑕。随后，添加云朵素材，并为其添加图层蒙版，使用“画笔工具”进行细致的擦除和涂抹，使云朵与城市背景相得益彰。最后，利用“横排文字工具”T输入所需文字，并通过图层样式为文字增添独特的效果。经过这一系列精心制作，最终呈现出如图 13-45 所示的精美效果。若想了解详细的操作方法，建议观看本书配套的视频教程。

图13-45

13.6.9 实战：液晶显示器宣传画册

扫码看资源

首先，插入背景素材，并将其模式改为“滤色”，以叠加深蓝效果。接着，插入显示器素材，并调整其位置和大小。使用“多边形套索工具”抠除屏幕中间部分，并添加颜色 #ffffff。然后，插入跑车素材，同样调整其位置和大小。通过综合运用“剪贴蒙版”“钢笔工具”和“画笔工具”，合成出显示器与跑车的结合效果。接下来，通过设置“画笔工具”的各项参数，为画面增添圆点光效，提升整体视觉效果。再使用“画笔工具”配合“叠加”模式，为跑车精心制作出高光效果，使其更加立体和生动。最后，添加适当的文字，并根据需要调整字体、间距和颜色，以达到最佳的视觉效果。经过这一系列精细的操作和调整，最终呈现如图 13-46 所示的效果。若想了解详细的操作方法，建议观看本书配套的视频教程。

图13-46

13.6.10 实战：时尚潮流故障特效

扫码看资源

首先，插入图标素材，然后按快捷键 Ctrl+J 复制两层图标素材。接着，通过“图层样式”为这两层复制的图标分别添加颜色 #ff0000 和 #0006ff，并调整这 3 个图层的位置，确保白色图层位于最上方。按左右方向键移动这 3 个图层，使它们的位置错开，呈现一种立体的效果。然后，按快捷键 Ctrl+E 合并这 3 个图标图层。

接下来，再按快捷键 Ctrl+J 复制两层已经合并的图标图层，并分别为这两层添加“图层蒙版”。按左右方向键再次移动这两个图层，使它们的位置进一步错开。接着，使用“矩形选框工具”选择一个区域，并在蒙版上填充白色，以删除选区部分，从而创造出一种独特的视觉效果。最后，使用“风”滤镜为图标两边添加线条效果，增强图标的动感和设计感，最终效果如图 13-47 所示。若想了解详细的操作方法，建议观看本书配套的视频教程。

图13-47

13.6.11 实战：水果饮料海报

扫码看资源

首先，插入饮料瓶素材，并利用“渐变工具”制作一个具有橘色渐变效果的背景图。接着，通过选择“色阶”命令来增强瓶子的对比度，使其更加立体和醒目。然后，使用“外发光”图层样式为瓶子增添外发光效果，以突出其轮廓并增加视觉吸引力。接下来，插入玻璃特效素材，并应用“滤色”混合模式来抠取所需的素材部分，同时调整其位置和大小以适应整体设计。为了给玻璃素材添加更加自然的融合效果，我们在玻璃图层上添加了“图层蒙版”，并使用“画笔工具”精细擦除多余的部分。随后，插入爆炸和子弹素材，通过应用“动感模糊”滤镜，成功地制作出了一种高速运动的效果。最后，插入水果和水纹素材，调整它们的位置和大小，并为它们添加了投影效果，以增强立体感和空间感，最终效果如图 13-48 所示。若想了解详细的操作方法，建议观看本书配套的视频教程。

图13-48

13.6.12　实战：招聘海报

本例的制作重点在于文字效果的打造与排版设计。首先，输入所需的文字，并调整其字体和摆放位置，以达到最佳的视觉效果。接着，利用“剪贴蒙版”功能为文字插入独特的纹理效果，增加了文字的质感和层次感。此外，我们还插入了人物和光纤素材，通过调整它们的位置、大小和明暗度，使得整体布局更加和谐统一。最后，为了增强背景的氛围感，我们使用了“杂色”滤镜来制作背景杂色效果，为海报增添了一丝复古与艺术的韵味，最终效果如图 13-49 所示。若想了解详细的操作方法，建议观看本书配套的视频教程。

扫码看资源

图13-49

第14章

图层混合和图层样式

图层是 Photoshop 的核心功能之一。图层的引入为图像编辑带来了极大的便利。过去，需要通过复杂的选区操作和通道运算才能实现的效果，如今只需通过图层混合和图层样式便可轻松达成。

14.1 图层混合

一幅图像中的各个图层由上至下依次叠加，这不仅是图像的简单堆叠。通过调整每个图层的不透明度和混合模式，可以精细控制图层间的相互关系，使图像元素完美融合。混合模式在其中起着关键作用，它决定了图层间像素颜色的相互作用方式。Photoshop 提供了多达 20 余种图层混合模式，包括正常、溶解、叠加、正片叠底等，每种模式都能带来独特而丰富的视觉效果。

14.1.1 图层混合六大类型

在“图层”面板中选中一个图层后，单击面板顶部的“混合模式”下拉列表按钮，会弹出如图 14-1 所示的混合模式下拉列表。通过从这个列表中选择不同的选项，可以应用到不同的混合模式。

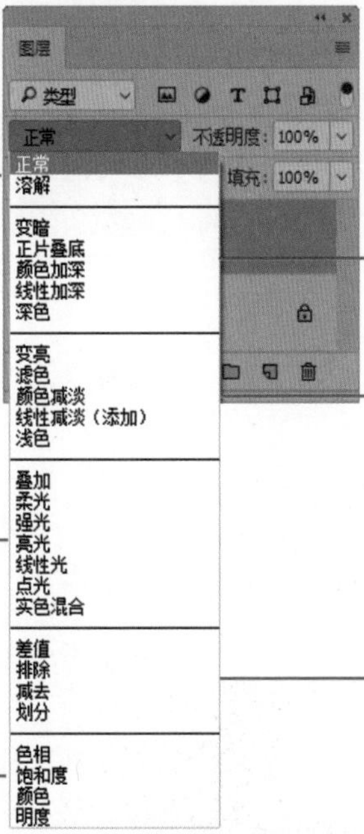

组合组：其效果只有在降低图层的透明度时才会显现。

加深组：这类混合模式可以使图像变暗。在应用时，当前图层中的白色像素会被下方图层中较暗的像素所替代，从而产生更深的颜色效果。

减淡组：与加深组正好相反，这类混合模式会使图像变亮。在应用时，当前图层中的黑色像素会被下方图层中较亮的像素所替代。同时，任何比黑色像素亮的像素都会提亮下方图层的图像，从而增加整体图像的亮度。

对比组：这类混合模式会提高图像的对比度。它以 50% 的灰度作为基准进行界定，如果图像亮度高于 50% 的灰度，则图像会变亮；反之，如果亮度低于 50% 的灰度，图像则会变暗。

比较组：这类混合模式会比较当前图层和下方图层的图像。在两个图像中，相同或近似的区域将显示为黑色，而不同的区域则显示为灰色或包含彩色信息。特别地，如果当前图层中存在白色像素，那么这些白色像素会使下方图层对应区域的颜色反相；而如果当前图层中存在黑色像素，则对下方图层无影响。

色彩组：这类混合模式主要用于对图像的色彩进行调整，具体涉及色相、饱和度和明度的混合。通过这种混合，可以改变图像的颜色表现。

图14-1

14.1.2 实战：相机镜头光照效果

在图层完全不透明的情况下，“溶解”模式与“正常”模式所呈现的效果确实是完全相同的。然而，当降低图层的不透明度时，“溶解”模式的表现就会与“正常”模式产生显著差异。在“溶解”模式下，图层的像素并不会逐渐变得透明，而是某些像素会完全透明，其他像素则保持完全不透明，从而产生一种颗粒化的视觉效果。随着不透明度的降低，消失的像素数量会越来越多，这种颗粒感也会越来越明显。

本例将为如图 14-2 所示的相机镜头增加光照效果。我们将通过使用“渐变叠加”图层样式来添加颜色，并利用“溶解”混合模式为相机镜头打造独特的光照效果。完成后的最终效果如图 14-3 所示。若想了解详细的操作方法，建议观看本书配套的视频教程。

图14-2

图14-3

14.1.3 实战：增强人物五官轮廓

“柔光模式”的效果取决于上方图层的明暗程度。如果上方图层的颜色亮度高于 50% 的灰色，那么最终图像会变亮，类似使用了“减淡工具”的效果；反之，如果上方图层的颜色亮度低于 50% 的灰色，图像则会变暗，类似被加深的效果。

本例将使用“柔光”模式，结合“画笔工具” 对如图 14-4 所示的人物面部区域进行加深和减淡处理，旨在增强面部的轮廓感和对比度，以达到更为立体和生动的视觉效果。经过处理后的最终效果如图 14-5 所示。若想了解详细的操作方法，建议观看本书配套的视频教程。

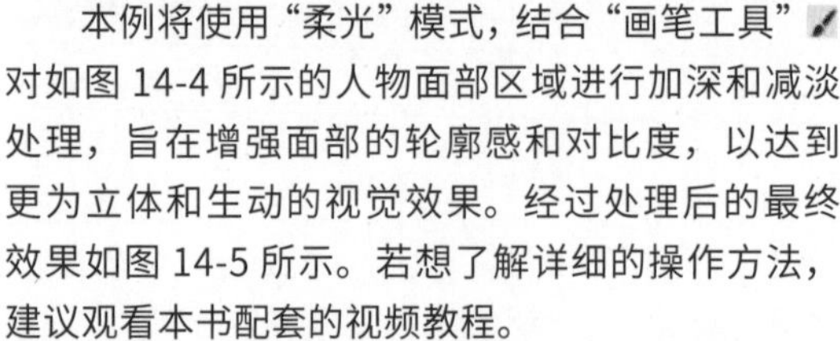

14.1.4 实战：正片叠底快速换色

“正片叠底”模式的效果类似将两张幻灯片叠加在一起并在同一个幻灯机上放映。它的计算方式是将两个图层的颜色值相乘，然后再除以 255，所得到的结果即为最终呈现的颜色。由于这种计算方式，“正片叠底”模式通常会得到较暗的颜色。此模式常被用于为图像添加阴影和细节，同时它不会完全消除下方图层阴影区域的颜色，从而保留了更多的图像信息。

图14-4

图14-5

本例通过使用“画笔工具” 对如图 14-6 所示的帽子部分进行涂抹上色，并将图层混合模式更改为“正片叠底”，以快速更换帽子的颜色。经过这一处理，我们得到了如图 14-7 所示的最终效果，其中帽子的颜色已被成功替换。若想了解详细的操作方法，建议观看本书配套的视频教程。

图14-6

图14-7

14.1.5 实战：混合模式制作炫彩人物效果

“滤色”模式与“正片叠底”模式效果相反，它将上方图层像素的互补色与底色相乘，从而得到比原有颜色更浅的结果，这种效果类似漂白。在使用“滤色”模式时，任何颜色与黑色结合都不会受到影响，而任何颜色与白色结合都会得到白色。除了能够用于加亮图像合成效果，“滤色”模式还可以实现其他调整命令无法达到的调整效果。

本例通过使用“滤色”和“强光”模式，对图 14-8 中的暗部区域进行过滤处理，以实现抠图效果，并快速合成炫彩人物效果。通过这种处理方式，我们成功地达到了预期的效果，如图 14-9 所示。若想了解详细的操作方法，建议观看本书配套的视频教程。

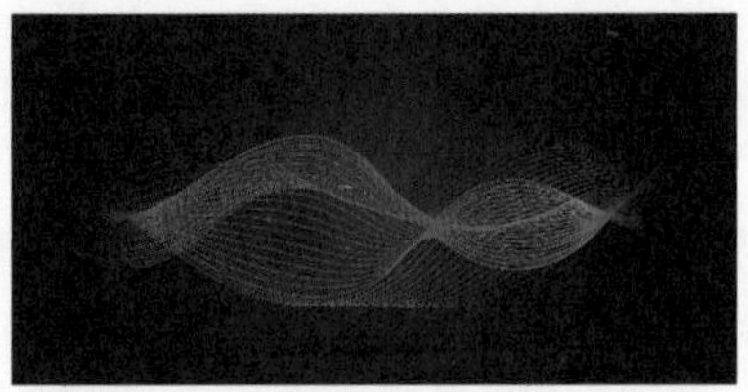

图14-8

图14-9

14.1.6 实战：复古文字招贴

扫码看资源

“叠加”模式会在保留下方图层明暗变化的基础上，根据具体情况选择使用“正片叠底”或“滤色”模式。在这种模式下，上方图层的颜色会被叠加到底色上，同时底色的高光和阴影部分得以保留。这样可以在叠加颜色的同时，维持原有图像的明暗层次和细节。

本例通过使用“叠加”模式，成功提升了底色图像的饱和度和对比度，使整个画面看起来更加鲜亮和生动。经过这样的处理，我们得到了如图 14-10 所示的最终效果，图像的视觉效果得到了显著的提升。若想了解详细的操作方法，建议观看本书配套的视频教程。

14.1.7 实战：白天转黄昏

扫码看资源

“线性加深”模式会逐个查看每个颜色通道的颜色信息，并通过增加所有通道的基色深度来加暗图像。同时，它还会通过提高其他颜色的亮度来反映混合后的颜色效果。值得注意的是，当与白色进行混合时，线性加深模式不会产生任何变化。

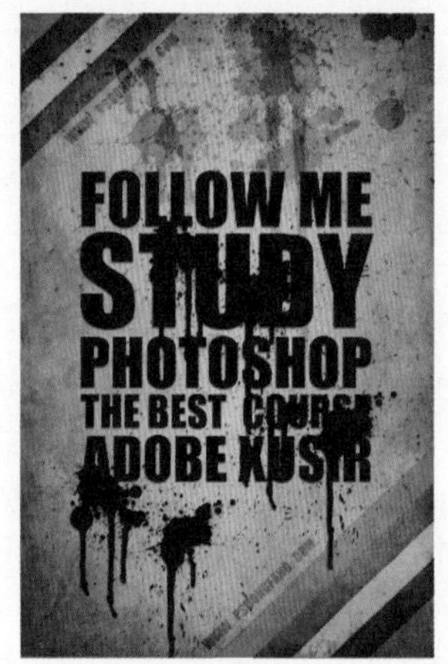

图14-10

本例通过使用“线性加深”模式对如图 14-11 所示的图片进行加深处理，以制作出黄昏景象。同时，我们还使用“叠加”模式插入了相关素材，成功合成了黄昏的天空景象。最后，通过调节画面的饱和度，得到了如图 14-12 所示的最终效果，展现了迷人的黄昏美景。若想了解详细的操作方法，建议观看本书配套的视频教程。

图14-11

图14-12

14.2 图层样式

图层样式，也被称为“图层效果”，是 Photoshop 软件中的一项重要功能，它的出现是该软件的一大进步。在 Photoshop 中，通过应用图层样式，可以为图层中的图像添加诸如“斜面与浮雕”“描边”“内阴影”“内发光”以及“投影”等丰富的视觉效果。这些样式不仅增强了图像的视觉表现力，还能用于创建具有真实质感的图形效果，例如水晶、玻璃、金属或各种纹理等。

14.2.1 添加图层样式

若要为图层添加样式，需先选择该图层，然后通过以下任意一种方式打开“图层样式”对话框：在该对话框的左侧，可以选择不同的图层样式。“图层样式”对话框中列出了10种样式。只需单击某个样式名称前的复选框，即可为图层添加该效果。

※ 执行“图层”→“图层样式”子菜单中的样式命令，可以弹出“图层样式”对话框，并直接进入对应的样式选项区域，如图14-13所示。这样，就可以方便地设置和调整所选图层的样式效果了。

※ 在“图层”面板中单击“添加图层样式”按钮fx，在弹出的菜单中选择一个样式选项，如图14-14所示，也可以弹出“图层样式”对话框，并进入相应的样式设置区域。

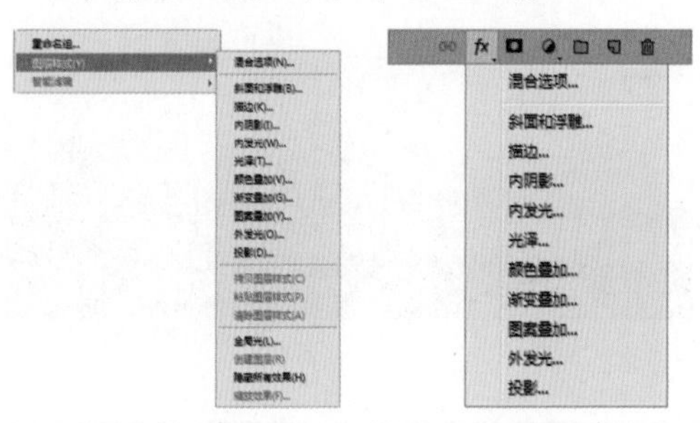

图14-13　　图14-14

※ 双击需要添加样式的图层，可以弹出“图层样式”对话框，如图14-15所示。

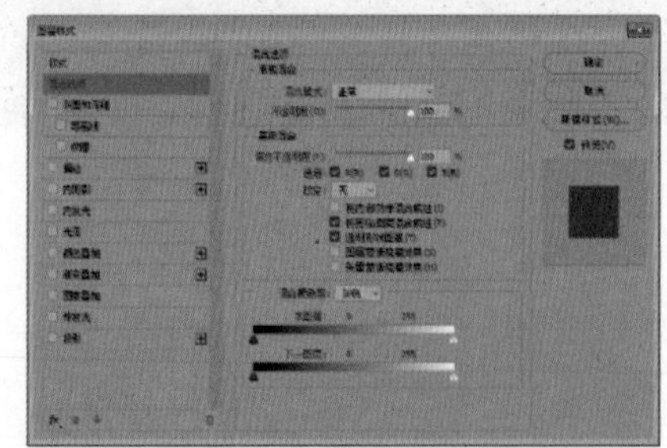

图14-15

※ 单击一个效果的名称，可以选中该效果，对话框的右侧会显示与之对应的样式设置选项，如图14-16所示。在“图层样式”对话框中设置样式参数后，单击“确定”按钮即可为图层添加效果，该图层会显示出一个图层样式图标和一个效果列表，如图14-17所示，单击▸按钮可以折叠或展开效果列表，如图14-18所示。

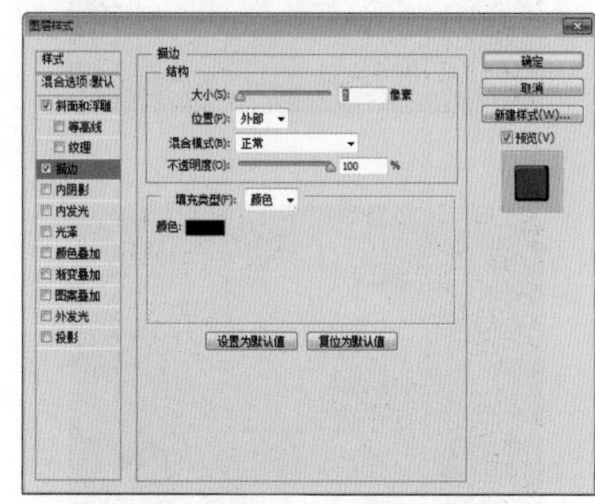

图14-16

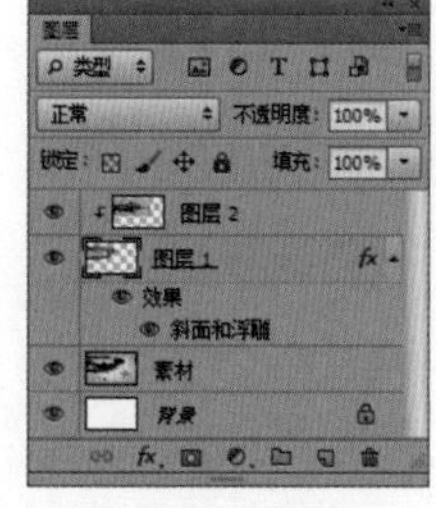

图14-17　　图14-18

14.2.2 使用创建图层

“创建图层”功能实际上是将图层与其应用的图层样式进行分离。当对一个图层应用了图层样式后，使用“创建图层”功能可以将这些样式从原始图层中分离出来，从而得到两个独立的图层：一个是原始图像图层，另一个是包含图层样式的图层。这样，用户可以更方便地对这两个图层进行单独的编辑和调整，具体的操作步骤如下。

01 在工具箱中选中“椭圆工具”，设置颜色为#1610ff，在“图层”面板中双击椭圆图层，弹出“图层样式”对话框，选择“投影”复选框，调整参数如图14-19所示，得到如图14-20所示的效果。

02 执行“图层”→“图层样式”→“创建图

层”命令，在弹出的对话框中单击“确定”按钮，得到的图层效果如图14-21所示。

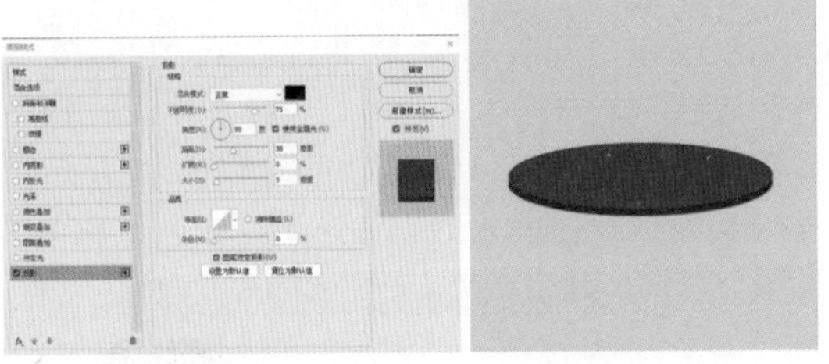

图14-19　　图14-20

图14-21

14.2.3 图层不透明度和填充不透明度的区别

图层不透明度是对整个图层的不透明度的调整，通过改变图层的不透明度，可以控制图层上图像的可见程度，实现不同的视觉效果。“填充不透明度”是指对图层中除“图层样式”外的图像内容的不透明度进行调整。通过调整填充不透明度，可以改变图层中图像的不透明程度，而不会影响已经应用的图层样式的不透明度。这一功能在图像处理中非常有用，可以帮助用户实现更加灵活和精细的不透明度控制，具体的操作步骤如下。

01 在工具箱中选中“自定义形状工具”，在属性栏中单击“形状”按钮，并选择“老鼠”图案，在画面中绘制老鼠图形后，双击“图层”面板中的“老鼠”图层，弹出“图层样式”对话框，选中“内发光”复选框，调整参数如图14-22所示，得到的图像效果如图14-23所示。

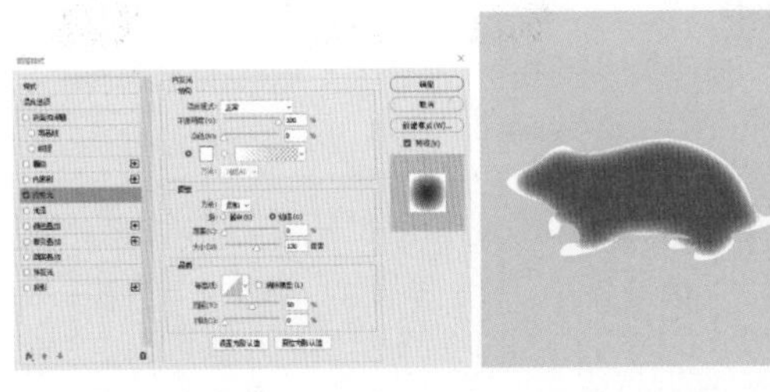

图14-22　　图14-23

02 选中老鼠图层，在“图层”面板上方的“不透明度”文本框中输入50%，如图14-24所示，从而调整图层的不透明度。

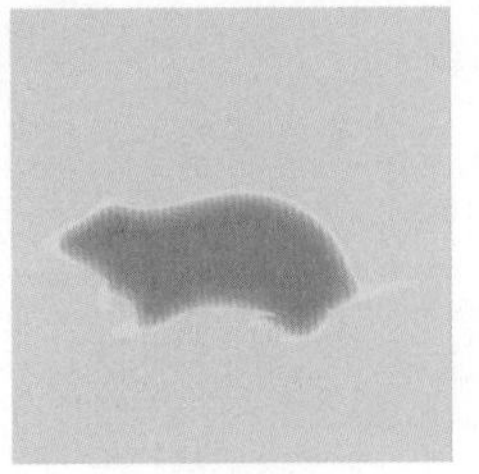

图14-24

03 在“图层”面板中调整“填充”值为50%，前后的效果如图14-25和图14-26所示。

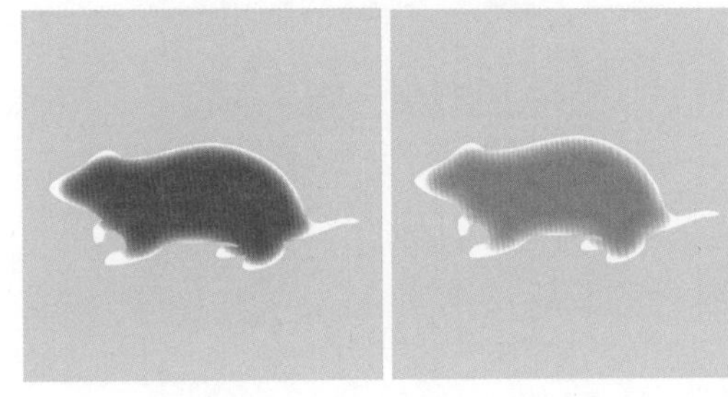

图14-25　　图14-26

14.2.4 复制图层样式

快速复制图层样式有两种方法可供选择：一是“利用鼠标拖动复制”，二是“执行菜单命令复制”。这两种方法都可以方便地复制图层样式，提高工作效率。

1．利用鼠标拖动复制

展开“图层”面板的图层效果列表，将效果选项图标fx拖动至另一图层上方，即可将图层样式移动到另一个图层。在拖动过程中，鼠标指针会变为形状并显示样式标记fx，如图 14-27 所示。若想在拖动时复制图层样式至另一图层，只需在拖动鼠标的同时按住 Alt 键，此时鼠标指针会显示为形状，表示正在进行复制操作，如图 14-28 所示。这样，用户可以轻松地在不同图层间移动或复制样式效果。

2．执行菜单命令复制

在已添加样式效果的图层上右击，从弹出的快捷菜单中选择“拷贝图层样式”选项，如图 14-29 所示。接着，在需要粘贴样式的图层上右击，从弹出的快捷菜单中选择“粘贴图层样式”选项即可完成样式的复制与粘贴，如图 14-30 所示。这样，用户可以方便地在不同图层间复制和粘贴图层样式。

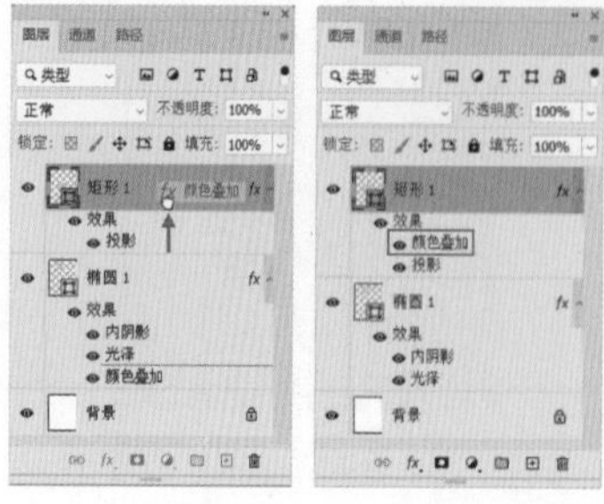

图14-27

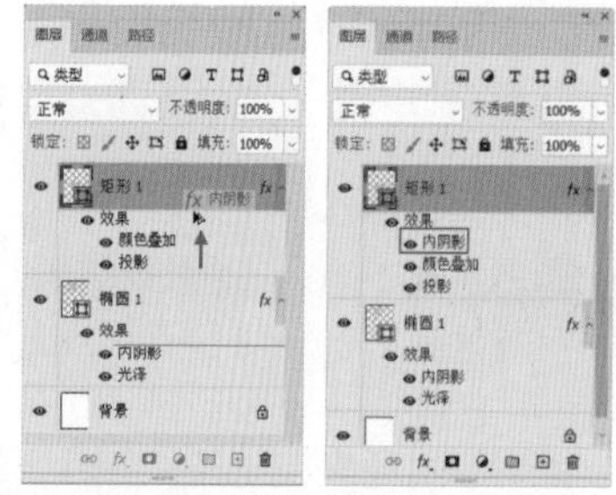

图14-28

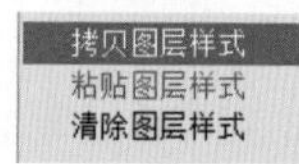

图14-29

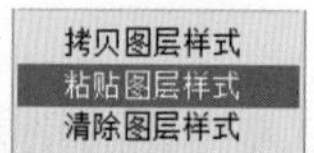

图14-30

14.2.5 栅格化图层样式

在已添加样式效果的图层上右击，在弹出的快捷菜单中选择“栅格化图层样式”选项，如图 14-31 所示。执行此命令后，图层样式将被栅格化，即转换为像素形式，并合并到原始图层中。

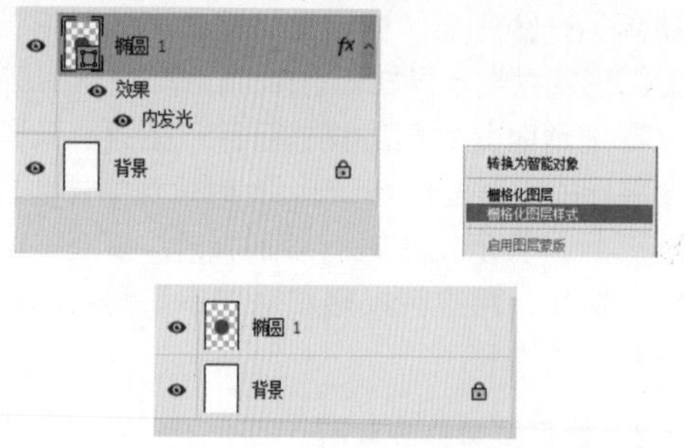

图14-31

14.2.6 实战：PPT 展示首页

本例通过复制、粘贴及栅格化操作来制作 PPT 展示首页。利用这些操作可以在制作过程中省时省力，显著提高作图效率。最终完成的效果如图 14-32 所示，呈现出专业且吸引人的视觉效果。若想了解详细的操作方法，建议观看本书配套的视频教程。

图14-32

14.2.7 全局光

在“图层样式”对话框中，“投影”“内阴影”“斜面和浮雕”等效果均包含一个“全局光”复选框。当选中此复选框后，“投影”“内阴影”“斜面和浮雕”等效果将会采用统一的光源角度。这意味着，当对一个图层同时应用了“斜面和浮雕”与“投影”效果，并调整“斜面和浮雕”的光源角度时，若选中“使用全局光”复选框，“投影”效果的光源角度也会随之自动调整，以保持一致性，如图 14-33 所示。反之，如果未选中“使用全局光”复选框，调整“斜面和浮雕”的光源角度则不会影响“投影”效果的光源，如图 14-34 所示。这一功能有助于保持图层效果之间的光源一致性，使整体视觉效果更加和谐统一。

图14-33

图14-34

若要调整全局光的角度和高度，可以执行“图层”→“图层样式”→“全局光”命令，将弹出“全局光”对话框，如图 14-35 所示。在该对话框中，设置所需的“角度”和“高度”参数后，单击“确定”按钮，即可应用这些更改并调整全局光。这样，用户可以根据需要自定义全局光的效果，以更好地符合设计或图像的视觉要求。

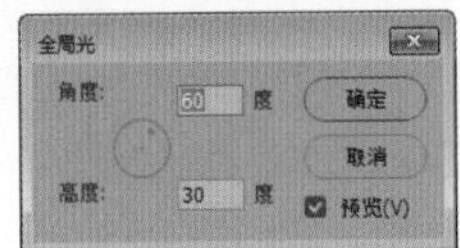

图14-35

14.2.8 实战：淘宝店铺首页海报

扫码看资源

“投影”效果能够为图层的内容增添投影，进而产生立体感，使画面显得更加真实。图 14-36 展示的是原始图像，图 14-37 展示了添加“投影”样式后的效果。通过对比可以看出，“投影”效果显著增强了图像的层次感和立体感，使画面更加生动逼真。若想了解详细的操作方法，建议观看本书配套的视频教程。

图14-36

图14-37

14.2.9 实战：文字光效制作

扫码看资源

“外发光”效果可以沿着图层内容的边缘向外创建发光效果，为图像增添一抹神秘而迷人的光晕。图 14-38 展示的是原始图像，图 14-39 展示了添加“外发光”样式后的效果图，可以看到图层边缘散发出的柔和光芒，显著提升了图像的视觉效果，使其更加璀璨夺目。若想了解详细的操作方法，建议观看本书配套的视频教程。

图14-38

图14-39

14.2.10 实战：企业宣传画册封面

扫码看资源

“图案叠加”效果允许在图层上覆盖指定的图案，同时提供了对图案混合模式、不透明度以及图案大小的详细设置选项。这样，用户可以根据个人喜好和设计需求，灵活调整图案的表现形式和视觉效果，如图 14-40 所示。通过“图案叠加”，设计师能够为作品增添独特的纹理和风格，使其更具吸引力和创意性。若想了解详细的操作方法，建议观看本书配套的视频教程。

图14-40

14.2.11 实战：室内人物照调色

扫码看资源

“渐变叠加”效果能够在图层上覆盖指定的渐变颜色，这一功能不仅可以用于创建包含多种色彩的对象，还可以通过精心设计的渐变色彩组合来模拟出凸起、凹陷等三维效果，甚至打造出具有反光质感的视觉效果。图 14-41 展示的是原始图像，其色彩和效果相对单一；而图 14-42 则展示了在添加了“渐变叠加”样式后的效果图，可以明显看到图层上更加丰富和立体的色彩变化，为图像带来了全新的视觉体验。若想了解详细的操作方法，建议观看本书配套的视频教程。

图14-41

图14-42

14.2.12　实战：图片统一色调

扫码看资源

“颜色叠加”效果能够为整个图层赋予一种统一的颜色，同时，还可以通过调整颜色的混合模式与不透明度来精细调节图层的效果。图14-43展示的是原图，图14-44展示了添加“颜色叠加”样式后的效果图，可以看出图层整体被赋予了新的颜色，并通过调整混合模式和不透明度，实现了与原图层的完美融合，呈现出全新的视觉效果。若想了解详细的操作方法，建议观看本书配套的视频教程。

图14-43

图14-44

14.2.13　实战：梦幻海滩

扫码看资源

“光泽”效果可以模拟光线在物体表面产生的映射，为图像增添如丝绸或金属般的光滑质感。图14-45展示的是原始图像，其表面质感相对普通。然而，在图14-46中，通过添加“光泽”样式，图像表面呈现了明显的光滑反射效果，显著提升了物体的质感和真实感。若想了解详细的操作方法，建议观看本书配套的视频教程。

图14-45

图14-46

14.2.14　实战：多彩的气泡

扫码看资源

“内发光”效果可以沿着图层内容的边缘，从内部产生发光效果，为图像增添一种梦幻般的氛围，如图14-47所示。这种效果常用于制作一些具有科幻、神秘或浪漫风格的图像设计。通过调整发光的颜色和强度，可以创造出丰富多样的视觉效果。若想了解详细的操作方法，建议观看本书配套的视频教程。

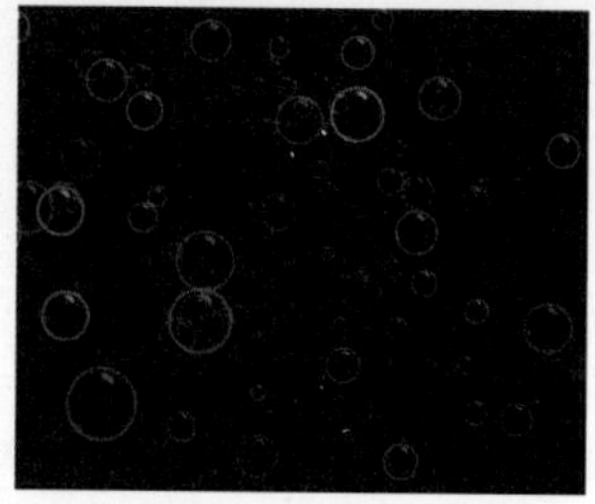

图14-47

14.2.15　实战：恐怖电影场景

扫码看资源

“内阴影”样式能够为图层添加从边缘向内产生的阴影效果，从而使图层内容呈现出一种凹陷的视觉效果。图14-48展示的是原始图像，其表面平整无阴影；而图14-49则展示了添加“内阴影”样式后的效果图，可以清晰地看到图层边缘向内产生的阴影，为图像增添了立体感和层次感，使图层内容仿佛被“刻”进去了一般，具有更加生动的表现力。若想了解详细的操作方法，建议观看本书配套的视频教程。

图14-48

图14-49

14.2.16　实战：字体描边效果

扫码看资源

“描边”效果能够使用颜色、渐变或图案来精细地描绘对象的轮廓，这种效果在硬边状态的图像上应用时尤为显著。图14-50展示的是原始图像，其边缘清晰但缺乏视觉上的层次感或变化；而图 14-51 则展示了添加“描边”样式后的效果图，可以看到对象的轮廓被醒目地勾勒出来，不仅增强了图像的视觉冲击力，也使得对象的形状和细节更加突出和立体。这一效果在设计、插画或摄影后期处理中都非常实用，能够帮助创作者更好地突出主题和引导观者的视线。若想了解详细的操作方法，建议观看本书配套的视频教程。

图14-50

图14-51

14.2.17 实战：浮雕文字效果

扫码看资源

“斜面和浮雕”效果能够为图层模拟出从表面凸起的立体感，使图层内容展现出逼真的浮雕效果。图 14-52 展示的是原始图像，呈现出平面的视觉效果；而图 14-53 则展示了添加“斜面和浮雕”样式后的效果图，可以清晰地看到图层内容仿佛被赋予了真实的深度和立体感，就像是被精心雕刻出来的浮雕作品一样，生动而富有艺术感。若想了解详细的操作方法，建议观看本书配套的视频教程。

FJALJGGDSJLG

图14-52 图14-53

14.2.18 实战：抠取绿色草地

“混合颜色带”是混合选项中的一个强大功能，它允许用户快速选取与背景色调存在较大差异的对象，如火焰、烟花、云彩和闪电等。通过设置混合颜色带中的通道选项，并拖动混合滑块，可以轻松地隐藏背景，仅在画面中突出显示主体对象。同时，被隐藏的区域也可以根据实际需要随时恢复显示。如图 14-54 所示为原始图像，其中背景与主体对象的色调差异明显；而图 14-55 则展示了使用“混合颜色带”功能后的效果图，可以看到背景已被巧妙隐藏，主体对象在画面中更加突出，从而实现了更加精准和高效的图像编辑效果。若想了解详细的操作方法，建议观看本书配套的视频教程。

图14-54

图14-55

14.2.19 实战：建筑风景快速调色

“色彩混合”涉及红、绿、蓝 3 个通道，它们的作用是在图层混合过程中控制哪些通道会参与混合。具体而言，只有被选中的通道才会在图层混合时产生效果，而未选中的通道则不会参与混合。图 14-56 展示的是原始图像，其色彩构成未经特殊处理；而图 14-57 则显示了应用“色彩混合”样式后的效果，可以看出，通过精确控制通道的混合，图像的色彩表现得到了显著提升，实现了更加细腻且富有层次感的视觉效果。若想了解详细的操作方法，建议观看本书配套的视频教程。

图14-56

图14-57

14.3 综合实战

为了迅速熟悉并掌握图层技能，灵活运用这些技能来制作多样化的效果图，通过图层进行色彩调整，不断积累经验并深化知识储备，以下是一些练习以帮助精通图层技能。

14.3.1 实战：创意人形台灯

扫码看资源

本例将使用“橡皮擦工具”精细抠取如图 14-58 和图 14-59 所示的元素，随后通过巧妙运用混合模式来模拟灯光效果。最终，将这些元素合成一张充满创意的人形台灯效果图，如图 14-60 所示。若想了解详细的操作方法，建议观看本书配套的视频教程。

图14-58

图14-59

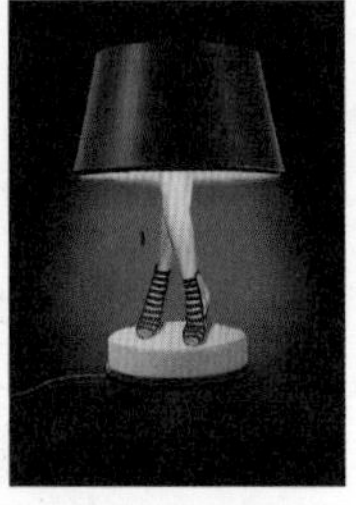
图14-60

14.3.2 实战：海面风景调色

扫码看资源

本例将通过运用“颜色加深”混合模式来调节图 14-61 所示的画面，提升其饱和度并为画面增添更多色彩。随后，将使用蒙版工具对多余的颜色进行精确涂抹和擦除，以进一步优化和调整画面效果，使海面呈现更为鲜亮和生动的色彩。最终完成的效果如图 14-62 所示。若想了解详细的操作方法，建议观看本书配套的视频教程。

图14-61

图14-62

14.3.3 实战：淘宝轮播海报

扫码看资源

本例旨在制作一张简约大气的淘宝轮播海报。在此过程中，将使用“色相 / 饱和度”命令来调整色彩，利用“柔光”混合模式对图 14-63 所示的素材进行快速抠图处理。接着，将采用“溶解”混合模式来制作独特的光斑效果，并调整各个素材的摆放位置。最后，通过添加适当的文字元素，完成这张具有吸引力的淘宝轮播海报。最终效果如图 14-64 所示。若想了解详细的操作方法，建议观看本书配套的视频教程。

图14-63

图14-64

14.3.4 实战：创意合成

扫码看资源

本例的目标是合成一幅通向光彩绚丽的彼岸的效果图。首先，将使用“极坐标”滤镜，巧妙地将彩云转变为圆弧形状。接着，利用选区添加蒙版的技术，精准地将彩云与图 14-65 所示的图片融合在一起。为了进一步增强画面的层次感，会运用“正片叠底”模式来加深整体画面，从而营造出更加神秘与绚丽的视觉效果。最终，通过这一系列精细的操作与调整，得到了如图 14-66 所示的合成效果。若想了解详细的操作方法，建议观看本书配套的视频教程。

图14-65

图14-66

14.3.5 实战：网站主页合成

扫码看资源

本例的合成图片涉及众多细节。首先，我们会利用“画笔工具”配合“高斯模糊”滤镜来制作背景的高光效果。接着，将在背景中融入纹理素材，并选择“颜色加深”模式进行叠加，以增强背景的层次感和视觉效果。然后，添加木板素材，并运用“可选颜色”命令来调整其色调，以达到与整体画面的和谐统一。此外，我们还会再次添加纹理素材，这次选择“线性加深”模式，以进一步丰富画面的细节和质感。接下来，将插入绿植素材，并调整其摆放位置，为画面增添自然生机。为了营造温馨的氛围，还会使用“画笔工具”配合“叠加”模式来制作逼真的灯光效果。最后，将插入动物和人物素材，精心调整它们的位置，并使用“画笔工具”擦除多余部分，以确保画面的整洁和协调。经过这一系列精心设计和调整，最终得到如图14-67所示的图像效果。若想了解详细的操作方法，建议观看本书配套的视频教程。

图14-67

14.3.6 实战：创意海报合成

扫码看资源

首先，插入沙漠和大海素材，利用“图层蒙版”巧妙地将两者结合。接着，通过“剪贴蒙版”和“画笔工具”精细调整，使天空和海面的色调和谐统一。然后，添加人物和水花素材，仔细调整它们的位置和大小，并使用“图层蒙版”擦除多余部分，确保画面的整洁。为了进一步突出人物，使用“内发光”样式为人物腿部边缘增添亮部，使其更加立体生动。

接下来，运用“填充”命令为整个画面填充50%的灰色，并将其改为“柔光”模式。通过“画笔工具”的精细涂抹，调整画面的亮暗部，营造出更加丰富的光影效果。随后，选择人物图层，利用“曲线”和“渐变映射”工具对人物颜色进行微调，使其更加符合整体色调。

最后，为了丰富画面的内容，插入箱子和海鸥素材，并仔细调整它们的位置和大小。经过这一系列精心设计和调整，得到如图14-68所示的效果，画面层次丰富，色彩和谐，给人以深刻的视觉享受。若想了解详细的操作方法，建议观看本书配套的视频教程。

图14-68

14.3.7 实战：制作水滴

扫码看资源

本例主要运用“阴影”和“内发光”等图层样式来精心制作花瓣上的水滴图形。通过巧妙运用“阴影”样式，为水滴增添了暗部，使其呈现更加真实的光影效果；而“内发光”样式的应用则进一步强化了水滴的亮部，使其看起来更加立体饱满。这一系列精细的调整和设计，共同构成了如图14-69所示的最终效果。若想了解详细的操作方法，建议观看本书配套的视频教程。

图14-69

14.3.8 实战：水晶花瓣标志

扫码看资源

本例主要通过运用“斜面和浮雕”等图层样式，巧妙地模拟出花瓣上的凸起效果，从而打造出具有立体感的特效花瓣。最终呈现的效果如图14-70所示，立体且生动，极大地提升了整体的视觉吸引力。若想了解详细的操作方法，建议观看本书配套的视频教程。

图14-70

14.3.9　实战：特效文字

扫码看资源

本例主要运用“图层样式”和“图层蒙板”来制作一张极具冲击感的特效文字广告。通过精心设计和调整，成功地打造出了如图 14-71 所示的效果，该效果具有强烈的视觉冲击力，能够迅速吸引观众的注意力，有效地传达广告信息。若想了解详细的操作方法，建议观看本书配套的视频教程。

图14-71

14.3.10　实战：立体特效字

扫码看资源

本例主要通过运用“渐变叠加”“图层样式”和“效果样式”等图层样式，精心制作了一张具有立体特效字体的海报。最终效果如图 14-72 所示，字体呈现出鲜明的立体感，整体视觉效果独特且引人注目，充分展现了设计的巧思和创意。若想了解详细的操作方法，建议观看本书配套的视频教程。

图14-72

14.3.11　实战：指南针图标

扫码看资源

本例主要通过运用“渐变叠加”“内阴影”和“投影”等图层样式，精心制作出一个立体的指南针按钮。最终效果如图 14-73 所示，按钮呈现出鲜明的立体感，视觉效果独特且引人注目，充分体现了设计的巧思与创意。若想了解详细的操作方法，建议观看本书配套的视频教程。

图14-73

14.3.12　实战：定位图标

扫码看资源

本例主要运用“渐变叠加”“内阴影”和“描边”等图层样式，精心设计并制作了一个具有立体效果的定位图标按钮。最终效果如图 14-74 所示，若想了解详细的操作方法，建议观看本书配套的视频教程。

图14-74

14.3.13　实战：创意相机图标

扫码看资源

本例主要通过运用“投影”“描边”和“渐变叠加”等图层样式，精心制作出一个具有立体效果的创意相机图标按钮。最终效果如图 14-75 所示，若想了解详细的操作方法，建议观看本书配套的视频教程。

图14-75

第15章 色彩与色彩调整

Photoshop 拥有强大的颜色调整功能。通过使用“曲线”和“色阶”等命令，用户可以轻松地调整图像的色相、饱和度、对比度和亮度，进而修正色彩失衡、曝光不足或曝光过度等图像缺陷。更神奇的是，它甚至能为黑白图像上色，并调整出奇幻独特的图像效果。

15.1 必懂色彩基础

色彩是设计中的重要元素之一，它不仅为作品增添美感和表现力，还能传达情感和营造意境。本节将深入剖析色彩理论，以助在设计创作中更精准地理解和运用色彩，从而创作出既富有表现力又具有感染力的设计作品。

15.1.1 色彩所代表的含义

红色代表着吉祥、喜气、热烈、奔放、激情、斗志和革命。在中国，红色象征着吉利、幸福和兴旺; 而在西方，它则寓意邪恶、禁止、停止和警告。此外，红色还传达出兴奋、幸运、小心、忠心、火热、洁净和感恩等情感，如图 15-1 所示。

图15-1

橙色是介于红色和黄色之间的混合色，也被称为橘黄或橘色。在自然界中，橙柚、玉米、鲜花果实、霞光和灯彩都呈现丰富的橙色。由于其明亮、华丽、健康、兴奋、温暖、欢乐和辉煌的色感，且容易打动人心，妇女们常喜欢以此色作为装饰色。它象征着温暖和幸福，如图 15-2 所示。

图15-2

黄色给人以轻快、透明、辉煌、充满希望的色彩印象。然而，由于此色过于明亮，有时也被视为轻薄或冷淡。在黄色中稍微添加其他色彩，便容易使其失去原有本色。此外，黄色本身也带有一种酸甜的食欲感，如图 15-3 所示。

图15-3

绿色是自然界中常见的颜色，它通常比新生嫩草的颜色略深，有时也呈现鲜艳的绿，或者在光谱中处于蓝色和黄色之间。绿色象征着和平、宁静、自然、环保、生命、成长、希望和青春，如图 15-4 所示。

青色清脆而不张扬，伶俐而不圆滑，给人一种清爽而不单调的感觉。在中国的古代文化中青色有着极其重要的地位和意义，如图 15-5 所示。

图15-4

图15-5

蓝色是永恒的象征，同时也是最冷的色彩。它非常纯净，常使人联想到海洋、天空、水和宇宙。纯净的蓝色展现出美丽、冷静、理智、安详与广阔。由于蓝色具有沉稳的特性，它传达出理智、准确的意象。在商业设计中，当需要强调科技、效率时，蓝色常被选作商品或企业形象的标准色、企业色，例如计算机、汽车、影印机、摄影器材等。另外，蓝色在西方文化中也代表忧郁，这一意象在文学作品或感性诉求的商业设计中也有所运用，如图 15-6 所示。

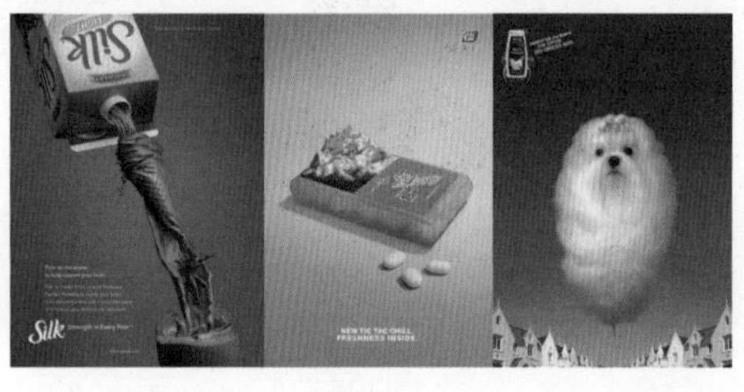

图15-6

紫色给人豪华、美丽、忧心、平安、爱、悔改、谦卑、仰望以及热情和热忱的感觉，如图 15-7 所示。

黑色是黑暗的象征，既代表着死亡与悲伤等消极情感，同时又蕴含着一种包含所有色彩的尊贵之感。作为无彩色的一种，黑色吸收了所有的光线，因此在某些国家和地区被视为不吉利的色彩。然而，黑色也代表着崇高、坚实、严肃、刚健和粗犷，如图 15-8 所示。

图15-7

图15-8

白色包含七色光中的所有波长，堪称是理想的色彩。色彩是通过光的反射产生的，而白色象征着光芒，被人们赞誉为代表正义和净化的颜色。白色代表着纯洁、纯真、朴素、神圣和明快，如图 15-9 所示。

图15-9

灰色是介于白色与黑色之间的色调，它中庸而低调，同时象征着沉稳而认真的性格。不同明度的灰色会带给人不同的感觉。灰色代表着忧郁、消极，也代表着谦虚、平凡、沉默和中庸，有时还有寂寞的含义，如图 15-10 所示。

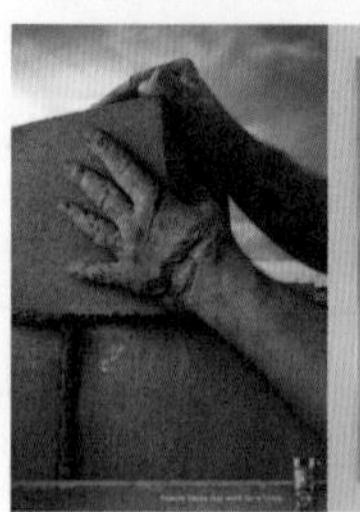

图15-10

15.1.2 色彩的冷暖

从色调上来看，色彩可以分为冷调和暖调两大类。红、橙、黄被归为暖调，而青、蓝、紫则属于冷调，绿色被视为中间调。色彩对比的规律是，在暖调的环境中，冷调的主体会显得特别醒目；相反，在冷调的环境中，暖调的主体会更为突出。

冷色和暖色其实是一种色彩感觉，例如，朱红色就比玫瑰红色更显得暖一些，而柠檬黄色则比土黄色更显得冷一些。画面中冷色和暖色的分布比例决定了画面的整体色调，这就是我们通常所说的暖色调和冷色调。运用冷暖对比色可以使画面更加具有层次感。这种利用冷暖差别形成的色彩对比被称为冷暖对比。

色彩的冷暖对比程度可以分为强对比、极强对比和弱对比。强对比是指暖极对应的颜色与冷色区域的颜色进行对比；极强对比则是指暖极与冷极之间的直接对比；与色彩的冷暖强对比搭配相反，还存在一种色彩的冷暖弱对比搭配，这种搭配没有强烈的视觉刺激，给人一种比较舒缓的感觉。冷暖对比的页面效果如图 15-11 所示。

图15-11

15.1.3 色彩的基本属性：三大要素

色彩三大要素指的是色相、明度和纯度。它们各自具有不同的属性，下面对这三个要素进行详细介绍。

1．色相

色相是色彩的首要特征，它指的是能够确切表示某种颜色类别的名称，既体现了各种颜色之间的区别，也反映了不同波长的色光被人感知的效果。色相由色彩的波长决定，红、橙、黄、绿、青、蓝、紫等颜色代表了具有不同特性的色相，它们构成了色彩体系中的基础色相，通常由纯色来表示。色相不仅是辨识色彩的基本元素，也是区分不同色彩的名称。

在圆形图中，三原色被定位在对等的三分位置上，由此可以演变为六色色相、十二色色相、二十四色色相等，如图 15-12 所示。为了方便理解和说明，色彩学家们选择了最基本的十二色相环，并将其定义为基础色相。这十二色相分别为黄、黄橙、橙、红橙、红、红紫、紫、蓝紫、蓝、蓝绿、绿和黄绿，如图 15-13 所示。

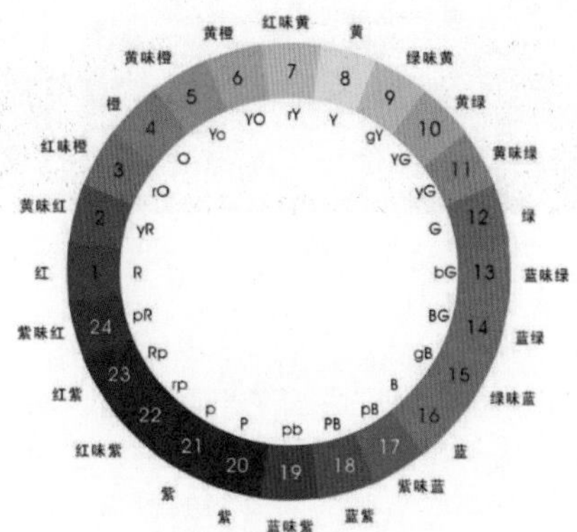

图15-12

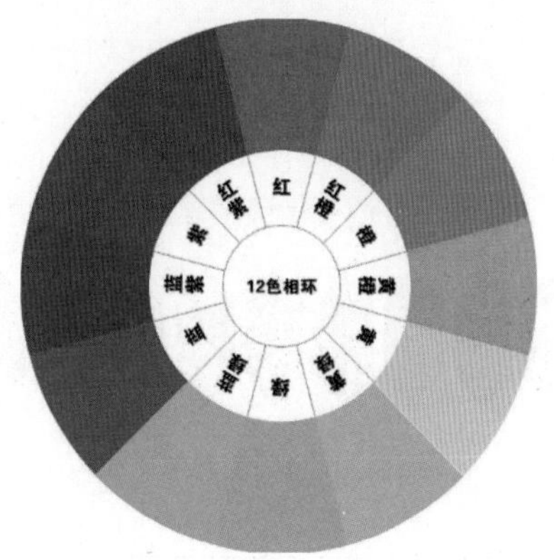

图15-13

2．明度

明度即色彩的明暗差别，也即深浅差别。这种差别包含两个方面：一是指某一色相的深浅变化，例如，粉红、大红、深红虽然都属于红色，但它们的深浅程度逐一递增；二是指不同色相之间存在的明度差别，例如在六标准色中，黄色的明度最高，显得最浅，而紫色明度最低，显得最深。橙色和绿色、红色和蓝色的明度则相近。

明度的高低直接影响着色彩的视觉效果：明度越低，色彩显得越暗；明度越高，色彩则显得越亮。例如，在一些女装和儿童用品的电商店铺中，常会使用鲜亮的颜色，以营造绚丽多彩、生机勃勃的氛围。在某些网店活动期间的宣传海报上，也可以看到同一色彩通过明显的明暗变化来突出重点，如图 15-14 所示。

图15-14

3．纯度

纯度通常指的是色彩的鲜艳程度。从科学角度来说，一种颜色的鲜艳度取决于该色相发射光的单一性程度。人眼能够辨别的具有单色光特征的色彩，都具有一定的鲜艳度。不同的色相不仅在明度上有所差异，其纯度也不尽相同。

一般来说，我们将色彩的纯度划分为九个阶段：7 至 9 阶段属于高纯度，4 至 6 阶段为中纯度，而 1 至 3 阶段则为低纯度，如图 15-15 所示。这样的划分有助于我们更精确地理解和运用色彩。

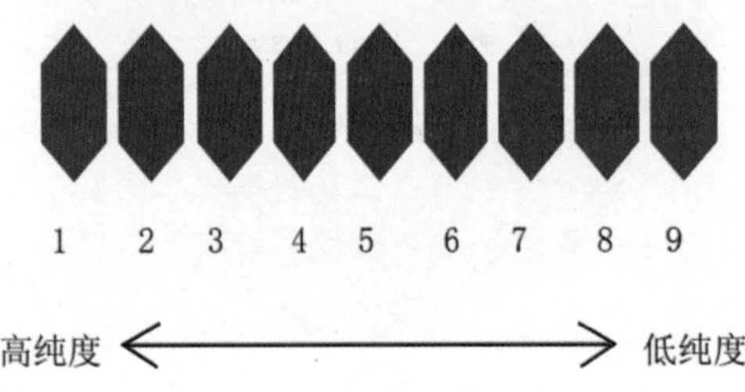

图15-15

色彩成分的比例与色彩的纯度之间确实存在直接关系。具体来说，某一色彩成分在整体中所占的比例越大，那么该色彩的纯度就越高，如图 15-16 所示；反之，如果某一色彩成分的比例较小，与其他色彩混合的程度较高，那么该色彩的纯度就会相对较低，如图 15-17 所示。

图15-16

图15-17

15.1.4 色彩模式

1．RGB 模式

众所周知，红、绿、蓝被称为光的三原色。绝大多数可视光谱都可以通过红色、绿色和蓝色（RGB）三色光以不同的比例和强度混合来产生。当这三种颜色重叠时，会产生青色、品红、黄色和白色。因为 RGB 颜色的合成能够产生白色，所以它们也被称为“加色模式”。加色模式主要应用于光照、视频和显示器等领域。例如，显示器就是通过红色、绿色和蓝色荧光粉发射光线来产生各种颜色的。

在 RGB 模式中，彩色图像的每个像素的 RGB 分量都会被赋予一个介于 0（代表黑色）到 255（代表白色）之间的强度值。例如，亮红色可能有一个 R 值为 246，G 值为 20，而 B 值为 50。当这三个分量的值相等时，会产生中性灰色。如果所有分量的值都达到 255，则会产生纯白色；相反，如果这些值都为 0，则会产生纯黑色。

RGB 图像利用三种颜色或通道，可以在屏幕上重新生成多达 1670 万种颜色（即 256×256×256）。这三个通道可以转换为每像素 24 位（8×3）的颜色信息。在 Photoshop 中新建的图像默认采用 RGB 模式。

如果需要将一张多通道模式的文件转换为 RGB 颜色模式，可以打开该文件，如图 15-18 所示，然后执行“图像”→“模式”→“RGB 颜色”命令，即可完成转换，如图 15-19 所示。

图15-18

图15-19

2. CMYK 模式

CMYK 模式是基于打印在纸上的油墨的光线吸收特性而设计的。当白光照射到半透明油墨上时，光线中的一部分色谱被吸收，而另一部分则被反射回我们的眼睛。从理论上讲，纯青色（C）、品红（M）和黄色（Y）色素的合成会吸收所有光线并产生黑色，因此这些颜色被称作“减色”。然而，由于所有打印油墨都含有一定的杂质，这三种油墨实际上混合后产生的是土灰色。为了获得真正的黑色，我们必须在油墨中加入黑色（K）油墨（为了避免与蓝色混淆，黑色用 K 而非 B 来表示）。将这些油墨混合以重现色彩的过程被称为四色印刷。减色（CMY）与加色（RGB）是互补的，每对减色会生成一种对应的加色，反之亦然。

在 CMYK 模式中，每个像素的每种印刷油墨都会被赋予一个百分比值。对于最亮（高光）的颜色，所指定的印刷油墨颜色的百分比会较低，而对于较暗（阴影）的颜色，所指定的百分比则较高。例如，亮红色可能包含 2% 的青色、93% 的品红、90% 的黄色和 0% 的黑色。在 CMYK 图像中，当四种分量的值都为 0% 时，就会产生纯白色。

当准备要用印刷色进行打印的图像时，应该使用 CMYK 模式。将 RGB 图像转换为 CMYK 模式会产生分色效果。如果创作过程是从 RGB 图像开始的，那么最好先进行编辑，然后再将其转换为 CMYK 模式。图 15-20 和图 15-21 分别展示了 RGB 彩色模式和 CMYK 模式的示意图。

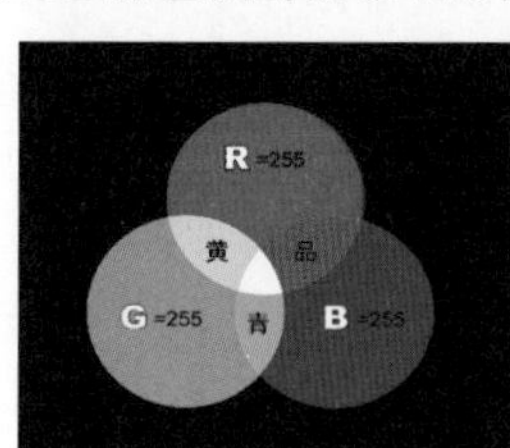

图15-20

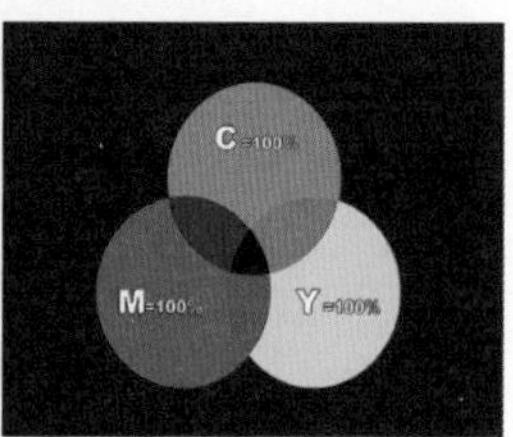

图15-21

3. Lab 颜色模式

Lab 颜色模式是一种包含颜色范围非常广的模式，它也是 Photoshop 在进行不同颜色模式转换时所使用的中间模式。

Lab 颜色由亮度（或称光亮度）分量和两个色度分量组成。其中，L 代表光亮度分量，其数值范围从 0 到 100。而 a 分量代表从绿色到红色再到黄色的光谱变化，b 分量则代表从蓝色到黄色的光谱变化，a 和 b 的范围都是 +120 到 -120。如果我们只需要改变图像的亮度而不影响其他颜色值，那么可以将图像转换为 Lab 颜色模式，并仅在 L 通道中进行操作。

Lab 颜色模式的最大优点在于其颜色与设备无关。这意味着，无论我们使用何种设备（例如显示器、打印机、计算机或扫描仪）来创建或输出图像，这种颜色模式所产生的颜色都能保持一致。

4. 多通道模式

多通道是一种减色模式。当将 RGB 模式转换为多通道模式后，可以得到青色、品红和黄色通道。此外，如果删除 RGB、CMYK 或 Lab 颜色模式中的某个颜色通道，图像会自动转换为多通道模式。在多通道模式下，每个通道都使用 256 级灰度。图 15-22 和图 15-23 展示了 RGB 模式转换为多通道模式的过程。

图15-22

图15-23

15.1.5 实战：RGB 颜色表使用技巧

本例利用 RGB 颜色模式对图像中的皮包进行改色，具体的操作步骤如下。

01 启动Photoshop 2024，打开相应的素材图片，如图15-24所示，将前景色设置为#228b22，新建空白图层，在工具箱中选中“快速选择工具”，选中皮包区域，单击“图层”面板中的“创建新图层”按钮，并填充颜色。

02 将该图层的“混合模式”改为“颜色”，最后使用“画笔工具”修补空缺颜色部分，如图15-25所示。

15.1.6 认知色相环

色环是将彩色光谱中所见的长条形色彩序列首尾相连形成的环形色彩序列，即红色连接到另一端的紫色。色环通常包含 12~24 种不同的颜色。基色被定义为最基本的颜色，按一定比例混合这些基色，可以产生任何其他颜色。

图15-24

图15-25

色相环因颜色系统的不同而有所区分。例如，在美术中有红黄蓝（RYB）色相环，而在光学和计算机 Photoshop 软件中则使用红绿蓝（RGB）色相环，印刷领域则采用 CMYK 色相环，如图 15-26 和图 15-27 所示。在使用色相环时，务必注意不同种类的色相环及其之间的区别。

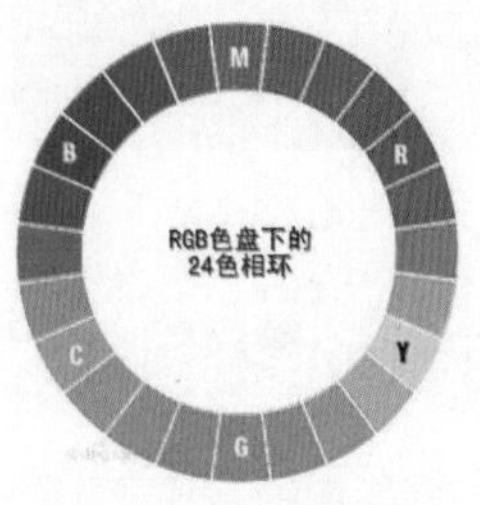

图15-26

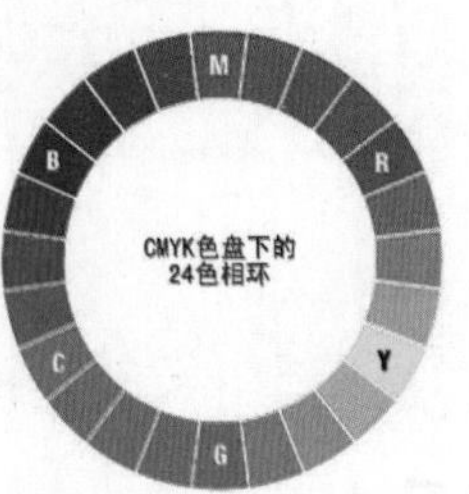

图15-27

15.1.7 色彩的基本关系

1. 同类色

同类（色）关系指的是同种色相的对比，即一种色相在不同明度或纯度下的变化对比，这是色相中最微弱的对比。在色相环中，这种色相对比的距离大约是 15°。由于对比的两色相距很近，色相的差异较为模糊。例如，蓝色与浅蓝色（蓝色 + 白色）的对比，橙色与咖啡色（橙色 + 灰色）的对比，或者绿色与粉绿色（绿色 + 白色）与墨绿色（绿色 + 黑色）的对比。

2. 近似色

近似（色）关系在色相环上的色相对比距离约为 30°，属于弱对比类型。例如，红橙色、橙色及黄橙色的对比。近似色与同类色都会给人一种雅致、稳重的感觉。

3. 对比色

对比（色）关系在色相环上色相距离约 120°，也被称为大跨度色域对比。例如，黄绿色与红紫色的对比，这属于色相的中强对比。这种对比具有鲜明的色相感，效果强烈、醒目、有力、活泼、令人兴奋，但长时间观看可能会产生视觉疲劳。如果处理不当，可能会给人带来烦躁、不安定的感觉。在搭配时，要注意在强烈对比下达到和谐的效果，使整个妆面更加协调。

4. 互补色

互补色是指在色相环中色相距离 180°的颜色，这是色相中最强的对比关系，也是色相对比的极致表现，属于极端对比类型。例如，红色与蓝绿色、黄色与蓝紫色的对比。互补色的搭配能使色彩的对比达到最大的鲜艳程度，强烈刺激人的感官，引起人们对色彩的重视。

15.1.8 查看色彩的 RGB 数值

RGB 分别是英文红（red）、绿（green）、蓝（blue）三个单词的首字母。红色、绿色和蓝色又被称为“三原色光”。在计算机屏幕上，任何一个颜色都可以通过一组 RGB 值来记录和表达。在 Photoshop 中查看色彩的 RGB 数值的操作步骤如下。

01 执行“文件”|“打开”命令，选择一张素材图像，单击“打开”按钮，打开一张素材图像。

02 选中“颜色取样器工具”，在图片中要查看RGB数值的地方单击，此时出现的“信息”面板中会显示出该位置的RGB数值，如图15-28所示。

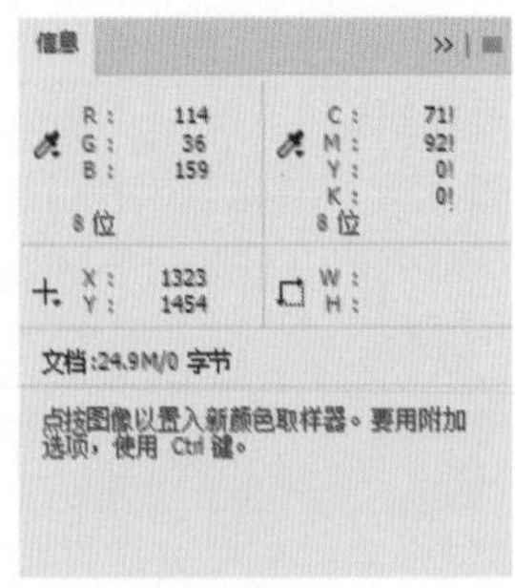

图15-28

03 要删除图片中的颜色取样标记符号，可单击工具属性栏中的“清除全部”按钮。

15.2 调色命令

在“图像”菜单中包含了一系列用于调整图像色彩和色调的命令。在基本的调整命令中，“自动色调”“自动对比度”和“自动颜色”这三个命令能够自动地对图像的色调或色彩进行调整，而“亮度/对比度”和“色彩平衡”命令则提供了对话框，允许用户进行更为精细的调整。

15.2.1 调整命令的分类

在 Photoshop 中，“图像”菜单包含了一系列用于调整图像色彩和色调的命令。这些不同的命令各自具有独特的选项和操作特点。我们可以直接在“图像”菜单下执行“自动色调”“自动对比度”和“自动颜色”等快速调整命令，也可以通过执行“图像”→“调整”菜单中的其他命令进行更详细的调整，如图 15-29 所示。此外，还可以执行“窗口”→“调整”命令来打开“调整”面板，并通过该面板提供的命令添加调整图层进行调整，如图 15-30 所示。

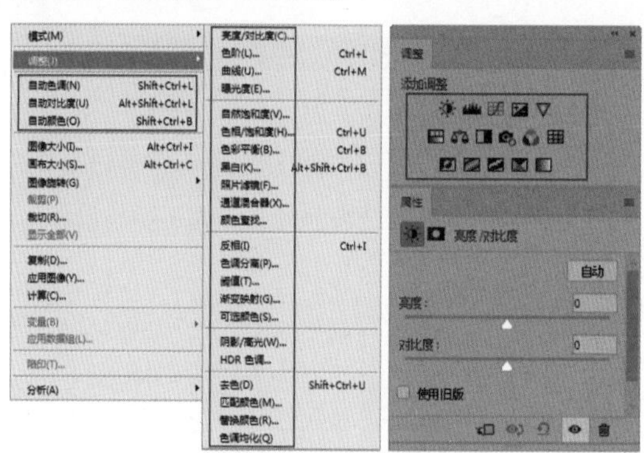

图15-29　　图15-30

调整命令主要分为以下几种类型。

※ 调整颜色和色调的命令：包括“色阶”和“曲线”命令，这两个命令都可用于调整图像的颜色和色调；“色相/饱和度”和“自然饱和度”命令则专门用于调整图像的色彩。另外，“阴影/高光”和“曝光度”命令主要用于调整图像的色调。

※ 匹配、替换和混合颜色的命令：“匹配颜色”“替换颜色”“通道混合器”和“可选颜色”等命令能够用于匹配不同图像之间的颜色，替换图像中的特定颜色或对颜色通道进行调整。

※ 快速调整命令：包括“自动色调”“自动对比度”和“自动颜色”，这些命令可以自动调整图像的颜色和色调，非常适合初学者进行简单的调整。而“照片滤镜”“色彩平衡”和“变化”命令则用于调整图像的色彩，它们的使用方法简单直观。此外，“亮度/对比度”和“色调均化”命令也是用于调整图像色调的有效工具。

※ 应用特殊颜色调整命令：“反相”命令可将图片转换为负片效果；“阈值”命令能够将图片简化为黑白图像；“色调分离”命令用于分离图像中的色彩；而“渐变映射”命令则可以用渐变颜色替换图片中原有的颜色。这些都是特殊的颜色调整命令，能创造出独特的视觉效果。

15.2.2 实战：自动调色

扫码看资源

“自动色调”命令可以让 Photoshop 自动且迅速地扩展图像的色调范围。该命令会使图像中最暗的像素变为纯黑（色阶值为 0），最亮的像素变为纯白（色阶值为 255），并在黑色和白色之间均匀地分布中间色调。对于那些明显缺乏对比度、显得灰暗或暗淡的图像，“自动色调”命令的调整效果尤为显著。然而，由于该命令是分别设置每个颜色通道中的最亮和最暗像素为白色和黑色，并按比例重新分配所有像素的色调值，因此可能会对图像的色彩平衡产生影响。

要使用“自动色调”命令，可以执行“图像”→“自动色调”命令，或者按快捷键 Shift+Ctrl+L。图 15-31 展示了原始图像，而图 15-32 则展示了执行“自动色调”命令后的调整效果。

图15-31

图15-32

15.2.3 实战：自动对比度

扫码看资源

“自动对比度”命令可以自动调整图像的对比度，使图像中的高光区域看起来更加明亮，而阴影区域则显得更暗。要执行“自动对比度”命令，可以执行“图像”→“自动对比度”命令，或者按快捷键Alt+Shift+Ctrl+L。如图15-33所示为原始图像，而图15-34则展示了执行“自动对比度”命令后的调整效果。

图15-33

图15-34

15.2.4 色阶

“色阶”命令是一个非常强大的用于调整颜色和色调的工具。它允许用户对图像的阴影、中间调和高光部分的强度级别进行精细调整。要执行“色阶”命令，可以执行“图像”→“调整”→“色阶”命令，或者按快捷键Ctrl+L来打开“色阶”对话框，如图15-35所示。

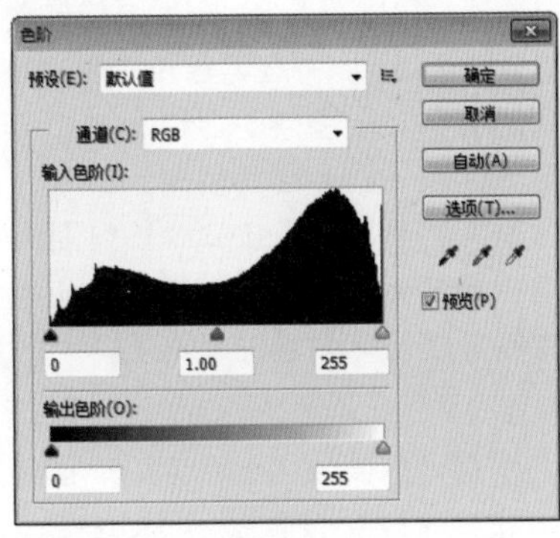

图15-35

“色阶”对话框中主要选项的含义如下。

※ 通道：此选项允许用户选择需要调整的颜色通道。系统默认为复合颜色通道。当调整复合通道时，各个颜色通道中的相应像素会按比例自动调整，以确保图像的色彩平衡不被破坏。

※ 输入色阶：可以通过拖动输入色阶下方的3个滑块来调整图像的色阶，也可以直接在输入色阶框中输入具体的数值来分别设置阴影、中间色调和高光的色阶值。此外，直方图面板在此处用于直观地展示图像的色调范围以及各色阶的像素数量。在某些情况下，尽管图像已经涵盖了从高光到阴影的全部色调范围，但由于曝光不当，图像可能整体显得过暗（曝光不足）或过亮（曝光过度）。这时，可以通过移动输入色阶的中间色调滑块来调整灰度系数，从而达到调整图像亮度的目的。具体来说，向左移动该滑块可以提亮图像，而向右移动则会使图像变暗。

※ 输出色阶：通过拖动输出色阶的两个滑块，或者直接输入相应的数值，可以设置图像的最高和最低色阶。向右拖动黑色滑块会减少图像中的阴影色调，从而使图像整体变亮；相反，向左拖动白色滑块则会减少图像中的高光部分，使图像整体变暗。

※ 自动：单击此按钮，系统会自动调整图像的对比度和明暗度，以便快速优化图像的视觉效果。

※ 选项：单击该按钮后，会弹出“自动颜色校正选项”对话框，如图15-36所示，这个对话框提供了更多高级选项，允许用户进行更为精细的图像色调调整。

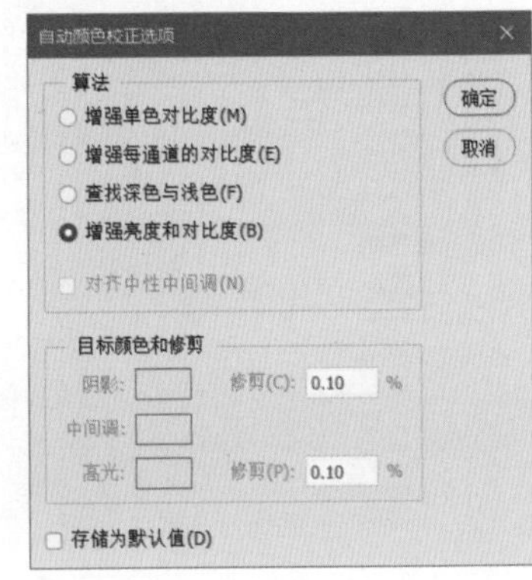

图15-36

※ 取样吸管：这组工具从左到右依次为“黑色吸管”、“灰色吸管”和“白色吸管”。使用方法是，单击选择其中一个吸管工具，然后将鼠标指针移至图像窗口中，此时鼠标指针会变为相应的吸管形状。在图像上单击，即可完成对应的色调调整。

在拍摄照片的过程中，偏色现象是常有的。

这时，“灰色吸管”就显得尤为有用。通过该工具，用户可以定义图像中的中性灰色，以此来校正图像的偏色问题。所谓中性灰色，指的是各颜色分量相等的颜色。在 RGB 颜色模式下，即 R=G=B，例如中灰色（RGB：125、125、125）。

利用“灰色吸管”纠正偏色时，关键在于准确找到图像中的中性灰色区域。用户可以通过多次单击来筛选，也可以根据日常生活经验来判断。

在“自动颜色校正选项”对话框中，“算法”用于定义如何增强对比度；“目标颜色和剪贴”则允许用户分别设置阴影、中间调和高光的颜色，以及剪贴的百分比；而“存储为默认值”选项则可以将当前的参数设置保存为自动颜色校正的默认配置。

15.2.5 实战：使用“色阶”创建粉嫩色调

扫码看资源

本例将通过执行“色阶”命令来调整一张色彩偏深且杂乱的图片，如图 15-37 所示，使其转变为粉嫩色调。原图中，人物的肤色显得偏暗。经过调色处理后，整张图片将变得通透干净，呈现出如图 15-38 所示的效果。若想了解详细的操作方法，建议观看本书配套的视频教程。

图15-37

图15-38

15.2.6 曲线

“曲线”是 Photoshop 中一个功能强大的调整工具，它集成了“色阶”“阈值”和“亮度 / 对比度”等多个命令的功能。在曲线上，用户可以添加多达 14 个控制点，以便对色调进行极为精确的调整。要打开“曲线”对话框，可以执行“图像”→“调整”→“曲线”命令，或者按快捷键 Ctrl+M。在弹出的对话框中，如图 15-39 所示，只需在曲线上单击即可添加控制点。通过拖动这些控制点，可以改变曲线的形状，进而达到调整图像的目的。若要选择控制点，只需单击该点即可。如果想选择多个控制点，可以在按住 Shift 键的同时进行单击。选择控制点后，按 Delete 键即可将其删除。

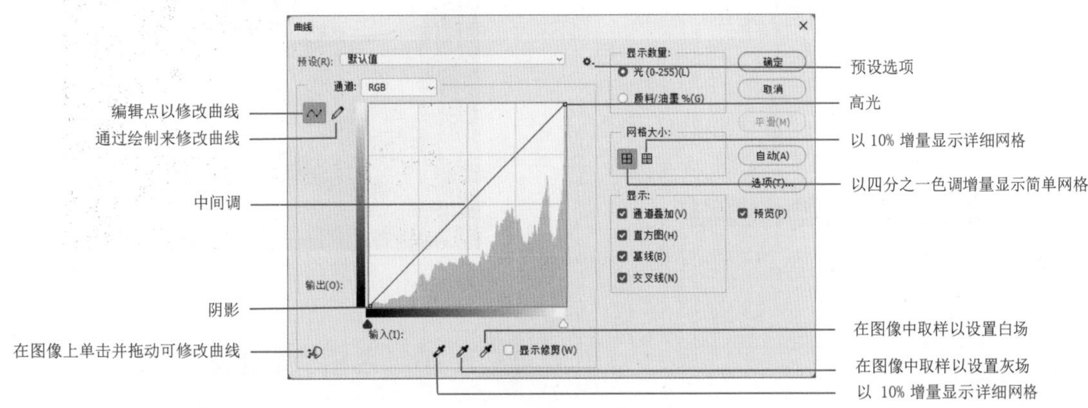

图15-39

15.2.7 实战：使用“曲线”命令调色

本例将通过调整“曲线”命令中的“红”“绿”“蓝”通道，来提升画面的亮度并改变画面的色相，从而将如图 15-40 所示的原图调整为一张具有复古色调的海报。经过“曲线”命令的调整后，效果图将呈现出如图 15-41 所示的独特复古风格。若想了解详细的操作方法，建议观看本书配套的视频教程。

图15-40

图15-41

15.2.8 自然饱和度

“自然饱和度”命令能够对画面进行有针对性的饱和度调整。该命令的特点在于，它会对已经接近完全饱和的色彩减小调整力度，而对饱和度较低的色彩则进行更大幅度的调整。此外，“自然饱和度”命令还具备对皮肤肤色的保护作用，确保在调整过程中肤色不会因过度饱和而失真。执行“图像”→“调整”→“自然饱和度”命令，会弹出“自然饱和度”对话框，如图 15-42 所示。

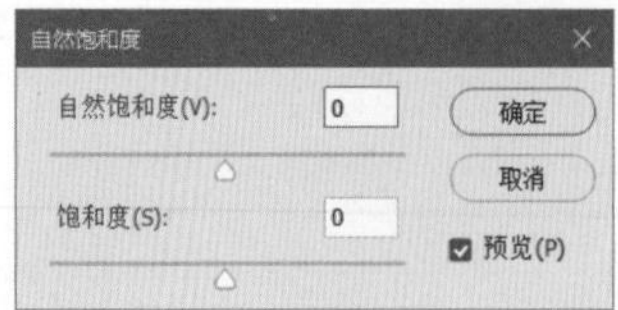

图15-42

“自然饱和度”对话框中主要选项的含义如下。

※ 自然饱和度：若要提高不饱和颜色的饱和度，同时保护那些已经高度饱和的颜色或肤色，避免它们受到过大影响，只需向右拖动滑块即可。这样做能够有选择性地增强色彩的鲜艳度，而不会导致过度饱和。

※ 饱和度：此选项会同时提高所有颜色的饱和度，无论画面中各颜色的原始饱和度如何，都会进行统一的调整。这一功能与“色相 / 饱和度”工具相似，但相比之下，其调整效果更为精准自然，能有效避免出现明显的色彩失真或错误。

15.2.9 实战：使用“自然饱和度”命令调节人像色彩

本例将利用“自然饱和度”命令对图像色彩进行调节，通过降低画面的饱和度并提高明暗对比度，来打造出一张富有故事感的照片。如图 15-43 所示为原始图像，而经过“自然饱和度”命令调整后的效果图则如图 15-44 所示。若想了解详细的操作方法，建议观看本书配套的视频教程。

图15-43

图15-44

15.2.10 色相 / 饱和度

执行“图像”→“调整”→“色相 / 饱和度”

命令，或者按快捷键Ctrl+U，将弹出“色相/饱和度”对话框，如图15-45所示。

图15-45

“色相/饱和度”对话框中主要选项的含义如下。

※ 全图：单击此选项后的箭头按钮，可以在下拉列表中选择全图、红色、黄色、绿色、青色、蓝色和洋红色通道进行调整。

※ 色相/饱和度/明度：通过拖曳对话框中的“色相”“饱和度”和“明度”滑块，或者在其对应的文本框中输入具体数值，可以对所选通道的色相、饱和度和明度进行精细调整。

※ 吸管工具：单击“吸管工具”按钮，在图像上单击，可选定一种颜色作为调整的范围；单击“添加到取样”按钮，在图像上单击，可以在原有颜色变化范围上增加当前单击颜色的范围；单击“从取样中减去”按钮，可以在原有颜色变化范围上减去当前单击颜色的范围。

※ 单击“吸管工具”按钮后，在图像上单击可以选择一种颜色作为调整的范围。单击“添加到取样”按钮，并在图像上单击，可以将当前单击的颜色范围添加到原有的颜色变化范围中。而单击“从取样中减去”按钮，则可以在原有的颜色变化范围中减去当前单击的颜色范围。

※ 着色：选中该复选框后，图像会整体偏向单一的色调，通常用于创建特殊的色彩效果，如整体偏向红色调，从而实现创意的色彩调整。

15.2.11 实战：使用“色相/饱和度”命令调节照片色彩

本例使用“色相/饱和度”命令来调整画面，通过增强画面的饱和度，使原本颜色灰暗的食物焕发鲜艳色彩，进而让画面充满食欲和购买欲。如图15-46所示为原始图像，经过“色相/饱和度”命令精细调整后的效果如图15-47所示。若想了解详细的操作方法，建议观看本书配套的视频教程。

图15-46

图15-47

15.2.12 色彩平衡

“色彩平衡”命令允许用户增加或减少图像中高亮度区域、中间色调以及暗部区域中的特定颜色，从而调整图像的整体色调。执行“图像”→“调整”→“色彩平衡”命令，弹出“色彩平衡”对话框，如图15-48所示。在此对话框中，可以通过调整不同色彩通道的滑块来改变图像中各区域的颜色分布。该对话框中的“色彩平衡”选项区域，用于调整“青色-红色”“洋红-绿色”和“黄色-蓝色”在图像中所占的比例，可以手动输入具体数值，也可以拖曳滑块来进行调整。

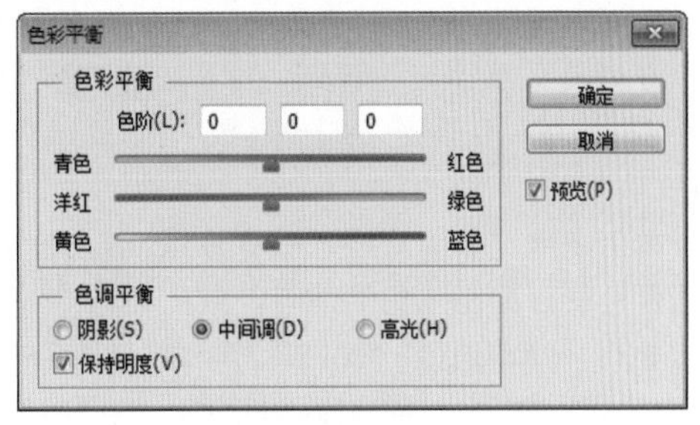

图15-48

15.2.13 实战：使用“色彩平衡”命令调节彩妆效果

本例运用“色彩平衡”命令对画面中人物的面部彩妆进行了改色处理。该命令能够针对特定区域进行精细的颜色调整，从而有效调节人物彩妆的颜色效果。如图15-49所示为原始图像，而图15-50则展示了使用“色彩平衡”命令调整后的效果图。若想了解详细的操作方法，建议观看本书配套的视频教程。

图15-49

图15-50

15.2.14 照片滤镜

执行“图像”→“调整”→“照片滤镜”命令，可以弹出“照片滤镜”对话框，如图 15-51 所示。该命令能够模拟在相机镜头前加装彩色滤镜的效果，通过调整镜头传输中的光色彩平衡、色温和胶片曝光，迅速改变照片的整体色调倾向，为图像带来独特的视觉效果。

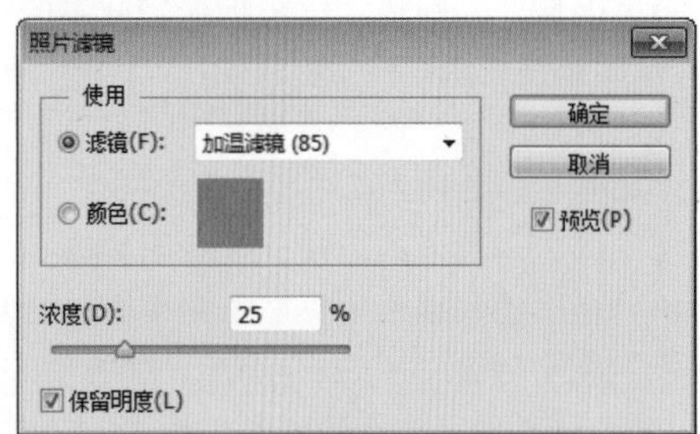

图15-51

15.2.15 实战：使用“照片滤镜”命令调节冷暖对比

本例利用“照片滤镜”命令来调整画面色彩。原图像色调偏暖，我们通过执行“冷却滤镜”命令来消除暖色调，从而制作出一张冷色调的图片。如图 15-52 所示为原始图像，经过“照片滤镜”命令调整后，效果如图 15-53 所示，展现了全新的冷色调风格。若想了解详细的操作方法，建议观看本书配套的视频教程。

扫码看资源

图15-52

图15-53

15.2.16 可选颜色

“可选颜色”命令是用于校正颜色平衡的高级工具，它主要针对 RGB、CMYK 以及黑、白、灰等关键颜色成分进行精细调节。此命令允许用户选择性地增加或减少图像中某一主色调的特定印刷颜色含量，而且这一调整不会影响该印刷色在其他主色调中的表现。例如，可以利用“可选颜色”命令显著减少或增加黄色中的青色成分，同时保持其他颜色中的青色成分不受影响。执行“图像”→“调整”→“可选颜色”命令，将弹出“可选颜色”对话框，如图 15-54 所示。

图15-54

“可选颜色”对话框中主要选项的含义如下。

※ 颜色：在“颜色”下拉列表中选择要调整的颜色种类。然后，通过拖动对话框中的 4 个滑块，可以分别减少或增加青色、洋红、黄色或黑色的油墨含量。

※ 相对：选中该复选框时，将按照总量的百分比来更改现有颜色的含量。例如，如果图像中洋红的原始含量为 50%，在“颜色”下拉列表中选择“洋红”选项后，将洋红滑块拖曳至 10%，则会在原有基础上增加 5% 的洋红，因此最终图像中的洋红含量将是 50% 的 10%（即 5%）加上原有的 50%，总计 55%。

※ 绝对：选中该复选框时，会以绝对值来调整特

定颜色中的增加或减少的百分比数值。以上述增加洋红的例子来说，如果选中该复选框，并且洋红滑块被拖动至10%，则图像中的洋红含量将直接增加10%，最终含有60%的洋红（即原有的50%加上新增的10%）。

“可选颜色”命令是通过调整印刷油墨的含量来精准控制颜色的工具。运用这一命令调整图像颜色，可以使其呈现一种兼具时尚与颓废气息的后现代色彩意境，非常适合制作具有后现代风格的海报。

15.2.17 实战：使用“可选颜色”命令表现 LOMO 风格照片

本例通过执行“可选颜色”命令，成功调出一张具有 LOMO 风格的照片，其特点是中间明亮而四周呈现暗角效果，并且整体色调明显偏向蓝黄色。如图15-55 所示为原始图像，而经过“可选颜色”命令的精心调整后，效果如图 15-56 所示，充分展现了 LOMO 风格的独特魅力。若想了解详细的操作方法，建议观看本书配套的视频教程。

扫码看资源

图15-55

图15-56

15.2.18 阴影 / 高光

执行“图像”→“调整”→“阴影 / 高光”命令，会弹出“阴影 / 高光”对话框，如图 15-57 所示。若选中“显示更多选项”复选框，则可以展现“阴影 / 高光”的全部调整选项，如图 15-58 所示。此命令专为处理因摄影时光线运用不当而导致的照片局部亮度过高或过低的问题。在调整阴影区域时，对高光部分的影响微乎其微；同样，调整高光区域时，也几乎不影响阴影部分。“阴影 / 高光”命令能够依据阴影或高光区域内的相邻像素来逐个校正每个像素，从而实现精细的局部调整。

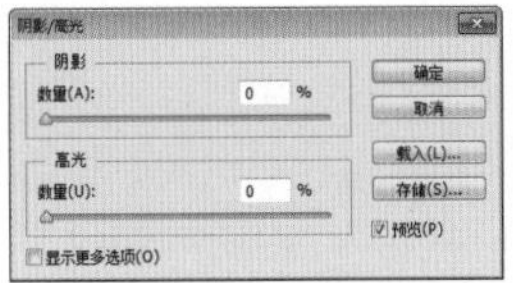

图15-57

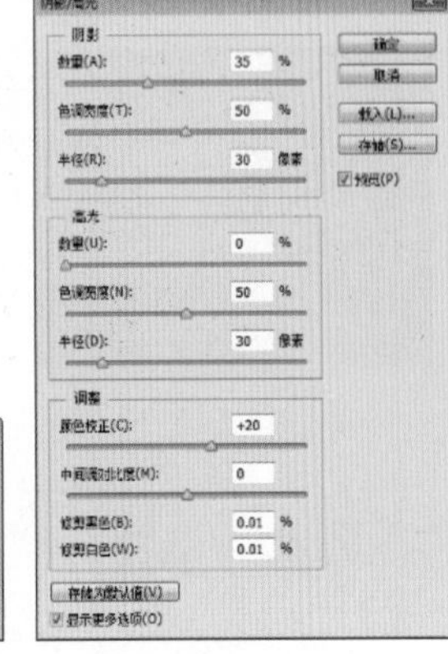

图15-58

“阴影 / 高光”对话框中主要选项的含义如下。

※ 阴影：“数量”参数用于调控阴影区域的明亮度。数值设置得越大，阴影部分就会显得越亮。

※ 高光：“数量”参数则控制着高光区域的暗度。数值越大，高光区域会显得越暗。

※ 调整：“颜色校正”参数旨在对已修改的区域进行色彩调整；而“中间调对比度”参数则用于调整图像中间调的对比度，以增强或减弱画面的层次感；“修剪黑色”和“修剪白色”参数则决定了在图像处理过程中，将多少阴影和高光部分剪切并融合到新的阴影中，这有助于平衡图像的明暗分布。

※ 存储为默认值：若希望将对话框中的当前参数设置保存为默认配置，可单击此按钮。一旦存储为默认值，后续再次打开“阴影 / 高光”对话框时，将自动加载这些预设参数，便于快速应用相同的调整设置。

15.2.19 实战：使用“阴影 / 高光”命令调节偏暗图像

“阴影 / 高光”命令尤其适用于处理因逆光摄影而产生的剪影照片。在这类照片中，背景光线强烈，而主

扫码看资源

体及其周围的图像则因逆光而显得光线黯淡。通过“阴影 / 高光”对话框，可以分别设置“阴影”和“高光”参数，从而有效修复逆光问题导致的图像缺陷。如图 15-59 所示为原始图像，经过“阴影 / 高光”命令的调整后的效果如图 15-60 所示，可以明显看到逆光问题得到了显著改善。若想了解详细的操作方法，建议观看本书配套的视频教程。

图15-59

图15-60

15.2.20 去色

执行“图像”→“调整”→“去色”命令，可以移除图像的色彩，使彩色图像转变为黑白图像，同时并不改变图像的颜色模式。该命令通过为 RGB 图像中的每个像素指定相同的红色、绿色和蓝色值来实现去色效果，从而得到一幅灰度图像。

15.2.21 实战：使用“去色”命令制作怀旧照片

本例利用“去色”命令迅速将彩色照片转换为黑白图像，随后为画面增添了折痕效果，以制作出具有怀旧风格的照片。图 15-61 展示了原始图像，而经过“去色”命令处理并添加折痕效果后的最终效果如图 15-62 所示，呈现独特的复古氛围。若想了解详细的操作方法，建议观看本书配套的视频教程。

扫码看资源

图15-61

图15-62

15.3 图像的特殊调整命令

特殊调整命令能够修改图像中的颜色或亮度值，它们主要用于创造独特的颜色和色调效果，而并非用于常规的颜色校正。在本节中，将通过具体案例来深入解析几种常用的特殊调整命令的应用方法。

15.3.1 实战：使用“反相”命令抠头发

执行“图像”→“调整”→“反相”命令，或者按快捷键 Ctrl+I，可以执行“反相”命令。“反相”命令能够反转图像中的颜色，例如，将一个正片黑白图像转变为负片效果，或者从扫描的黑白负片中还原出正片的效果。此外，“反相”命令在图像处理中还有一个实用功能，那就是能够精细地抠出纯白背景下的头发。如图 15-63 所示为原始图像，而经过“反相”命令处理后的效果如图 15-64 所示，展示了反相操作带来的显著变化。若想了解详细的操作方法，建议观看本书配套的视频教程。

扫码看资源

图15-63

图15-64

15.3.2 HDR色调

HDR，即 High-Dynamic Range（高动态范围）的缩写，代表着图像中最亮区域和最暗区域之间的亮度范围。“HDR 色调”命令是一个非常有用的工具，它可以用来修复过于明亮或过于昏暗的图像，从而制作出具有高动态范围的图像效果。在处理风景图像时，这个命令尤其显得重要和实用。

执行“图像”→“调整”→“HDR 色调”命令，弹出“HDR 色调”对话框，如图 15-65 所示。在该对话框中，可以对图像应用全方位的 HDR 对比度和曝光度设置，以达到理想的视觉效果。

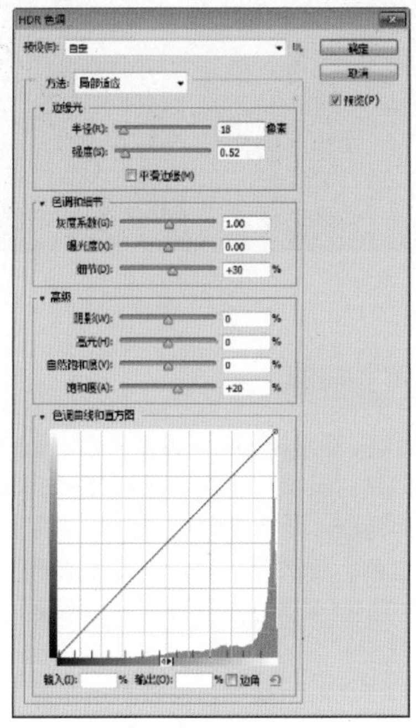

图15-65

“HDR 色调”对话框中主要选项的含义如下。

※ 预设：在此下拉列表中，可以选择预设的 HDR 效果，这些效果既包括黑白风格，也涵盖彩色风格。

※ 方法：此下拉列表用于选择调整图像时采用的 HDR 技术方法。在“方法”下拉列表中，提供了 4 种不同的 HDR 处理方法，分别是“局部适应”“曝光度和灰度系数”“高光压缩”以及“色调均化直方图”。其中，“局部适应”是“HDR 色调”命令在默认设置下所选择的处理方式，使用这种方法时，用户可以控制的参数相当丰富；若选择“曝光度和灰度系数”方法，则可以通过分别调整“曝光度”和“灰度系数”这两个参数，来改变照片的曝光级别和灰度级别；“高光压缩”功能会对照片中的高光部分进行降暗处理，从而调整出比较特别的效果；而“色调均化直方图”则会对画面中的亮度进行均衡处理，这种方法对于提升低调照片的亮度具有显著效果。

※ 边缘光：“边缘光”选项区域所提供的参数，主要用于调控图像边缘的发光效果及其对比度。

※ 半径：该参数用于控制发光的范围大小。

15.3.3 实战：通过“HDR 色调”命令调节照片

本例利用“HDR 色调”命令对照片进行调节，旨在使照片的高光和阴影部分的细节变得更为清晰，从而让照片效果更加接近人眼观看的真实感受，并赋予照片轻微的立体感。如图 15-66 展示了原始图像，而经过“HDR 色调”命令调整后的效果如图 15-67 所示，可以明显看到细节和层次感的提升。若想了解详细的操作方法，建议观看本书配套的视频教程。

图15-66

图15-67

15.3.4 实战：使用“Camera Raw 滤镜”命令调节风景效果

执行“滤镜”→“Camera Raw 滤镜”命令，可以弹出“Camera Raw 滤镜”对话框，该对话框允许用户根据图像的原始数据进行精确的调整，特别适用于对包含原始数据信息的图像进行调色处理。

在本例中，使用“Camera Raw 滤镜”命令，它能够创建特定的范围，以便对图像进行单独且精确的调整，从而使图像更具层次感和丰富的色彩。如图 15-68 所示为原始图像，而经过“Camera Raw 滤镜”命令调整后的效果如图 15-69 所示，可以明显看出图像在层次和色彩上的提升。若想了解详细的操作方法，建议观看本书配套的视频教程。

图15-68

图15-69

15.3.5 渐变映射

执行“图像”→“调整”→“渐变映射”命令，该命令会首先将图像转换为灰度图像，然后根据灰度级别将图像的灰度范围映射到指定的渐变填充色，从而得到一种彩色渐变图像效果。此命令的对话框如图 15-70 所示。

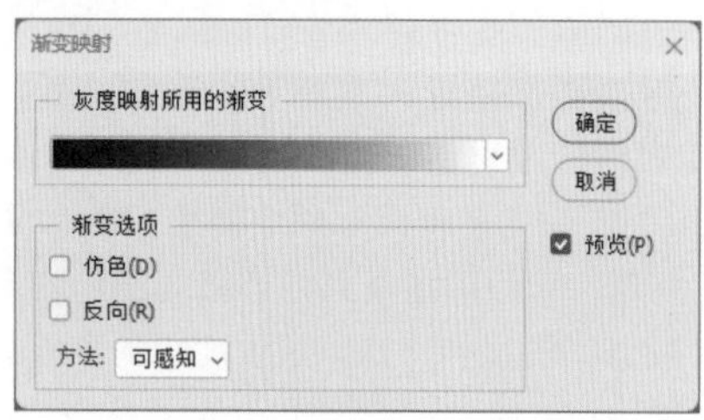

图15-70

“渐变映射”对话框中主要的选项含义如下。

※ 仿色：选中此复选框后，Photoshop 会添加一些随机的杂色，用于平滑渐变效果，减少色带或色阶的出现，使渐变过渡更加自然。

※ 反向：选中此复选框，将会反转渐变的填充方向，因此，映射出的渐变效果也会随之发生变化。

15.3.6 实战：通过“渐变映射”命令表现“高贵紫”效果

扫码看资源

本例利用“渐变映射”命令调整画面，营造出紫色调的氛围。在此基础上，通过“色相”和“可选颜色”命令对图像进行精细调整，以打造出高贵典雅的“高贵紫”图像。如图 15-71 所示为原始图像，而经过一系列调整后的效果如图 15-72 所示，展现了紫色调所赋予的高贵与神秘感。若想了解详细的操作方法，建议观看本书配套的视频教程。

图15-71

图15-72

15.3.7 阈值

“阈值”命令能够将灰度或彩色图像转换成高对比度的黑白图像。用户可以设定一个具体的色阶值作为阈值，所有亮度高于此阈值的像素会被转换为白色，而所有亮度低于此阈值的像素则会被转换为黑色，从而生成纯粹的黑白图像。执行“图像”→“调整”→“阈值”命令，会弹出“阈值”对话框。在该对话框中，会显示当前图像像素亮度的直方图，帮助用户更准确地设定阈值，如图 15-73 所示。

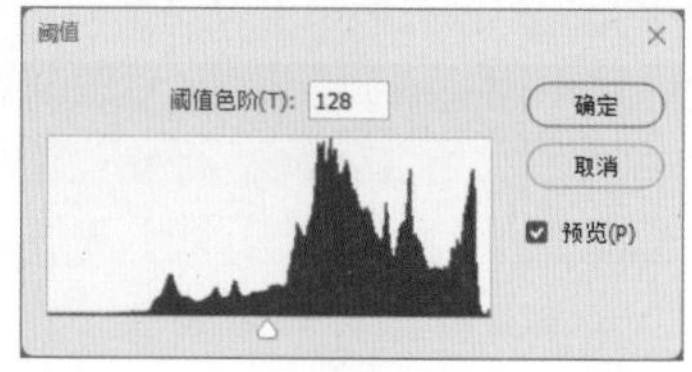

图15-73

15.3.8 实战：阈值调整命令

扫码看资源

本例主要练习“阈值”命令的基本使用方法。首先，导入素材，然后执行“图像”→“阈值”命令，弹出“阈值”对话框。在直方图中观察像素亮度分布后，将阈值色阶设置为86，调整图像为黑白效果。设置完成后单击“确定”按钮，完成图像的阈值处理效果。图15-74为原图，图15-75为完成效果图。若想了解详细的操作方法，建议观看本书配套的视频教程。

图15-74

图15-75

15.3.9 替换颜色

“替换颜色”命令允许用户选择图像中的特定颜色，并对其色相、饱和度和明度进行调整。这个命令综合了颜色选择和颜色调整两大功能。其中，颜色选择的方式与“色彩范围”命令相似，而颜色调整的方式则与“色相/饱和度”命令相仿。

执行“图像”→“调整”→“替换颜色”命令，弹出“替换颜色”对话框，如图15-76所示。在该对话框中，可以选择“吸管工具”，并单击图像中想要选择的颜色区域。这样，图像中所有与单击处颜色相同或相近的区域都会被选中。

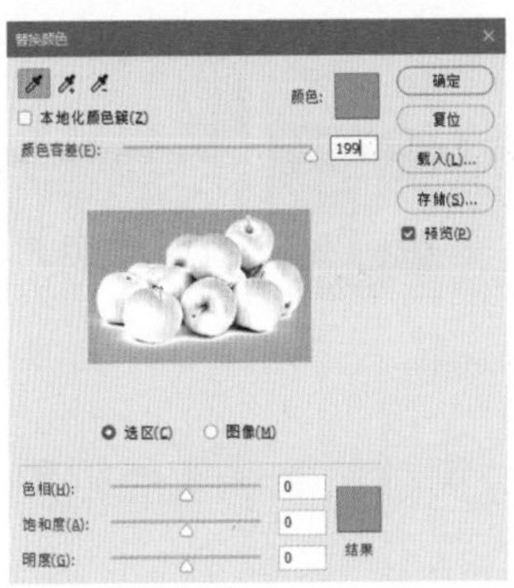

图15-76

如果需要选择多个不同的颜色区域，可以在选择一种颜色后，单击“添加到取样”按钮，然后在图像中单击其他需要选择的颜色区域。若想在已有的选区中去除某部分，可以单击“从取样中减去”按钮，并在图像中单击需要去除的颜色区域。

此外，还可以通过拖动颜色容差滑块来调整颜色区域的大小。通过拖动“色相”“饱和度”和“明度”滑块，可以更改所选颜色的属性，直至达到满意的效果。

15.3.10 实战：替换物体色彩

本例利用“替换颜色”命令选取水果的颜色，并通过调整色相、饱和度和明度来替换水果的原始色彩。图15-77展示了原始图像，而经过“替换颜色”命令处理后的效果如图15-78所示，可以清晰地看到水果颜色的变化。若想了解详细的操作方法，建议观看本书配套的视频教程。

图15-77

图15-78

15.3.11 实战：照片快速换色

执行“图像”→“调整”→“匹配颜色”命令，弹出“匹配颜色”对话框。该命令能够将一张图片的颜色根据另一张图片的颜色进行调整，实现颜色的匹配与替换。如图15-79所示为原图，图15-80展示了用于替换颜色的参考图像，而经过“匹配颜色”命令处理后，图15-79中的颜色被替换为图15-80所示的颜色风格，最终效果如图15-81所示。若想了解详细的操作方法，建议观看本书配套的视频教程。

图15-79

图15-80

图15-81

15.4 其他图像调片技巧

“Lab 模式”“CMYK 模式”，以及“应用图像”和“计算”等命令能够精确地调整图像中的偏色或亮度值，适用于进行复杂化的图像调色。这些命令提供了高级的调色功能，使用户能够实现对图像色彩的精细控制。

15.4.1 Lab 颜色模式

Lab 颜色模式是目前色域最宽的模式，它覆盖了 RGB 模式和 CMYK 模式的色域，是 Photoshop 在进行不同颜色模式转换时所使用的中间模式。Lab 颜色模式由亮度（L）分量和两个色度（a 和 b）分量组成。其中，L 代表亮度分量，其数值范围从 0 到 100。a 分量代表从绿色到红色再到黄色的光谱变化，而 b 分量则表示从蓝色到黄色的变化，a 和 b 的数值范围都是 +120 ～ -120。如果只需调整图像的亮度而不影响其他颜色值，可以将图像转换为 Lab 颜色模式，如图 15-82 所示，并单独在 L 通道中进行操作。

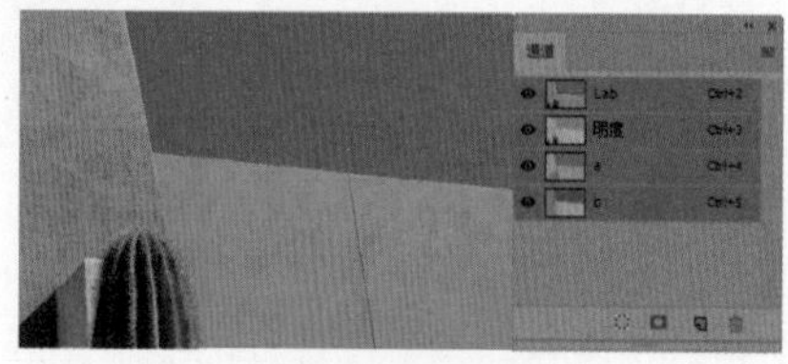

图15-82

Lab 颜色模式的显著优点是其颜色与设备无关，这意味着无论使用何种设备（例如显示器、打印机、计算机或扫描仪）来创建或输出图像，该模式所呈现的颜色均能保持一致。在照片调色方面，Lab 颜色模式展现出了独特的优势。在处理明度通道时，可以轻松调整图像的明暗信息，而不会影响到色相和饱和度；而在处理 a 和 b 通道时，可以在不改变色调的前提下修改颜色，如图 15-83 所示。

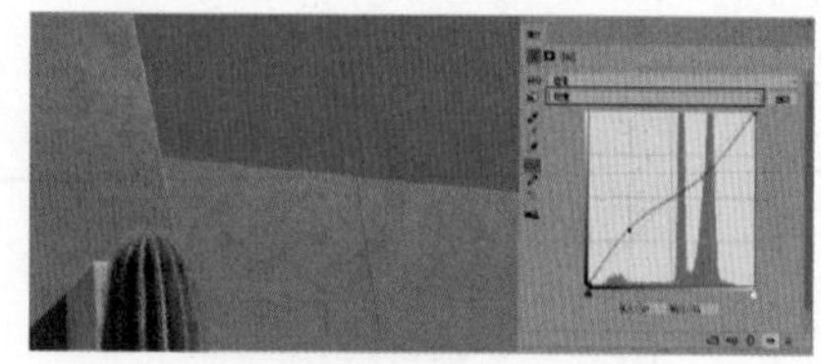

图15-83

15.4.2 实战：CMYK 曲线调色技巧

CMYK 模式是基于打印在纸上的油墨对光线的吸收特性而设计的。从理论上讲，青色（C）、洋红（M）和黄色（Y）三种色素合成的颜色能够吸收所有光线并产生黑色，因此这些颜色被称作减色。然而，由于所有打印油墨都含有一定的杂质，这三种油墨实际上混合后会产生一种土灰色。为了获得纯正的黑色，必须在油墨中加入黑色（K）油墨（为了避免与蓝色混淆，黑色用 K 而非 B 来表示）。

将青色（C）、洋红（M）、黄色（Y）和黑色（K）这些油墨混合以重现各种颜色的过程被称为“四色印刷”。在 CMYK 模式下，可以为每个像素的每种印刷油墨设定一个百分比值，从而精确控制颜色的呈现。

本例通过运用“CMYK 曲线”命令来调整图像颜色。原图中青色成分过多，而红色成分不足。通过“CMYK 曲线”的调整，成功地纠正了图像的偏色问题，使其呈现正常的颜色平衡。如图 15-84 所示为原始图像，而经过 CMYK 模式调整后的效果如图 15-85 所示，可以明显看到颜色的改善。若想了解详细的操作方法，建议观看本书配套的视频教程。

图15-84

图15-85

15.4.3 实战：曲线定点抠图

本例首先使用“曲线”命令将图像调整为黑白色调。接着，单击“将通道作为选区载入”按钮进行抠图操作。为了找回抠图过程中可能缺失的部分，使用“钢笔工具”进行精细勾勒。如图 15-86 展示的是原始图像，而经过上述步骤处理后的抠图完成效果如图 15-87 所示。若想了解详细的操作方法，建议观看本书配套的视频教程。

图15-86

图15-87

15.4.4 实战：去除图像的彩色杂边

使用“色相/饱和度”命令调整“蓝色”和“青色”参数，以去除画面中的蓝色和青色成分。如图 15-88 为原始图像，而经过调整后的图像则如图 15-89 所示，可以明显看到蓝色和青色的减少。若想了解详细的操作方法，建议观看本书配套的视频教程。

图15-88

图15-89

15.4.5 实战：认识不同层次的明度

本例通过使用 CMYK 颜色模式来调节图片的偏黄色调，利用 Lab 颜色模式来调整肤色中偏红的色调，同时借助 RGB 颜色模式来强化人物五官的立体感，并增强画面的明暗对比度。通过这些调整，制作出一张具有丰富明暗层次的照片。如图 15-90 展示的是原始图像，而图 15-91 则展示了经过“CMYK 曲线”等模式调整后的效果。若想了解详细的操作方法，建议观看本书配套的视频教程。

图15-90

图15-91

15.4.6 实战：应用图像调色技巧

本例使用“应用图像”功能进行调节图像。原图偏灰，对比度不足，通过使用“应用图像”中的红色通道，可以有效地提升图像的对比度，并结合“柔光”混合模式进行快速调色处理。如图 15-92 所示为原始图像，而经过“应用图像”功能调整后的效果则如图 15-93 所示，图像的对比度和色彩都得到了显著的改善。若想了解详细的操作方法，建议观看本书配套的视频教程。

图15-92

图15-93

15.4.7 实战：通道计算调色

本例通过“计算”命令来调节图像色彩。原图偏蓝且整体色调较为平淡，经过调节后，图像呈现出偏亮且偏黄的色调，同时具有了光照效果，使画面更加生动。如图 15-94 所示为原始图像，而图 15-95 则展示了使用“计算”命令调整后的效果，可以明显看出色彩的改善和光照效果的增加。若想了解详细的操作方法，建议观看本书配套的视频教程。

图15-94

图15-95

15.4.8 实战：亚当斯分区曝光

“亚当斯分区曝光法”是将被摄体所包含的各种不同的亮度范围分成 11 个区域，它们分别是从 0（全黑）到 10（纯白）区。其中，对负片有效的区域是 1 至 9 区，能够清晰展现纹理的区域是 2 至 8 区。在这些区域中，0~3 区被划分为低调区域，4-6 区为中间调区域，而 7~10 区则是高调区域。中灰色调的 5 区被视为曝光范围的中区。

本例中的原图像整体色调偏灰，反差过低。通过使用“亚当斯分区曝光法”来调整图片的明暗对比度，可以将图片的颜色和层次拉回到正常状态。如图 15-96 所示为原始图像，经过“亚当斯分区曝光法”调整后的效果如图 15-97 所示，可以明显看到明暗对比度的改善和色彩层次的丰富。若想了解详细的操作方法，建议观看本书配套的视频教程。

图15-96

图15-97

15.4.9 实战：混合模式调色法

扫码看资源

本例的原图像光线对比不够明显，导致人物不够突出。我们利用“叠加”混合模式来提高原片的对比度，使人物主体更加凸显。同时，使用“曲线”命令调整画面中偏黄的部分，以让人物皮肤变得更加细腻通透。如图 15-98 所示为原始图像，而经过“叠加”混合模式和“曲线”命令调色后的效果如图 15-99 所示，可以明显看到画面的改善和人物主体的突出。若想了解详细的操作方法，建议观看本书配套的视频教程。

图15-98

图15-99

15.4.10 实战：化妆品电商全屏海报

扫码看资源

本例通过巧妙结合各种元素来合成一张电商海报。此处插入了天空和沙漠的素材，并运用“图层蒙版”和“画笔工具”实现素材间的自然融合。随后，依次添加了其他素材元素，并利用调色命令和图层混合模式对这些素材进行了调色与融合处理。最后添加文字，并为其制作了立体效果，使整体海报更具视觉冲击力。最终完成的效果如图 15-100 所示。

图15-100

第16章
通道

通道是用于存储图像颜色信息和选区信息等不同类型信息的灰度图像。在 Photoshop 中，只要是支持图像颜色模式的格式，都可以保留颜色通道。如果要保存 Alpha 通道，可以将文件存储为 PDF、TIFF、PSB 或 RAW 格式；如果要保存专色通道，可以将文件存储为 DCS 2.0 格式。在 Photoshop 中包含 3 种类型的通道，即颜色通道、Alpha 通道和专色通道。

16.1 认识通道

通道是 Photoshop 中的高级功能，与图像内容、色彩和选区密切相关。Photoshop 提供了 3 种类型的通道：颜色通道、Alpha 通道和专色通道。接下来，将详细介绍这几种通道的特征及其主要用途。

16.1.1 “通道”面板

“通道”面板是创建和编辑通道的主要场所。打开一个图像文件，执行“窗口”→“通道”命令，将会打开如图 16-1 所示的“通道”面板。

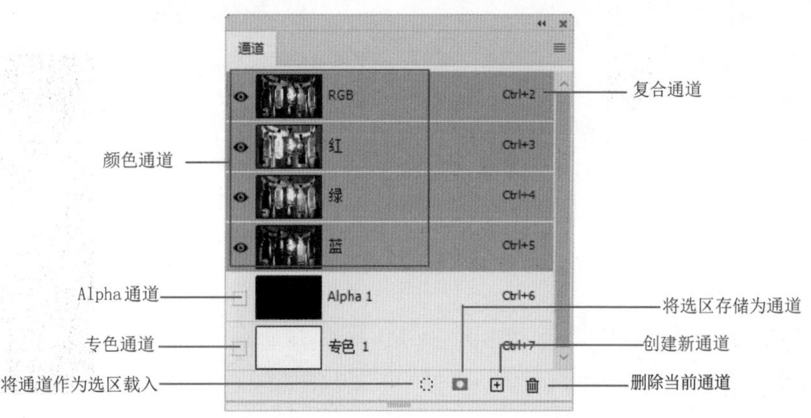

图16-1

“通道”面板中主要选项的含义如下。

※ 复合通道：复合通道本身不包含任何具体信息，它实际上只是一个快捷方式，用于同时预览并编辑所有颜色通道。它常用于在单独编辑完一个或多个颜色通道后，使“通道”面板恢复到默认状态。需要注意的是，对于不同模式的图像，其通道的数量是不同的。

※ 颜色通道：这些通道用于记录图像的颜色信息。

※ 专色通道：这类通道专门用于保存专色油墨的信息。

※ Alpha 通道：这类通道用于保存选区信息。

※ 将通道作为选区载入 ⬚：单击此按钮，可以将所选通道内的图像内容转换为选区。

※ 将选区存储为通道：通过单击该按钮，可以把图像中的选区信息保存在 Alpha 通道内。

※ 创建新通道：单击该按钮，可以创建一个新的 Alpha 通道。

※ 删除当前通道：单击该按钮，可以删除当前选中的通道，但需要注意的是，复合通道是无法删除的。

16.1.2 颜色通道

颜色通道也被称为“原色通道”，其主要功能是保存图像的颜色信息。根据图像的颜色模式不同，颜色通道的数量也会有所变化。RGB 图像包含红色、绿色、蓝色 3 个通道以及一个用于编辑图像内容的复合通道，如图 16-2 所示；CMYK 图像则包括青色、洋红色、黄色、黑色 4 个通道和一个复合通道，如图 16-3 所示；而 Lab 图像由“明度”、a、b 3 个通道和一个复合通道构成，如图 16-4 所示。位图、灰度图像、双色调图像以及索引颜色图像，它们都仅包含一个通道。

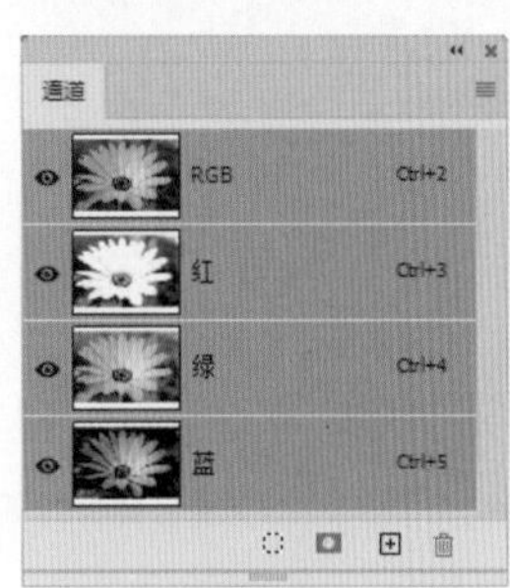

图16-2

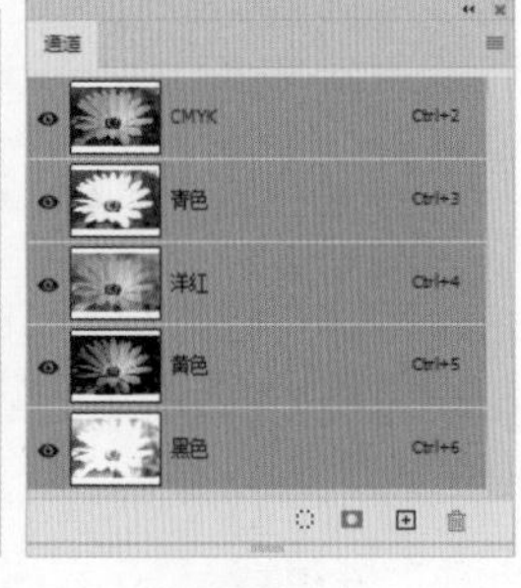

图16-3

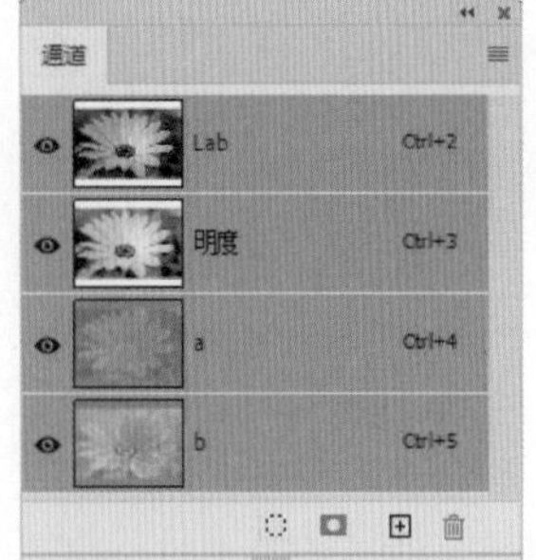

图16-4

延伸讲解

要转换不同的颜色模式，执行“图像”→“模式”子菜单中的相应模式命令。

16.1.3 实战：替换颜色

本例将通过“通道”面板中的“蓝”和“绿”通道来快速替换图像中的颜色。如图 16-5 所示为原始图像，而经过使用“通道”模式处理后的效果则如图 16-6 所示。若想了解详细的操作方法，建议观看本书配套的视频教程。

图16-5

图16-6

16.1.4 实战：人物轻纱

通道抠图法特别适用于处理复杂的图片，例如抠取头发、树叶等细节丰富的元素。接下来，将在 Alpha 通道中使用“画笔工具”来抠取人物的轻纱部分，并对图层的亮度和色彩进行调整。如图 16-7 所示为原始图像，而经过使用“通道”抠图并进行调整后，效果如图 16-8 所示。若想了解详细的操作方法，建议观看本书配套的视频教程。

图16-7

图16-8

16.1.5 实战：街舞海报

通道位移技术可以为画面增添炫光效果。在本例中，将通过位移人物的颜色通道来创造炫光效果，随后利用素材图像与蒙版相结合，从而设计出一张充满动感的街舞海报。如图 16-9 所示为原始图像，而图 16-10 则展示了使用“通道”位移技术调整后的炫光效果图像。若想了解详细的操作方法，建议观看本书配套的视频教程。

图16-9

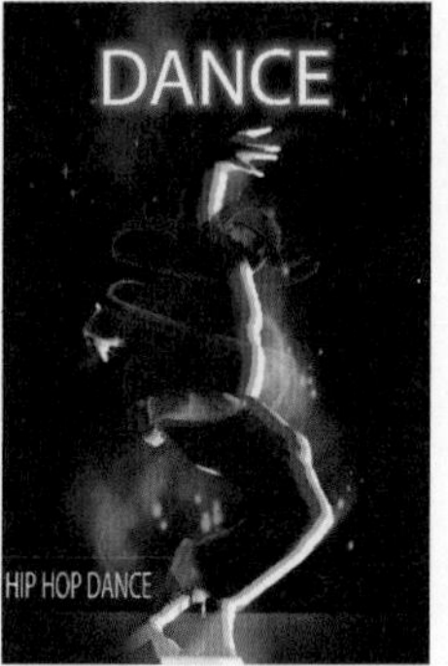

图16-10

16.1.6 实战：Lab 通道快速调色

Lab 通道由“明度”、a、b 3 个通道组成，其中图像的颜色信息由 a 通道和 b 通道共同决定。本节将主要利用“Lab 通道”“曲线”和“色彩平衡”命令来对图片进行调色处理。如图 16-11 所示为原始图像，而经过使用“Lab 通道”调色后的效果如图 16-12 所示。若想了解详细的操作方法，建议观看本书配套的视频教程。

图16-11

图16-12

16.2 Alpha 通道

Alpha 通道能够将选区保存为灰度图像。在 Photoshop 中，常常利用 Alpha 通道来建立和存储蒙版。这些蒙版在处理或保护图像的特定部分时发挥着重要作用。接下来，将详细介绍 Alpha 通道的相关知识，并阐述如何新建 Alpha 通道。

16.2.1 关于 Alpha 通道

在 Alpha 通道中，白色表示被选择的区域，黑色代表未选择的区域，而灰色则代表部分选择的区域，也就是羽化区域，如图 16-13 所示。与颜色通道不同，Alpha 通道不会直接对图像的颜色产生影响。

图16-13

16.2.2 新建 Alpha 通道

单击“通道”面板中的“创建新通道”按钮，可以新建一个 Alpha 通道，如图 16-14 所示。如果在当前文档中创建了选区，如图 16-15 所示，那么单击“将选区存储为通道”按钮，即可将该选区保存为一个 Alpha 通道，如图 16-16 所示。

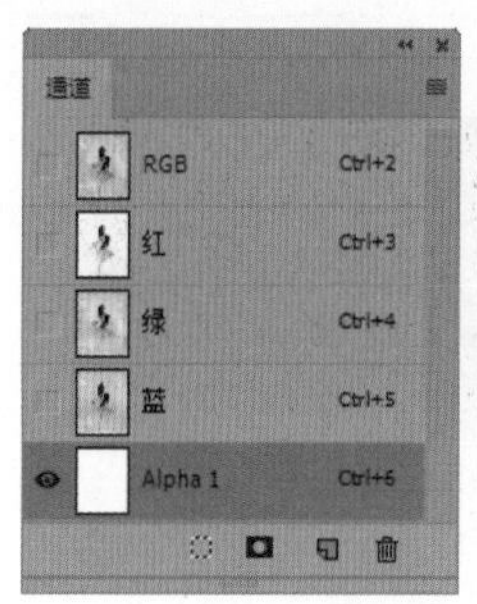

图16-14

图16-15

图16-16

单击“通道”面板右上角的按钮，在弹出

的菜单中选择“新建通道”选项，将弹出“新建通道”对话框，如图16-17所示。在该对话框中，可以设置新通道的名称、颜色等参数。设置完成后，单击“确定”按钮，即可创建出所设定的Alpha通道，如图16-18所示。

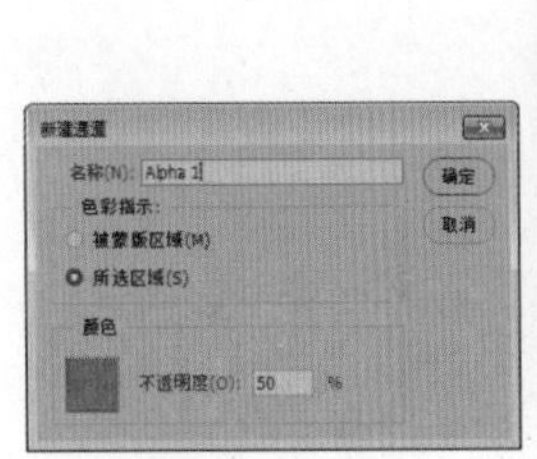

图16-17

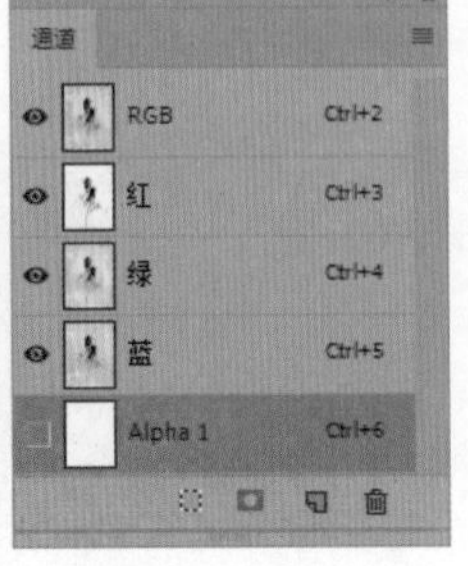

图16-18

16.2.3 实战：特效文字

扫码看资源

本例将利用Alpha通道来创建特效文字。首先，将新建一个Alpha通道，并执行“曲线”命令为文字添加特殊效果。接着，将使用“渐变工具”对文字进行调色，以制作出炫彩的特效文字。最终效果如图16-19所示。若想了解详细的操作方法，建议观看本书配套的视频教程。

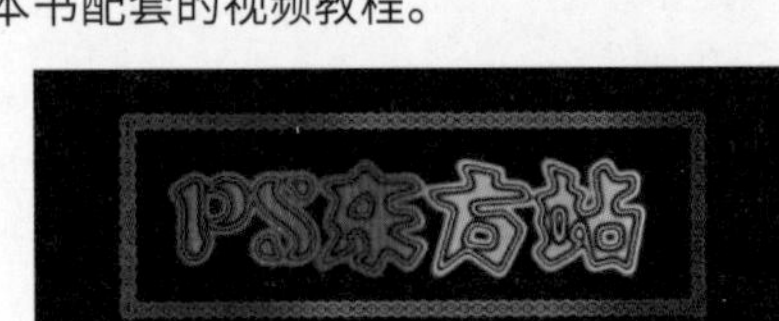
图16-19

16.3 实战：复古色调

扫码看资源

“通道混合器”是Photoshop中的一个色彩调整命令，它可以调整某个通道中的颜色成分。执行“图像”→“调整”→“通道混合器”命令，将弹出“通道混合器”对话框。作为一种通用的图像处理工具，可以选择图像中的任意一种通道或通道组合作为输入，并通过加减调整来重新匹配通道，然后将结果输出到原始图像中。如图16-20所示为原始图像，而图16-21则展示了使用“通道混合器”命令进行调整后所得到的复古色调效果。若想了解详细的操作方法，建议观看本书配套的视频教程。

图16-20

图16-21

16.4 综合实战

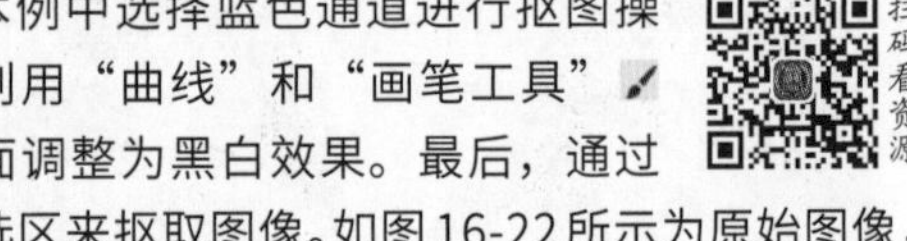

16.4.1 实战：通道抠图

扫码看资源

本例中选择蓝色通道进行抠图操作，利用“曲线”和“画笔工具”将画面调整为黑白效果。最后，通过提取选区来抠取图像。如图16-22所示为原始图像，而抠图完成后的效果则如图16-23所示。若想了解详细的操作方法，建议观看本书配套的视频教程。

图16-22

图16-23

16.4.2 实战：复杂背景头发抠图

本例选择红色通道进行抠图，通过“计算”命令调整参数，精确选取头发部分，再使用“画笔工具”调整选区范围。最后，建立选区并更换图像背景。如图 16-24 所示为原图，抠图完成后的效果如图 16-25 所示。若想了解详细的操作方法，建议观看本书配套的视频教程。

图16-24

图16-25

第17章 滤镜

滤镜是 Photoshop 的“魔法”工具，能够迅速实现许多令人惊叹的特效，比如创建印象派绘画或马赛克拼贴的外观，或者为图像增添独特的光照和扭曲效果。在 Photoshop 中，所有的滤镜都按照类别整齐地排列在“滤镜”菜单中，用户只需执行相应的滤镜命令即可使用。本章将深入探讨各类滤镜的使用方法，并介绍如何创造特效。

17.1 滤镜的原理与使用方法

Photoshop 中的滤镜种类繁多，它们的功能和应用场景各不相同。然而，在使用方法和原理上，这些滤镜却有着诸多相似之处。深入了解和掌握这些共通的方法和技巧，对于提高滤镜的使用效率大有裨益。

17.1.1 什么是滤镜

滤镜最初是指摄影镜头前的玻璃片，能够给摄影作品增添特殊效果。而在 Photoshop 中，滤镜则是一种插件模块，它能对图像中的像素进行操控。由于位图是由像素组成的，且每个像素都有其独特的位置和颜色值，滤镜正是通过改变这些像素的位置或颜色来创造出各种特效的。在 Photoshop 的“滤镜”菜单中，提供了多达 100 多种滤镜命令，如图 17-1 所示。

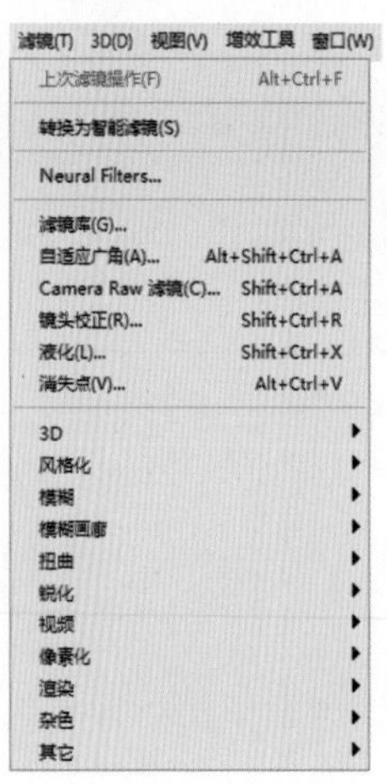

图17-1

17.1.2 滤镜的种类和主要用途

滤镜可分为内置滤镜和外挂滤镜两大类。其中，由第三方开发商提供的滤镜可以作为增效工具来使用。在安装这些外挂滤镜后，它们将作为增效工具滤镜出现在 Photoshop 的“滤镜”菜单底部。滤镜的主要功能是为图像制作各种特效，能够模拟出多种材料的质感和纹理，以及实现不同的绘画效果，从而得到风格各异的图像表现，为设计增添探索性的元素。此外，滤镜还广泛应用于图像编辑，例如减少图像杂色、提高清晰度等。

17.1.3 滤镜使用方法

在使用滤镜处理某一图层中的图像时，需要先选择该图层，并确保该图层是可见的。滤镜可以应用于当前的选择范围、当前图层或通道。如果想要将滤镜应用于整个图层，那么就不要选择任何图像区域。

需要注意的是，有些滤镜仅对 RGB 颜色模式的图像有效，不能应用于位图模式或索引模式的图像，而有些滤镜则不能应用于 CMYK 颜色模式的图像。此外，某些滤镜完全在内存中处理，因此在处理高分辨率图像时可能会消耗大量内存。

关于预览滤镜效果，有以下两种不同的方法。

※ 如果滤镜对话框中提供了“预览”复选框，可以选中此复选框，以便在图像窗口中预览应用滤镜后的结果。在预览模式下，仍然可以按快捷键 Ctrl++ 和 Ctrl+ −来调整图像窗口的大小。

※ 一般的滤镜对话框中都包含预览框，通过它也可以预览滤镜效果。在预览框中，按下鼠标左键并拖动可以移动预览图像，以便查看不同位置的图像效果，如图 17-2 所示。这样，用户就可以在应用滤镜之前，通过预览来调整参数，以获得最佳的滤镜效果。

图17-2

移动鼠标指针至图像窗口，当鼠标指针显示为□状时，单击即可在滤镜对话框的预览框中显示该区域图像的滤镜效果。

技巧提示

在任意滤镜对话框中，按住Alt键时，“取消”按钮会变为“复位”按钮。单击“复位”按钮，即可将滤镜参数恢复到初始状态。

17.1.4 提高滤镜性能

有些滤镜在使用时会占用大量内存，特别是当它们被应用于大尺寸、高分辨率的图像时，处理速度可能会显著降低。为了提高滤镜的工作效率，在这些情况下，可以采用以下几种技巧。

※ 如果图像尺寸较大，可以先在图像上选择一小部分区域进行滤镜设置和效果的试验。一旦得到满意的结果，再将其应用于整幅图像。

※ 当图像尺寸非常大且内存资源紧张时，可以考虑将滤镜分别应用于单个通道，以此为图像添加滤镜效果，这样可以减少内存的使用量。

※ 在应用滤镜之前，执行“编辑”→“清理”→“全部”命令，以释放系统内存，如图 17-3 所示。

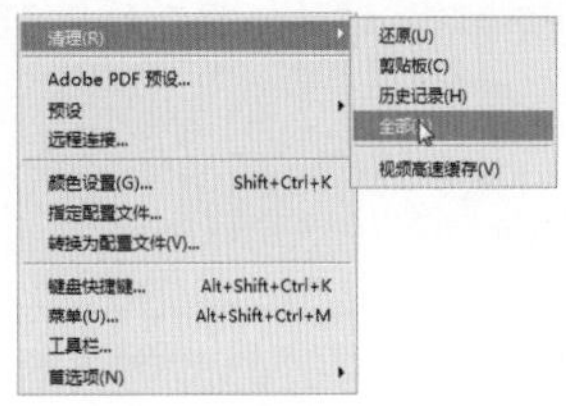

图17-3

※ 为 Photoshop 分配更多的内存资源。执行“编辑”→“首选项”→“性能”命令，弹出“首选项”对话框。在“内存使用情况”选项区域中，将 Photoshop 的内存使用量设置得更高一些，如图 17-4 所示。这样可以提升 Photoshop 处理图像和滤镜效果的能力。

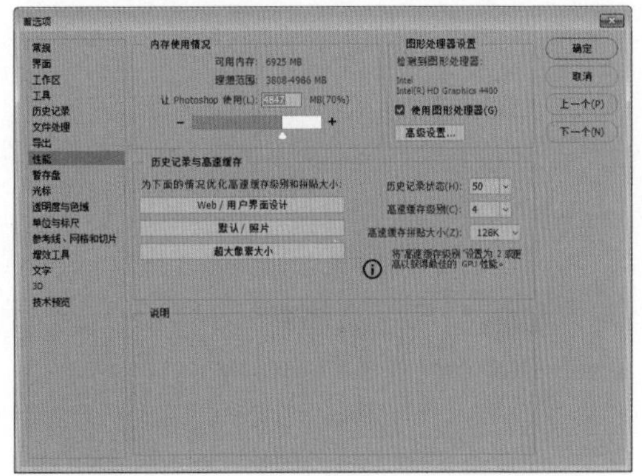

图17-4

※ 关闭其他正在运行的应用程序，从而为 Photoshop 释放更多的可用内存。此外，对于某些占用大量内存的滤镜，如“光照效果”“木刻”“染色玻璃”“铬黄”“波纹”“喷溅”“喷色描边”和“玻璃”等，可以尝试调整其设置以提高处理速度。

17.1.5 快速执行上次使用的滤镜

当对图像使用某个滤镜进行处理后，该滤镜的名称会出现在“滤镜”菜单的顶部。执行该命令可以快速应用该滤镜，也可以按快捷键 Ctrl+Alt+F 来执行相同的操作。

17.1.6 查看滤镜的信息

在 Photoshop 中，可以通过“帮助”→“关于增效工具”子菜单找到所有已安装的增效工具。若想要查看某个特定增效工具的信息，只需在该子菜单中选择相应的增效工具名称即可。

17.2 “液化”滤镜

“液化”滤镜是一个功能强大的工具，常用于修饰图像和创造艺术效果，特别是在数码照片修饰方面有着广泛应用。虽然“液化”命令的使用方法相对简单，但其功能却非常强大，能够创造出推拉、旋转、扭曲和收缩等多种变形效果。

17.2.1 “液化”对话框

执行“滤镜”→“液化”命令，弹出“液化”对话框，如图17-5所示。

图17-5

“液化”对话框中主要工具的含义如下。

※ 向前变形工具：使用该工具在图像上拖动，可以向前推动像素而产生变形效果。

※ 重建工具：此工具允许通过绘制变形区域，来部分或全部恢复图像的原始状态。

※ 平滑工具：在图像上使用此工具涂抹，可以平滑图像的边缘，减少锯齿和不平整现象。

※ 顺时针旋转扭曲工具：在图像中单击或拖动鼠标指针，像素会顺时针旋转。若按住Alt键操作，则像素会逆时针旋转。

※ 褶皱工具：该工具能使像素向画笔区域中心移动，从而产生图像的收缩效果。

※ 膨胀工具：与“褶皱工具”相反，此工具使像素向画笔区域中心以外的方向移动，使图像产生膨胀效果。

※ 左推工具：在图像中向下拖动此工具，可以将像素向右挤压；若向上拖动，则像素向左挤压。

※ 冻结蒙版工具：使用此工具，可以将不希望被液化的区域创建为冻结的蒙版，保护这些区域不受液化影响。

※ 解冻蒙版工具：在已冻结的区域上使用此工具涂抹，可以将其解冻，使其可被再次液化。

※ 脸部工具：这是一个专为人物脸部调整设计的工具。在合照中，可以使用它选定某张人脸，并进行单独的调整。

※ 抓手工具：当图片素材被放大时，此工具可以帮助轻松地拖拉和移动图像到另一侧。

※ 缩放工具：单击图像时，此工具可以放大图像；若按住Alt键并单击图像，则可以缩小图像。

17.2.2 实战：进行人物瘦身

扫码看资源

本例利用“液化”滤镜对人物进行了瘦身处理，具体调整了人物的腰部、腿部以及手臂，使人物身材显得更加苗条。如图17-6所示为原始图像，而经过“液化”滤镜处理后的效果则如图17-7所示。若想了解详细的操作方法，建议观看本书配套的视频教程。

图17-6

图17-7

17.3 消失点

“消失点”滤镜具备特殊功能，能在包含透视效果平面的图像中执行透视校正。当进行绘画、仿制、复制粘贴或变换等编辑操作时，Photoshop可以准确地确定这些操作的方向，并将它们按照透视平面进行缩放，从而使最终效果更加逼真。

17.3.1 “消失点”对话框

执行“滤镜”→“消失点”命令，弹出“消失点”对话框，如图17-8所示。在该对话框中可以使用左侧的多种工具创建和编辑网格，还可以设置网格大小和网格角度。

图17-8

“消失点”对话框中主要工具的含义如下。

※ 编辑平面工具：该工具用于选择、编辑和移动平面的节点，以及调整平面的大小。

※ 创建平面工具：该工具用于定义透视平面的4个角节点。

※ 选框工具：使用该工具在平面上单击并拖动鼠标，可以选择平面上的图像。选择图像后，在选区内按住Alt键并拖动鼠标，可以复制图像。

※ 图章工具：使用该工具时，在图像中按住Alt键并单击，可以设置仿制取样点。

※ 画笔工具：该工具用于在图像上绘制选定的颜色。

※ 变换工具：使用该工具，通过移动定界框的控制点，可以实现浮动选区的缩放、旋转和移动。

※ 吸管工具：使用该工具，可以拾取图像中的颜色，用作“画笔工具”的绘画颜色。

※ 测量工具：使用该工具，可以通过单击并拖动的方式，测量两点之间的距离。

※ 抓手工具：该工具用于在预览窗口中滚动图像，便于查看。

※ 缩放工具：使用该工具，在图像中单击可以放大图像，按住Alt键单击图像则缩小图像。

17.3.2 实战：修复透视图像

本例利用“消失点”命令来清除地板上的工具和水印。如图17-9所示，这是一张具有透视效果的图片。通过使用“创建平面工具”，可以在修复图像时保持其透视效果不被破坏。随后，运用“图章工具”来移除图像中多余的工具。最终修复后的效果如图17-10所示。若想了解详细的操作方法，建议观看本书配套的视频教程。

图17-9

图17-10

17.4 自适应广角

“自适应广角”滤镜可以对广角、超广角以及鱼眼效果进行变形校正。在“校正”的下拉列表中包含了多种校正类型，例如鱼眼、透视、自动和完整球面。

17.4.1 “自适应广角”对话框

执行“滤镜”→“自适应广角”命令，弹出“自适应广角”对话框，如图17-11所示。

图17-11

“自适应广角”对话框中主要选项含义如下。

※ 约束工具：当将鼠标指针放置在控件上时，可以获得相关帮助。

※ 多边形约束工具：通过单击图像或拖动端点，可以添加或编辑多边形约束线。若按住Shift键同时单击，可添加水平或垂直的约束线；按住Alt键单击则可以删除已有的约束。

※ 移动工具：使用此工具可以移动该对话框中的图像。

※ 抓手工具：当放大了窗口的显示比例后，可以使用此工具来移动画面视图。

※ 缩放工具：单击可以放大窗口的显示比例；若按住Alt键单击，则会缩小显示比例。

※ 缩放：在校正图像后，可以通过此选项来调整图像的缩放级别。

※ 焦距：用于指定图像的焦距。

※ 裁剪因子：允许指定图像的裁剪因子。

※ 原照设置：当选中此复选框时，系统将使用照片元数据中的焦距和裁剪因子。

※ 细节：此选项能实时展示鼠标指针下方图像的细节（以100%的比例显示）。当使用“约束工具”和“多边形约束工具”时，可以通过观察此细节图像来精确确定约束点的位置。

※ 显示约束：选中此复选框后，约束线将会被显示出来。

※ 显示网格：选中该复选框后，可以在画面中显示网格。

17.4.2 实战：使用“自适应广角”滤镜调整图片

本例使用“自适应广角”滤镜来校正图像的视角和弯曲的线条。如图17-12所示为原始图像，在“自适应广角”对话框中对建筑物进行了校正和拉直处理。随后，执行“曲线”和“色阶”命令进一步调整了图像的亮度和对比度，以实现加深和提亮的效果。如图17-13所示，即为经过调整后的图像。若想了解详细的操作方法，建议观看本书配套的视频教程。

扫码看资源

图17-12

图17-13

17.5 镜头校正

Photoshop中的“镜头校正”滤镜能够有效地修复因数码相机镜头缺陷而导致的多种问题，包括桶形失真、枕形失真、色差以及晕影等。此外，该滤镜还可以用于校正倾斜的照片，并能修复因相机在垂直或水平方向上发生倾斜而产生的图像透视问题。

17.5.1 “镜头校正”对话框

执行“滤镜”→“镜头校正”命令，弹出“镜头校正”对话框，如图17-14所示。

图17-14

“镜头校正”对话框中主要选项含义如下。

※ 移去扭曲工具：使用该工具在图像中拖动，可以校正图像的凸起或凹陷状态。

※ 拉直工具：此工具可用于校正画面的倾斜。

※ 移动网格工具：通过此工具，可以在图像中拖动图像编辑区的网格，使其与图像内容对齐。

※ 几何扭曲：选中此复选框后，系统将根据所选的相机及镜头型号，自动校正桶形或枕形畸变。

※ 色差：选中该复选框后，软件会根据所选的相机及镜头信息，自动校正因镜头产生的紫边、青边、蓝边等颜色杂边现象。

※ 晕影：当选中此复选框时，软件会根据所选相机和镜头的参数，自动校正在照片四周出现的暗角问题。

※ 自动缩放图像：若选中此复选框，则在校正畸变的过程中，软件会自动对图像进行必要的裁切，从而避免图像边缘出现镂空或杂点。

※ 自动缩放图像：选中该复选框后，在校正畸变时，将自动对图像进行裁切，避免边缘出现镂空或杂点。

※ 边缘：此选项用于指定如何处理校正后可能出现的空白区域，提供“边缘扩展”“透明度”“黑色填充”和“白色填充”4种处理方式。

※ 变换：“垂直透视”调整用于校正因相机向上或向下倾斜拍摄而导致的图像透视问题；当设置为-100时，可将图像调整为俯视视角，而设置为100时，则调整为仰视视角；“水平透视”用于调整图像在水平方向上的透视效果；“角度”调整允许旋转图像，以纠正因相机偏斜造成的失真；“比例”选项则用于控制镜头校正的整体比例。

17.5.2 实战：使用“镜头校正”滤镜调整照片视角

本例先通过“镜头校正”滤镜调整图像的视角，接着利用调色命令增加图像的饱和度和明暗度，从而让天空显得更蓝，湖面更加深邃。如图17-15所示为原始图像，而经过“镜头校正”处理后的效果则如图17-16所示。若想了解详细的操作方法，建议观看本书配套的视频教程。

图17-15

图17-16

17.6 模糊滤镜组

模糊滤镜组包括“高斯模糊”“径向模糊”“动感模糊”和“表面模糊”等多种滤镜，它们的主要作用是柔化图像中的像素，并降低相邻像素间的对比度，从而使图像展现出柔和、平滑的过渡效果。接下来，将对几种常用的模糊滤镜进行详尽的介绍。

17.6.1 高斯模糊

“高斯模糊”滤镜可以添加低频细节，使图像产生一种朦胧效果。执行“滤镜”→“模糊”→“高斯模糊”命令，弹出“高斯模糊”对话框，如图17-17所示。

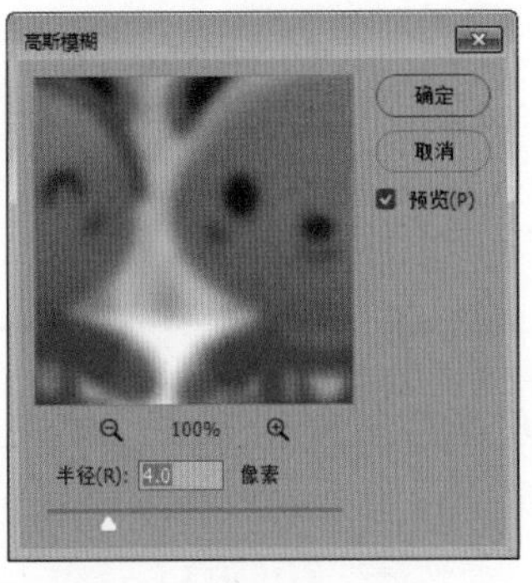

图17-17

17.6.2 实战：使用“高斯模糊”滤镜处理照片

本例使用“高斯模糊”滤镜对如图 17-18 所示的图片背景进行模糊处理，以突出画面中的人物。随后，通过调色命令对图像进行色彩调整。最终完成的图像效果如图 17-19 所示。若想了解详细的操作方法，建议观看本书配套的视频教程。

图17-18

图17-19

17.6.3 径向模糊

“径向模糊”滤镜可以模拟相机快速变焦或旋转时拍摄所产生的模糊效果。执行“滤镜”→“模糊”→“径向模糊”命令，弹出“径向模糊”对话框，如图 17-20 和图 17-21 所示。

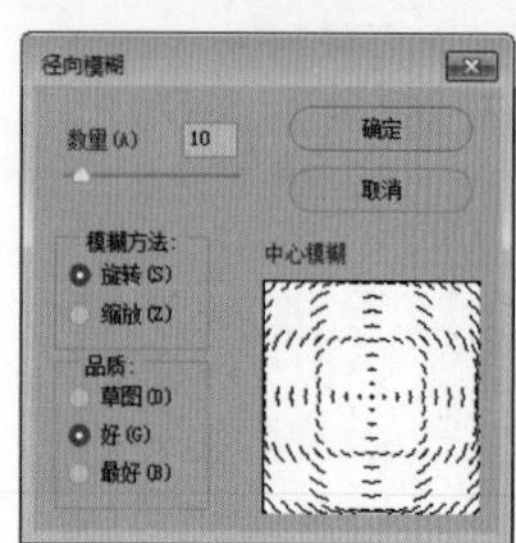

图17-20　　图17-21

其中，“数量”参数用于设置模糊的强度，数值越大，模糊效果越明显。

在“模糊方法”中，有两个选项可供选择。若选中“旋转”单选按钮，图像将沿着同心圆环线进行模糊，并可以通过指定旋转的角度来调整模糊的方向。而如果选中“缩放”单选按钮，图像将沿着径向线进行模糊，从而产生放射状的视觉效果。

17.6.4 实战：使用“径向模糊”滤镜调整图像

扫码看资源

本例通过应用“径向模糊”滤镜为如图 17-22 所示的图片制作光线效果，随后使用调色命令对图片中偏暗的部分进行调整。完成后的最终效果如图 17-23 所示。若想了解详细的操作方法，建议观看本书配套的视频教程。

图17-22

图17-23

17.6.5 动感模糊

“动感模糊”滤镜能够沿指定方向（-360°~360°）并以指定距离（1~999 像素）对图像进行模糊处理，其效果类似在固定曝光时间内拍摄高速运动的物体。图 17-24 展示了原始图像，而图 17-25 为“动感模糊”对话框。经过应用“动感模糊”滤镜后，图像将呈现如图 17-26 所示的效果。

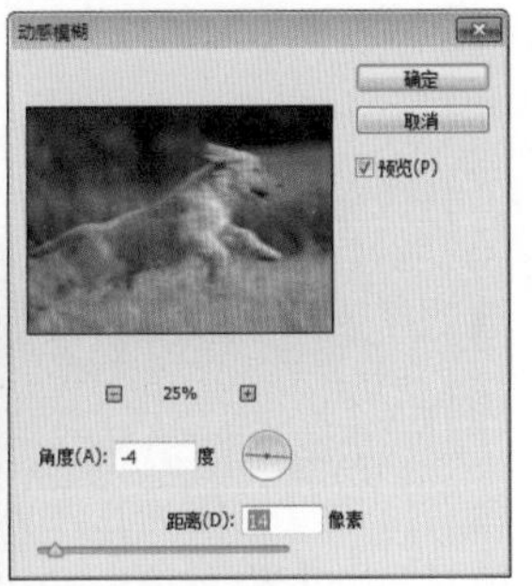

图17-24　　图17-25

图17-26

"动感模糊"对话框中主要选项的含义如下。

※　角度：用来设置模糊的方向。

※　距离：用来设置像素模糊的程度。

17.6.6　实战：使用"动感模糊"滤镜处理图片

本例通过使用"动感模糊"滤镜对图像进行处理，从而使图像产生出高速运动的效果。图17-27为原始图像，而图17-28则展示了添加"动感模糊"效果后的图像。若想了解详细的操作方法，建议观看本书配套的视频教程。

扫码看资源

图17-27　　图17-28

17.6.7　表面模糊

"表面模糊"滤镜能够在模糊图像的同时，保持图像边缘的清晰度，因此常被用于人像照片中，以消除杂色或颗粒、使皮肤看起来更加光滑等。执行"滤镜"→"模糊"→"表面模糊"命令后，将弹出"表面模糊"对话框，如图17-29所示。在该对话框中，"半径"参数用于指定模糊取样区域的大小，而"阈值"参数则用于控制相邻像素的色调值与中心像素值之间的差异达到何种程度时，这些相邻像素才会被纳入模糊处理。具体来说，当相邻像素的色调值与中心像素的色调值之差小于设定的阈值时，这些相邻像素将不会被包括在模糊效果中。图17-30展示了原始图像，而图17-31则显示了应用"表面模糊"效果后的图像。

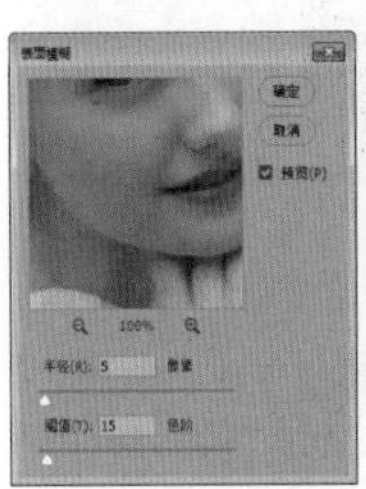

图17-29　　图17-30　　图17-31

"表面模糊"对话框中主要选项的含义如下。

※　半径：此参数用于设置模糊取样区域的大小。

※　阈值：此参数用于控制相邻像素的色调值与中心像素值之间的差异程度，只有当差异达到一定大小时，相邻像素才会被纳入模糊处理。色调值差异小于设定阈值的像素将被排除在模糊效果之外。

17.7　风格化滤镜组

在Photoshop中，风格化滤镜组包括"查找边缘"滤镜、"风"滤镜、"浮雕效果"滤镜、"凸出"滤镜、"油画"滤镜等，可以生产各种绘画或印象派的效果。下面对其中几种滤镜进行详细介绍。

17.7.1　实战：使用"查找边缘"滤镜进行人物速写

"查找边缘"滤镜能够自动检测图像中的主要颜色变化区域，通过提高高反差区域的亮度并降低低反差区域的亮度来强调边缘。在这个过程中，硬边会被转化为线条，而柔边则会变粗，从而自动生成一个清晰的轮廓，有效地突出图像的边缘细节。

扫码看资源

执行“滤镜”→“风格化”→“查找边缘”命令后，系统会自动将图像区域转换成清晰的轮廓。图 17-32 展示了原始图像，而图 17-33 则呈现了添加“查找边缘”效果后的图像。若想了解详细的操作方法，建议观看本书配套的视频教程。

图17-32

图17-33

17.7.2 “风”滤镜

“风”滤镜通过在图像中添加细微的水平线条，能够有效地模拟出风吹过的效果，如图 17-34 和图 17-35 所示。请注意，该滤镜仅在水平方向上产生作用。若希望在其他方向上实现风吹效果，需要先对图像进行旋转操作，随后再应用此滤镜。

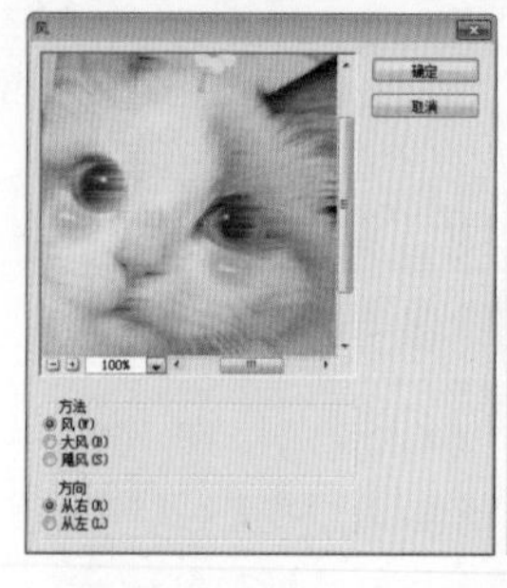

图17-34　图17-35

“风”对话框中主要选项的含义如下。

※ 方法：提供 3 种风力类型供选择，包括“风”“大风”和“飓风”。

※ 方向：此选项允许设置风的方向，即选择风是从左向右吹还是从右向左吹。

17.7.3 “凸出”滤镜

“凸出”滤镜能够将图像分解成一系列大小相同且相互重叠的立方体或锥体，从而创造出独特的三维效果，如图 17-36 和图 17-37 所示。

图17-36

图17-37

“凸出”对话框中主要选项的含义如下。

※ 类型：此选项用于设置图像凸起的方式。若选中“块”单选按钮，则会创建具有一个方形正面和 4 个侧面的对象；而选中“金字塔”单选按钮，则会创建具有相交于一点的 4 个三角形侧面的对象。

※ 大小：该参数用于调整立方体或金字塔底面的尺寸。数值越大，生成的立方体和锥体尺寸也越大。

※ 深度：此选项用于设定凸起对象的高度。若选中“随机”单选按钮，则系统将为每个块或金字塔随机设定一个深度；而选中“基于色阶”单选按钮，则会使每个对象的深度与其亮度相对应，即亮度越高，凸出的程度也越大。

※ 立方体正面：选中此复选框后，图像的整体轮廓将不再显示，生成的立方体上只会呈现单一颜色。

※ 蒙版不完整块：选中此复选框可以隐藏所有超出选区范围的对象，效果如图 17-38 所示。

图17-38

17.7.4 “油画”滤镜

“油画”滤镜能够迅速为图像增添油画般的艺术效果。打开一张图像后，执行“滤镜”→“油画”命令，便会弹出“油画”对话框，如图17-39所示。

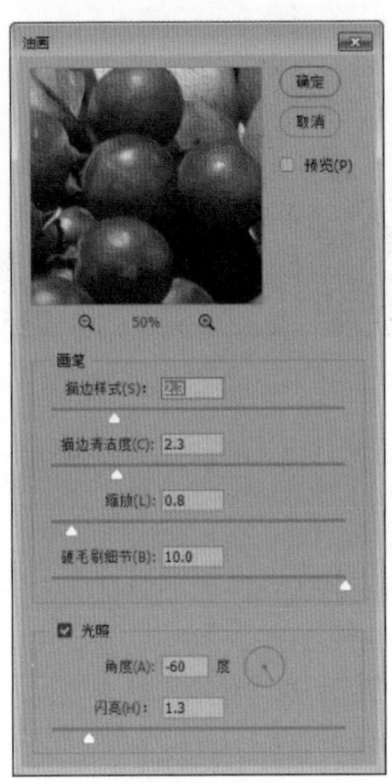

图17-39

“油画”对话框中主要选项的含义如下。

※ 描边样式：该参数用于调整笔触的样式，从而改变油画效果的外观。

※ 描边清洁度：该参数用于设置纹理的柔化程度，影响油画中笔触的清晰度和融合度。

※ 缩放：通过调整该参数可以对纹理进行缩放，调整油画效果的细腻程度或粗糙感。

※ 硬毛刷细节：此参数用于设置画笔细节的丰富程度。数值越大，毛刷纹理越清晰，细节表现越丰富。

※ 角度：此参数用于设置光线的照射角度，影响油画中光影的分布和表现。

※ 闪亮：通过增大此参数值，可以增强纹理的清晰度，产生类似锐化的效果，使油画更加鲜明和立体。

17.7.5 实战：使用“油画”滤镜模拟风景油画

本例通过使用“油画”滤镜，能够快速将如图17-40所示的普通风景照片模拟出油画效果。首先，通过调整滤镜的各项参数，使画面呈现基本的油画质感。随后，再运用调色命令对画面的颜色进行细致的调节，以达到更为理想的艺术效果。最终完成的油画效果如图17-41所示。若想了解详细的操作方法，建议观看本书配套的视频教程。

图17-40

图17-41

17.8 扭曲滤镜组

扭曲滤镜组包含多种效果，如“波浪”滤镜、“波纹”滤镜、“极坐标”滤镜、“球面化”滤镜、“切变”滤镜以及“纹理化”滤镜等。这些滤镜通过为图像创造三维或其他形体效果来实现几何变形，从而制作出三维或其他扭曲视觉效果。接下来，将对其中几种滤镜进行详细阐述。

17.8.1 “极坐标”滤镜

“极坐标”滤镜具有将图像从平面坐标转换为极坐标，或者从极坐标转换为平面坐标的功能。通过该滤镜，可以轻松创建出18世纪流行的曲面扭曲效果。执行“滤镜”→“扭曲”→“极坐标”命令，弹出“极坐标”对话框，如图17-42所示。

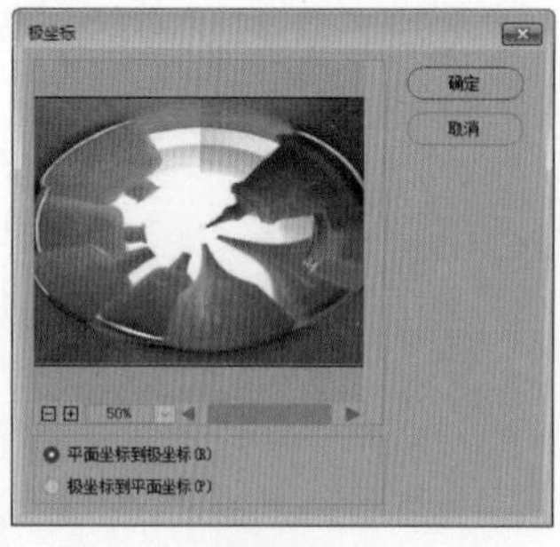

图17-42

“极坐标”对话框中主要选项的含义如下。

※ 平面坐标到极坐标：选中该单选按钮，使矩形图像变为圆形图像，如图 17-43 所示。

※ 极坐标到平面坐标：选中该单选按钮，使圆形图像变为矩形图像，如图 17-44 所示。

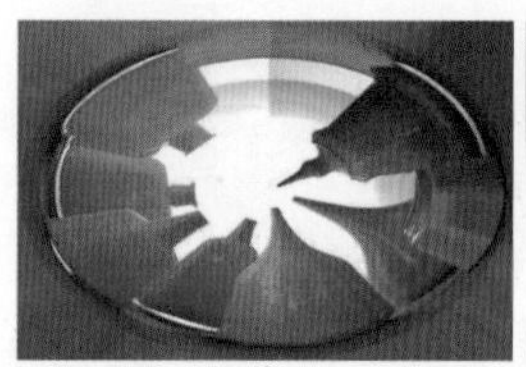

图17-43

图17-44

17.8.2 “切变”滤镜

“切变”滤镜是一种高度灵活的滤镜，它允许用户根据自己的需求，通过设定特定的曲线来扭曲和变形图像。用户可以通过拖曳对话框中的曲线来实时预览并应用相应的扭曲效果。图 17-45 展示了原始图像，执行“滤镜”→“扭曲”→“切变”命令时，会弹出如图 17-46 所示的“切变”对话框。

扫码看资源

图17-45

图17-46

“切变”对话框中主要选项的含义如下。

※ 曲线调整框：通过调整曲线的弧度来精准控制图像的变形效果，从而创造出丰富多样的视觉效果。如图 17-47 和图 17-48 所示，不同的曲线设置会导致图像产生截然不同的形变。

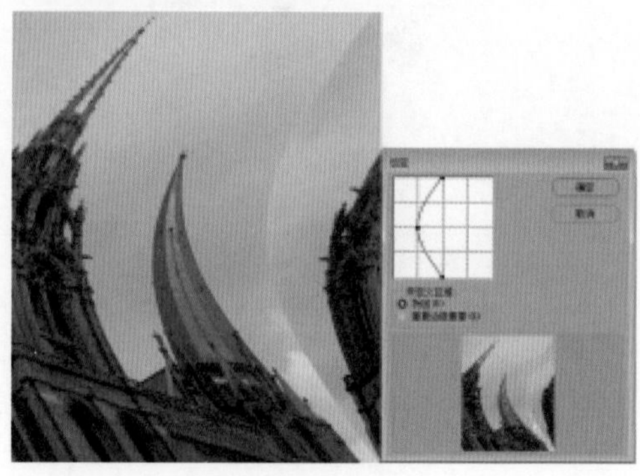

图17-47

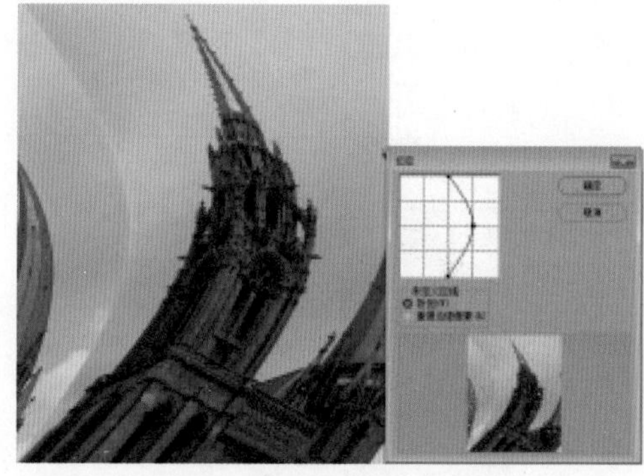

图17-48

※ 折回：选中该单选按钮会在图像的空白区域填充那些原本溢出图像边界的内容，确保图像内容的连贯性和完整性，如图 17-49 所示。

※ 重复边缘像素：当图像边界出现不完整或空白区域时，选中该单选按钮会复制并填充扭曲边缘的像素颜色，以弥补这些空白，效果如图 17-50 所示。这样可以避免图像边缘出现突兀的空白，使整体视觉效果更加自然和谐。

图17-49

图17-50

17.8.3 实战：使用“切变”滤镜制作风景绘画

本例通过使用“切变”滤镜对如图 17-51 所示的河流照片进行了变形处理，调整了河流的弯曲度，赋予了画面更多的动态感。随后，通过应用“绘画涂抹”滤镜，为图像增添了独特的艺术效果，使整个画面更具创意和视觉冲击力。最终完成的效果如图 17-52 所示。若想了解详细的操作方法，建议观看本书配套的视频教程。

图17-51

图17-52

17.8.4 “波纹”与“波浪”滤镜

“波纹”滤镜与“波浪”滤镜在功能上相似，但“波纹”滤镜主要侧重于控制波纹的数量和大小。当执行“滤镜”→“扭曲”→“波纹”命令时，会弹出如图 17-53 所示的“波纹”对话框。通过该对话框，可以方便地调整波纹的参数，以达到期望的视觉效果。图 17-54 展示了应用“波纹”滤镜后的效果。

图17-53

图17-54

“波纹”对话框中主要选项的含义如下。

※ 数量：用于设置产生波纹的数量。

※ 大小：用于设置所产生的波纹大小。

17.8.5 实战：使用“波纹与锐化”滤镜制作城市倒影

本实例通过使用“波纹”滤镜，为如图 17-55 所示的图片制作出了逼真的倒影波光效果。随后，通过执行“锐化”命令，进一步提升了图像的清晰度，使整体画面更加细腻且富有层次感。最终完成的图像效果如图 17-56 所示，呈现一种独特而引人入胜的视觉效果。若想了解详细的操作方法，建议观看本书配套的视频教程。

图17-55

图17-56

17.8.6 “纹理化”滤镜

扫码看资源

“纹理化”滤镜功能强大，能够生成多种多样的纹理，为图像增添丰富的质感。要使用这个滤镜，可以执行“滤镜”→“滤镜库”命令，弹出“滤镜库”对话框，并从中选择“纹理化”选项，如图 17-57 所示。通过这个滤镜，可以将选定的纹理应用于图像，从而创造出独特而富有艺术感的视觉效果。

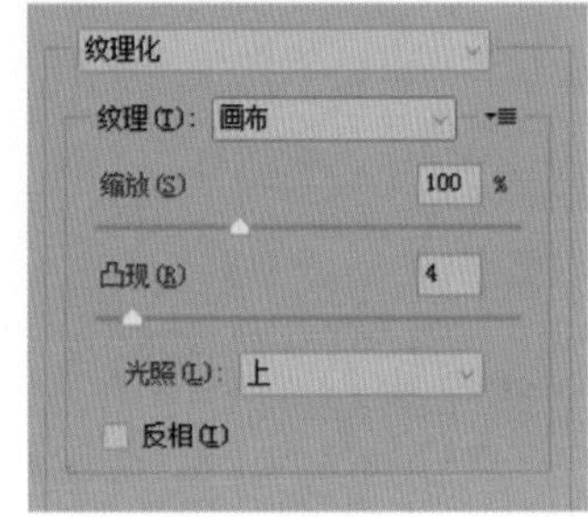

图17-57

“纹理化”对话框中主要选项的含义如下。

※ 纹理：此下拉列表用于选择所需应用的纹理类型。

※ 缩放：通过此参数，可以调整纹理的缩放比例，以适应图像的大小和构图需求。

※ 凸现：此参数用于调整纹理的凹凸程度，从而增加或减少纹理的立体感和深度。

※ 光照：在此下拉列表中，可以选择光线照射的方向，以营造不同的光影效果。

※ 反相：选中该复选框，可以反转光线照射的方向，为图像带来截然不同的视觉效果。

17.8.7 实战：使用“纹理化”滤镜制作拼缀效果

本例通过使用“纹理化”滤镜，为画面制作了独特的拼缀效果。创作过程中，将混合模式改为“线性加深”，以调整图像的饱和度，使其色彩更加丰富和深沉。接着，利用蒙版精细地擦除了人物身上的拼缀效果，保留了人物的原始质感。最后，通过添加英文装饰元素，进一步提升了画面的艺术感和设计感。如图17-58所示为原始图像，而经过“纹理化”滤镜处理后的效果则如图17-59所示，展现了独特的拼缀艺术风格。若想了解详细的操作方法，建议观看本书配套的视频教程。

图17-58

图17-59

17.9 模糊画廊

“模糊画廊”滤镜组包括“场景模糊”“光圈模糊”“移轴模糊”“路径模糊”“旋转模糊”5种滤镜，可以通过直观的图像控制，快速创建出风格独特的摄影效果。

17.9.1 场景模糊

“场景模糊”滤镜可以对指定区域进行模糊处理，通过控制点来设置模糊的区域和范围。以下为添加“场景模糊”滤镜的具体操作步骤。

扫码看资源

01 启动Photoshop 2024后，执行“文件”→“打开”命令，打开图片素材，如图17-60所示。

图17-60

02 执行“滤镜”→“模糊画廊”→“场景模糊”命令，打开“模糊工具”面板，在画面中间位置单击添加一个模糊点，在“模糊工具”面板中设置“模糊”值为0像素，即该点不进行模糊处理，如图17-61所示。

图17-61

03 继续在周围添加模糊点，在“模糊工具”面板中设置“模糊”值分别为15像素和10像素，如图17-62 所示。单击“确定”按钮，效果如图17-63所示。

图17-62

图17-63

17.9.2 光圈模糊

所谓“光圈模糊”，即模拟光圈大小所产生的浅景深模糊效果，旨在突出画面主体。以下为添加“光圈模糊”滤镜的具体操作步骤。

扫码看资源

01 启动Photoshop 2024后，按快捷键Ctrl+O打开图片素材，如图17-64所示。

图17-64

02 执行“滤镜”→“模糊画廊”→“光圈模糊”命令，打开“模糊工具”面板，如图17-65所示。

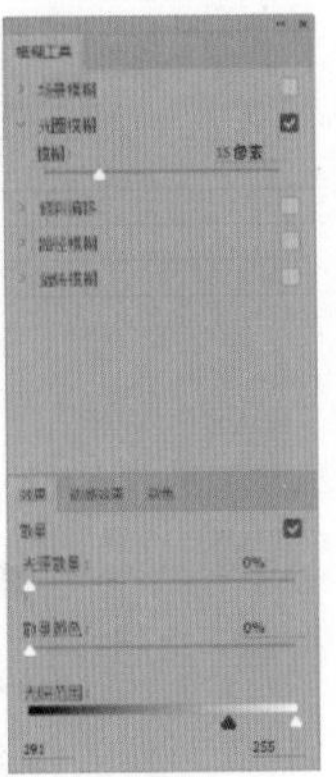

图17-65

03 在图像上自动生成一个光圈模糊圈，如图17-66所示，拖动模糊光圈内的白色小圆，可以调整模糊范围，如图17-67所示。

图17-66

图17-67

04 拖动模糊光圈线上的小圆可以旋转缩放模糊光圈，如图17-68所示；往外拖动模糊光圈线上的小方形，可以调整模糊光圈的方向，如图17-69所示。

图17-68

图17-69

05 在“模糊效果”面板中设置“光源散景”值为75%，如图17-70所示；设置“散景颜色”值为75%，如图17-71所示。

图17-70

图17-71

06 在“模糊效果”面板中设置“光源范围”值，图像效果如图17-72所示。按Enter键或单击选项栏中的“确定”按钮，确定模糊效果，如图17-73所示。

图17-72

图17-73

17.9.3 移轴模糊

“移轴模糊”滤镜通过移动或旋转不同的轴线，可以获得不同的模糊效果。“移轴模糊”只能通过偏移来对特定区域进行模糊处理，而不适用于具体对象。以下为添加“移轴模糊”滤镜的具体操作步骤。

01 启动Photoshop 2024后，按快捷键Ctrl+O打开图片素材，如图17-74所示。

02 执行“滤镜”→“模糊画廊”→“移轴模糊”命令，打开“模糊工具”面板，设置“模糊”值为15像素，效果如图17-75所示。

图17-74

图17-75

03 将鼠标指针移至画面的小白点处，出现旋转箭头时，可以对模糊效果进行旋转，如图17-76所示。

04 将鼠标指针移至白线处，出现双向箭头时，单击并拖动鼠标指针可以偏移模糊效果，如图17-77所示。

图17-76

图17-77

05 按Enter键确定设置，效果如图17-78所示。

图17-78

17.9.4 路径模糊

“路径模糊”滤镜通过设定路径来得到不同的模糊范围，并可以编辑模糊路径以显示和控制每个终点的模糊效果。以下为添加“路径模糊”滤镜的具体操作步骤。

扫码看资源

01 启动Photoshop 2024后，按快捷键Ctrl+O打开图片素材，如图17-79所示。

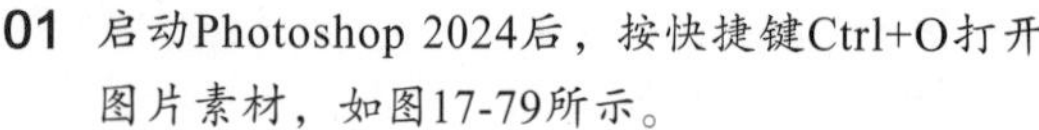

02 执行“滤镜”→“模糊画廊”→“路径模糊”命令，打开“模糊工具”面板，图像上会出现蓝色的箭头，如图17-80所示。

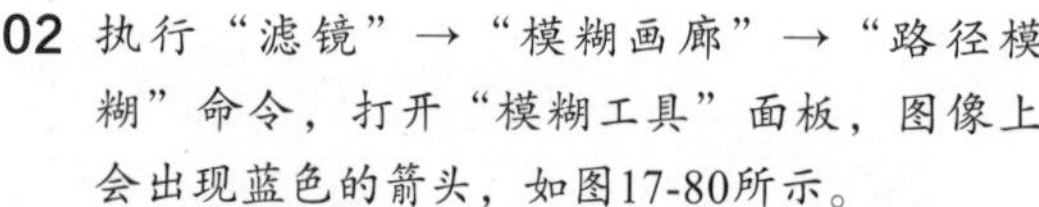

图17-79　　图17-80

03 将鼠标指针放置在路径箭头上的白色圆点上，拖动鼠标指针即可重新定义路径范围，如图17-81 所示。

图17-81

04 在“模糊工具”面板上设置“终点速度”值，如图17-82所示，画面中蓝色路径上会出现一条红色的速度路径，如图17-83所示。

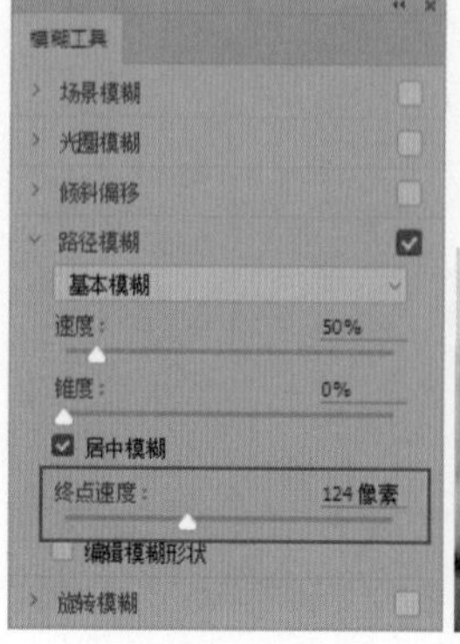

图17-82　　图17-83

05 选中“编辑模糊形状”复选框，此时图像路径上出现可编辑的锚点，如图17-84 所示。

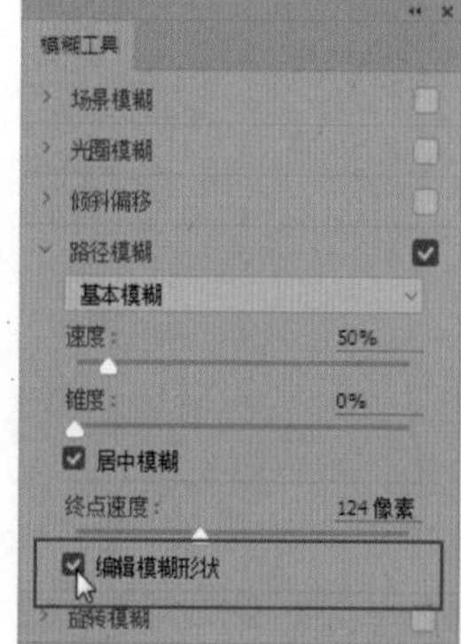

图17-84

06 将鼠标指针放置在锚点上，可像操作“钢笔工具”一样编辑锚点位置，如图17-85所示。

图17-85

07 按Enter键确认设置，得到如图17-86所示的图像效果。

图17-86

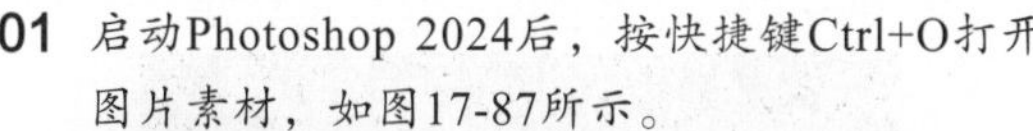

17.9.5 旋转模糊

“旋转模糊”滤镜允许对指定区域进行旋转式的模糊处理，用户可以通过设置控制点来调整模糊的区域和程度。以下为添加“旋转模糊”滤镜的具体操作步骤。

扫码看资源

01 启动Photoshop 2024后，按快捷键Ctrl+O打开图片素材，如图17-87所示。

图17-87

02 执行“滤镜”→“模糊画廊”→“旋转模糊”命令，打开“模糊工具”面板，在该面板中设置“模糊角度”值为0像素，即该点不进行模糊处理，如图17-88所示。

图17-88

03 在右上角的岩石上单击，添加模糊点，设置“模糊角度”值为15°，如图17-89所示。

图17-89

04 将鼠标指针放在模糊旋转框内的白色小点上，向内拖动可设置模糊的区域范围，如图17-90所示。向外拖动只能拖至旋转框上，不能拖至旋转框外。

图17-90

05 拖动模糊光圈线上的小圆可以旋转缩放模糊光圈，如图17-91所示。拖动旋转模糊的中心点边的弧形小圆可以设置模糊的角度，如图17-92所示。按Enter键确认设置。

图17-91

图17-92

17.10 “渲染”滤镜组

“渲染”滤镜组包括“火焰”滤镜、“分层云彩”滤镜、“光照效果”滤镜等，这些滤镜可以创建出特殊效果，为图像增添三维立体感、云彩效果或光照效果，还能模拟镜头的折射和反射效果。

17.10.1 “光照效果”滤镜

“光照效果”滤镜是一个功能强大的滤镜，专门用于制作灯光效果。它涵盖了 17 种光照样式和 3 种光源，能在 RGB 图像上创造出无数种光照效果。此外，它还可以利用灰度文件的纹理来产生类似 3D 的视觉效果。

17.10.2 实战：云彩渲染

扫码看资源

“云彩”滤镜可以利用前景色与背景色之间的随机值，生成柔和的云彩图案。在本例中，将通过“云彩”滤镜为天空增添云彩效果，并利用“滤色”混合模式来消除背景。最后，使用“快速选择工具” 框选出人物范围，并删除覆盖在人物上方的云彩部分，从而完成云彩渲染的制作。如图 17-93 所示为原始图像，而图 17-94 则展示了应用“云彩”滤镜后的效果。若想了解详细的操作方法，建议观看本书配套的视频教程。

图17-93

图17-94

17.11 “杂色”滤镜组

“杂色”滤镜组包括“减少杂色”滤镜、“添加杂色”滤镜、“蒙尘与划痕”滤镜、“去斑”滤镜以及“中间值”滤镜。这些滤镜能够增加或消除图像中的杂色，或者添加一些随机分布的色阶像素，从而创造出独特的图像纹理和视觉效果。接下来，将对其中几种滤镜进行详细阐述。

17.11.1 “减少杂色”滤镜

“减少杂色”滤镜在去除使用数码相机拍摄的照片中的杂色方面非常有效。图像的杂色通常表现为随机的、与图像内容无关的像素点，这些像素点并不构成图像的细节部分。“减少杂色”滤镜能够在保留图像边缘的同时，基于对整个图像或各个通道的设置来有效减少杂色。如图 17-95 所示为原图，图 17-96 展示了“减少杂色”对话框，而图 17-97 则呈现了应用滤镜后减少杂色的图像效果。

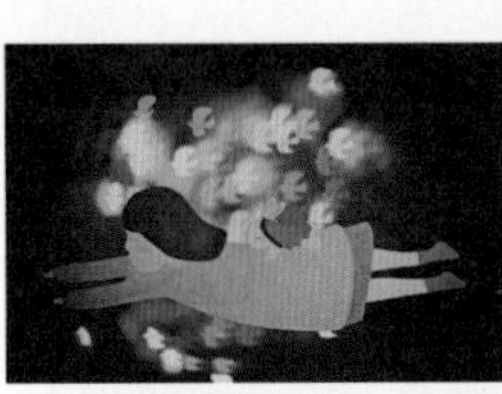

图17-95

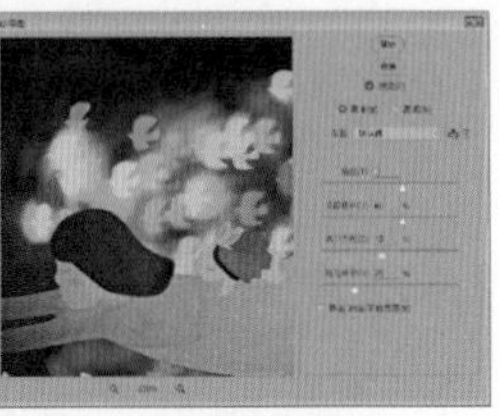

图17-96

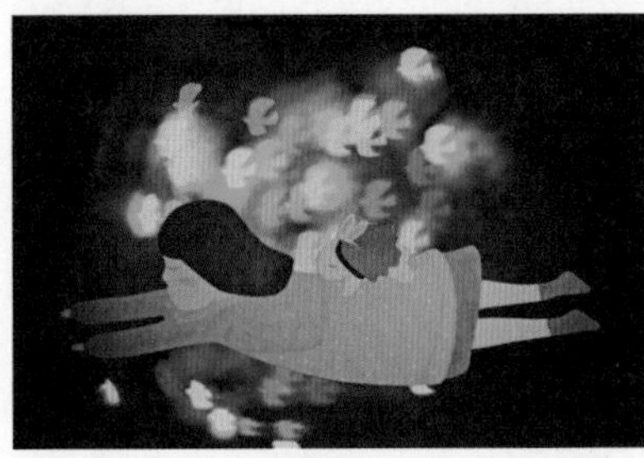

图17-97

“添加杂色”滤镜能将随机的像素应用于图像，从而模拟在高速胶片摄影中所产生的颗粒效果。此外，该滤镜还可以用来减少羽化选区或渐变填充中出现的条纹现象，如图 17-98~ 图 17-100 所示。

图17-98

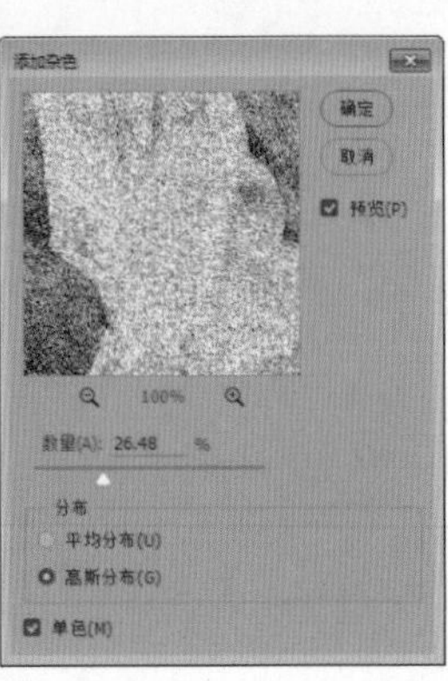

图17-99

图17-100

“添加杂色”对话框中主要选项的含义如下。

※ 数量：用于设置添加的杂色数量。

※ 分布：确定杂色的分布方式。若选中“平均分布”单选按钮，则会在图像中随机加入杂点，产生较为柔和的效果；若选中“高斯分布”单选按钮，杂点会按照钟形曲线的方式分布，效果更为强烈。

※ 单色：选中此复选框后，杂点将仅影响原始像素的亮度，而不会改变像素的颜色。

17.11.2 实战：制作照片杂色

在本例中，将通过应用“添加杂色”滤镜为如图 17-101 所示的图片增添一层杂色效果，随后利用“叠加”混合模式来提升画面的饱和度。这样，就能够简单地完成照片杂色的制作，最终效果如图 17-102 所示。若想了解详细的操作方法，建议观看本书配套的视频教程。

图17-101

图17-102

17.12 “高反差保留”滤镜

“高反差保留”滤镜能够按照指定的半径，在颜色变化强烈的区域保留边缘细节，同时隐藏图像的其余部分。此滤镜在从扫描图像中提取艺术线条和大块的黑白区域时特别有用。

17.13 综合实战

17.13.1 实战：结合“高反差保留”和“计算”滤镜进行磨皮

在本例中，将选择“蓝色”通道，并通过应用“高反差保留”滤镜来提取图像的边缘信息。接着，执行“图像”→“计算”命令对图像进行加深处理，以进一步强化边缘。之后，在 Alpha 通道中，将提取选区的黑灰区域。最后，通过执行“曲线”命令提亮这些选区部分，从而达到磨皮的效果。如图 17-103 所示为原始图像，而经过上述处理后的磨皮效果则如图 17-104 所示。若想了解详细的操作方法，建议观看本书配套的视频教程。

图17-103

图17-104

17.13.2 实战：模糊类型抠图

本例主要使用“钢笔工具”对画笔进行抠图操作。由于抠取出的图像边缘可能显得生硬，因此使用“高斯模糊”滤镜对其边缘进行调整，以还原原图中画笔的模糊效果。如图 17-105 所示为原始图像，而经过抠图和高斯模糊处理后的效果则如图 17-106 所示。

图17-105

图17-106

17.13.3　实战：修复暗角照片

扫码看资源

本实例首先执行“滤镜”→“镜头校正”命令，通过调整相关参数来快速修复图像的暗角问题。然后，使用“曝光度”命令对图像的亮度和暗度进行调整。如图 17-107 所示为原始图像，而经过上述处理后的图像则如图 17-108 所示。若想了解详细的操作方法，建议观看本书配套的视频教程。

图17-107

图17-108

17.13.4　实战：修复杂乱背景照片

扫码看资源

本例通过背景虚化来突出人物，以减少图像的杂乱感。首先，选择“快速选择工具” 来选取人物，并进行反选。接着，执行“滤镜”→“模糊”→“高斯模糊”命令，对背景进行模糊处理。如图 17-109 所示为原图像，而图 17-110 则展示了修改后的图像。

图17-109

图17-110

17.13.5　实战：调整图片清晰度

扫码看资源

本实例首先将图像调整为“线性光”混合模式，然后执行“滤镜”→“其他”→“高反差保留”命令，并适当调整参数。接下来，应用“减少杂色”滤镜以去除人物面部的杂点，从而完成图像清晰度的调整。如图 17-111 所示为原图像，而图 17-112 则展示了修改后的图像。若想了解详细的操作方法，建议观看本书配套的视频教程。

图17-111

图17-112

17.13.6 实战：水彩及铅笔画效果

首先，对如图 17-113 所示的人物素材图像执行“反相”命令，然后将图层模式改为“颜色减淡”。接着，应用“高斯模糊”滤镜并调节参数，以达到水彩效果。最后，使用“色阶”工具调整图像的明暗度，效果如图 17-114 所示。为了制作铅笔画效果，在此基础上执行“黑白”命令，接着添加“滤镜库”→“风格化”→“照亮边缘”滤镜。完成后执行“反相”命令，并将图层模式设为“正片叠底”。最后，通过“纹理化”滤镜调节画面效果，如图 17-115 所示。若想了解详细的操作方法，建议观看本书配套的视频教程。

图17-113　　图17-114　　图17-115

17.13.7 实战：人物大头漫画效果

扫码看资源

首先，对人物进行抠图处理，然后使用“钢笔工具”精细抠取人物面部。接下来，按快捷键 Ctrl+T 放大头部，再应用“液化”滤镜对人物进行变形调整。之后，利用“减少杂色”滤镜对面部进行磨皮处理，以提升肤质。为了进一步增强图像清晰度，使用“高反差保留”滤镜并使用“可选颜色”工具调节衣服颜色，最后应用“外发光”效果，为人物边缘制作发光效果。如图 17-116 所示为原始图像，而经过上述调整后，效果如图 17-117 所示。若想了解详细的操作方法，建议观看本书配套的视频教程。

图17-116

图17-117

17.13.8 实战：墨池荷香

本例主要练习了多种调整命令与滤镜效果的组合应用。首先，利用“阴影 / 高光”和“黑白”命令调整图像色调，接着通过“色彩范围”和“反相”命令处理背景颜色，生成艺术化效果。随后，应用“画笔描边”和“纹理化”滤镜，丰富图像细节。最后，添加文字并调节色阶及照片滤镜，叠加绿色背景，完成整体设计。最终效果如图 17-118 所示。若想了解详细的操作方法，建议观看本书配套的视频教程。

图17-118

第18章

AI时代：智能绘图

利用 Photoshop 2024 中的 AI 绘图工具，可以轻松实现智能绘图，从而在极短的时间内达到预期效果，同时避免烦琐的操作。本章将详细介绍这些工具的使用方法。

18.1 Camera Raw 滤镜

作为一款功能强大的 RAW 图像编辑工具，Adobe Camera Raw 不仅能处理 Raw 文件，还能对 JPG 文件进行处理。该工具主要针对数码照片进行修饰和调色编辑，能够在不损坏原片的前提下，实现批量、高效、专业且快速的照片处理。

18.1.1 Camera Raw 工作界面

在 Photoshop 中，当打开一张 RAW 格式的照片时，会自动启动 Camera Raw。对于其他格式的图像，需要手动执行“滤镜”→“Camera Raw 滤镜”命令来打开 Camera Raw。Camera Raw 的工作界面设计得简洁而实用，如图 18-1 所示。

图18-1

如果是直接在 Camera Raw 中打开的文件，在完成参数调整后，单击“打开对象”按钮，如图 18-2 所示，即可在 Photoshop 中打开该文件。而如果是通过执行“滤镜”→“Camera Raw 滤镜”命令打开的文件，则需要在界面的右下角单击“确定”按钮以完成操作。

图18-2

在数码单反相机的照片存储设置中，可以选择JPG或RAW格式。值得注意的是，即使在拍摄时选择了RAW格式，最终生成的文件后缀名并不一定是.raw。例如，佳能数码相机拍摄的RAW文件后缀名就是.CR2，如图18-3所示。实际上.raw并非特指某种图像格式的后缀名。更确切地说，RAW并不直接代表图像文件，而是一个包含照片原始数据的数据包。我们可以将其理解为，在照片转换为可见图像之前所保留的一系列数据信息。

图18-3

18.1.2 Camera Raw 工具栏

在 Camera Raw 工作界面右侧的工具栏中，提供了多个常用工具，这些工具主要用于对画面的局部进行处理。为了方便查看和使用这些工具，可以对工具栏进行旋转，旋转后的效果如图 18-4 所示。

图18-4

18.1.3 图像调整选项卡

在 Camera Raw 的工作界面右侧，汇集了大量的图像调整控件。这些控件被划分为多个组别，并以选项卡的形式在界面中清晰展示。不同于常见的文字标签式选项卡，这里的选项卡是以按钮形式呈现的。用户只需单击相应的按钮，即可轻松切换到对应的选项卡，如图 18-5 所示。

图18-5

图像调整控件具体说明如下。

※ 亮：用来调整图像的曝光、对比度等。

※ 颜色：用于调整图像的白平衡。

※ 效果：可以为图像添加或去除杂色，还可以为图像制作晕影暗角特效。

※ 曲线：用于调节图像的亮度、阴影等。

※ 混色器：允许对颜色的色相、饱和度、明度等进行设置。

※ 颜色分级：能够分别对中间调区域、高光区域和阴影区域进行色相和饱和度的调整。

※ 细节：用于锐化图像与减少杂色。

※ 光学：旨在去除因镜头原因导致的图像缺陷，例如扭曲、晕影、紫边等。

※ 镜头校正：用于调整图像的镜头畸变量和焦距范围，以及可视化深度。

※ 几何：用于校正图像的透视效果。

※ 校准：由于不同相机具有自己的颜色和色调调整设置，拍摄出的照片颜色可能会存在些许偏差。在“校准”选项卡中，可以对这些色偏问题进行校正。

18.2 Camera Raw 滤镜中的预设功能

Camera Raw 中的预设功能提供了丰富的图

像编辑工具，可以利用这些工具一键完成编辑操作，并即时预览编辑效果。

18.2.1 实战：自适应人像预设功能

利用自适应人像预设功能，可以迅速为图像添加各种效果，例如增强人像的立体感、美白牙齿、加深眉毛颜色、增强衣服的色彩等。在完成这些调整后，只需再对图像的明暗进行微调，添加适量的颗粒感和晕影效果，即可完成整个操作过程，具体的操作步骤如下。

扫码看资源

01 启动Photoshop 2024，按快捷键Ctrl+O，打开相关素材中的“微笑的小女孩.jpg”文件，效果如图18-6所示。

图18-6

02 在“图层”面板中选择“背景”图层，双击将其转换为普通图层。在图层上右击，在弹出的快捷菜单中选择“转换为智能对象”选项。

03 执行“滤镜”→“Camera Raw滤镜”命令，弹出对话框。单击右侧工具栏中的“预设”按钮，在“预设”列表中展开“自适应：人像”列表。

04 在列表中选择“增强人像”选项，此时弹出对话框，显示正在更新AI设置，如图18-7所示。稍等片刻，对话框关闭后完成应用效果的操作。

图18-7

05 在列表中选中“使眉毛变暗”选项，并在“随样性-使眉毛变暗”选项中将滑块向右移动，或者直接在文本框中输入200，在窗口中观察眉毛变暗的效果，如图18-8所示。

图18-8

06 在列表中选中“顺滑头发”选项，并向右移动滑块，如图18-9所示。

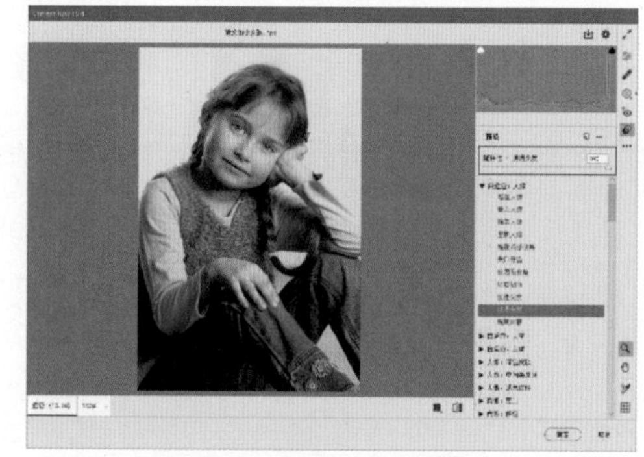

图18-9

07 选中“增强衣服”选项，效果与参数设置如图18-10所示。

图18-10

08 选择列表右侧的矩形滑块，向下拖动，展开“颜色”列表，在其中选择“自然”选项，在“颜色-自然”选项中设置参数，如图18-11所示。

图18-11

09 展开“颗粒”列表，选中“中”选项，并在“颗粒-中”文本框中设置参数，如图18-12所示。

图18-12

10 展开“曲线”列表，选择“反冲”选项，在“曲线-反冲”文本框中设置参数，如图18-13所示。

图18-13

11 在“晕影”列表中选择“中”选项，“晕影-中”选项中的参数保持不变，如图18-14所示。

图18-14

12 单击“确定”按钮关闭对话框，观察最终的效果，如图18-15所示。

图18-15

18.2.2 实战：自适应天空

Camera Raw中的“自适应：天空”样式可以智能地调整天空，让我们能够创造性地改变其显示效果。例如，为天空添加“夕阳余晖”效果，如图18-16所示。此外，通过调整“预设”选项下的相关参数，可以轻松地增强或减弱这种效果。若想了解详细的操作方法，建议观看本书配套的视频教程。

扫码看资源

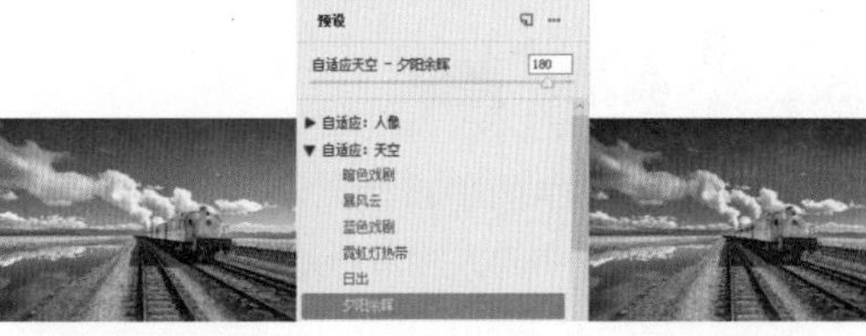

图18-16

18.2.3　实战：自适应主体

Camera Raw 中的“自适应：主体”样式，能够有针对性地调整图像中的人物。通过这个功能，可以为人物设置各种显示样式，例如“流行”样式、“暖色流行”样式以及“柔和”样式等。在图 18-17 中，选择“鲜亮”样式，并将参数调整为 200，从而使人物在场景中更加突出。若想了解详细的操作方法，建议观看本书配套的视频教程。

图18-17

18.2.4　实战：人像

扫码看资源

Camera Raw 中的“人像”样式提供了“深色皮肤”“中间色皮肤”和“浅色皮肤”这几种样式选项，以便为人像添加不同的肤色效果。在应用这些样式后，为了适应人像的肤色变化，人像背景也会相应地联动修改，从而使整体效果更加自然。如图 18-18 所示，是应用了“中间色皮肤”样式后的效果。若想了解详细的操作方法，建议观看本书配套的视频教程。

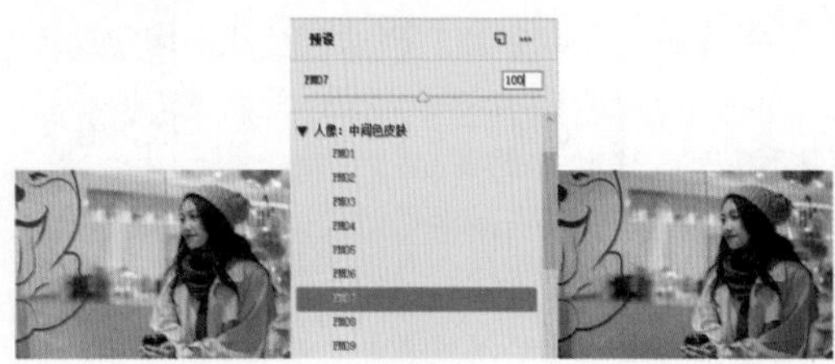

图18-18

18.2.5　实战：肖像

扫码看资源

Camera Raw 中的“肖像”样式能够自动选择场景中的人物进行修饰。在“预设”列表中，该功能提供了“黑白”“群组”和“鲜明”3 种样式。此外，每种样式列表中又包含了若干不同的效果选项，以便对人像进行更为细致的调整。如图 18-19 所示，是为人像应用了“黑白”样式后的效果。若想了解详细的操作方法，建议观看本书配套的视频教程。

图18-19

18.2.6　实战：风格

Camera Raw 中的“风格”样式用于调整图像的显示风格，提供了“电影”“复古”和“未来”3 种风格。当为图像添加“电影”风格时，其显示效果如图 18-20 所示。若想了解详细的操作方法，建议观看本书配套的视频教程。

图18-20

18.2.7　实战：季节

扫码看资源

Camera Raw 中的“季节”样式可以快速转换图像的季节，提供了“春季”“夏季”“秋季”“冬季”4 个季节样式。如图 18-21 所示，是应用了“秋季”样式后图像的显示效果。若想了解详细的操作方法，建议观看本书配套的视频教程。

图18-21

18.2.8 实战：视频创意

Camera Raw 的“视频创意”样式，可以为画面增添多种独特效果。当展开“视频：创意”列表并选择其中一种效果时，可以即时观察到应用该效果后的结果，如图 18-22 所示。若想了解详细的操作方法，建议观看本书配套的视频教程。

扫码看资源

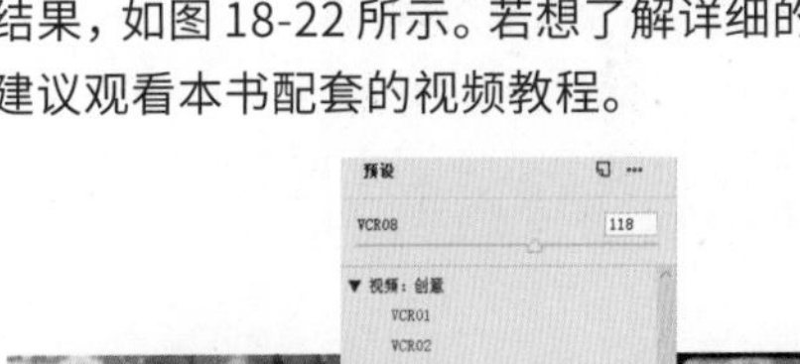

图18-22

18.2.9 实战：样式

Camera Raw 中的“样式”样式，可以营造出与原图像截然不同的画面效果。该功能提供了“电影感 II”和“黑 & 白”两种样式。当选择“黑 & 白”样式时，图像将以黑、白、灰 3 种颜色呈现。通过调整滑块的位置或输入特定参数，用户可以获得如图 18-23 所示的独特显示效果。若想了解详细的操作方法，建议观看本书配套的视频教程。

扫码看资源

图18-23

18.2.10 实战：主题预设

Camera Raw 中提供了 6 种主题样式，包括“城市建筑”“风景”“旅行”“旅行 II”“生活方式”和“食物”。这些主题样式允许用户根据不同的图像内容，添加相应的预设风格，从而省去了烦琐的参数设置步骤，快速获得所需效果。当用户展开“主题：城市建筑”列表并选择其中一种样式时，可以为城市建筑图像快速更换显示效果，如图 18-24 所示。若想了解详细的操作方法，建议观看本书配套的视频教程。

扫码看资源

图18-24

展开“主题：食物”列表，选择列表中的最后一个样式，可以有效提升食物图像的饱和度和对比度，效果如图 18-25 所示。由于篇幅有限，无法在此一一展示其他主题样式的应用效果，建议自行操作并观察应用不同样式后图像的变化。

图18-25

18.2.11 实战：演唱会

Camera Raw 中的“主体：演唱会”样式，可以为画面营造出演唱会的现场氛围，如图 18-26 所示。该功能提供了多种样式，包括冷色调和暖色调，以满足不同场景和氛围的需求。若想了解详细的操作方法，建议观看本书配套的视频教程。

扫码看资源

图18-26

18.2.12 实战：复古

本例首先在Camera Raw中添加“自动：复古”样式，然后调整图像的颜色和亮度，最后添加晕影效果，从而为画面营造出复古风格，具体的操作步骤如下。

01 启动Photoshop 2024，按快捷键Ctrl+O，打开相关素材中的“佳人.jpg”文件，效果如图18-27所示。

图18-27

02 在“图层”面板中选择“背景”图层，双击将其转换为普通图层。在图层上右击，在弹出的快捷菜单中选择“转换为智能对象”选项。

03 执行“滤镜”→“Camera Raw滤镜”命令，弹出对话框。单击右侧工具栏中的“预设”按钮，在“预设”列表中展开“自动：复古”列表。在列表中选择一种样式，画面效果如图18-28所示。

图18-28

04 展开“颜色”列表，选择“高对比度和细节”选项，设置参数值为98，如图18-29所示。

05 展开“曲线”列表，选择“反冲”选项，设置参数值为122，效果如图18-30所示。

06 展开“晕影”列表，选择“较多”选项，参数保持默认值不变，为图像添加晕影的效果，如图18-31所示。

图18-29

图18-30

图18-31

07 单击“确定”按钮关闭对话框，最终效果如图18-32所示。

图18-32

18.3 创成式填充

创成式填充，可以在已有对象的基础上进行各种改动，例如更改和扩充背景、添加或删除元素，以及快速变更服装风格等智能化操作。

18.3.1 实战：扩充背景

利用“创成式填充”工具，可以扩充图像的背景，使图像的视野更加开阔，具体的操作步骤如下。

扫码看资源

01 启动Photoshop 2024，按快捷键Ctrl+O，打开相关素材中的“书.jpg”文件，效果如图18-33所示。

02 选择“裁剪工具”，将鼠标指针放置在裁剪框的右侧，按住鼠标左键并向左拖动，增加画布的宽度，如图18-34所示。

图18-33

图18-34

03 选择“矩形选框工具”，在图像的左侧绘制选框，根据需要框选一部分图像内容，如图18-35所示。

图18-35

04 在工具栏中单击“创成式填充”按钮，如图18-36所示。

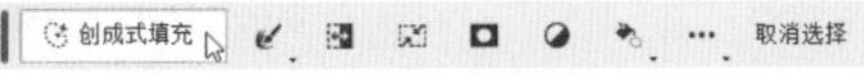

图18-36

05 不输入任何内容，直接单击“生成”按钮，稍等片刻，即可将背景扩充至指定区域，如图18-37所示。

图18-37

06 如果不满意当前的填充效果，可以在“属性”面板中选择其他样式，如图18-38所示。

07 利用“裁剪工具”，增加画布高度，绘制矩形选框，如图18-39所示。

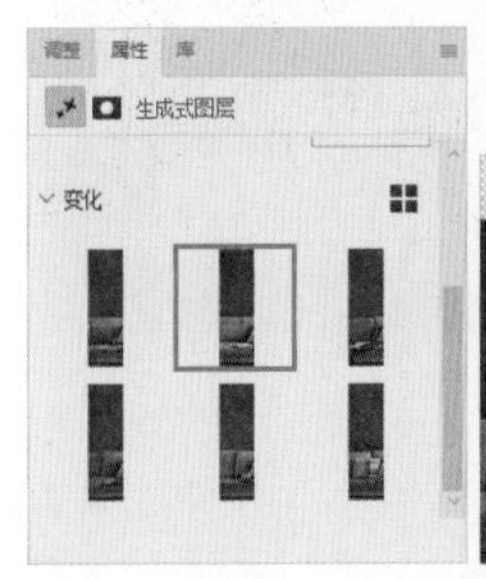

图18-38

图18-39

08 在工具栏中依次单击“创成式填充”和“生成”按钮，扩充天空背景，如图18-40所示。

09 使用“裁剪工具”和“矩形选框工具”，向右增加画布宽度，并指定填充区域，如图18-41所示。

图18-40

图18-41

10 扩充图像右侧背景，效果如图18-42所示。在“图层”面板中，显示3个生成式图层，记录填充历史，如图18-43所示。

图18-42

图18-43

18.3.2　实战：快速换装

本实例首先在图像上创建选区，然后在工具栏中输入中文描述填充内容，系统即可按照提示文字执行生成操作，具体的操作步骤如下。

01 启动Photoshop 2024，按快捷键Ctrl+O，打开相关素材中的“女大学生.jpg”文件，效果如图18-44所示。

02 选择“多边形套索”工具，在图像上创建选区，指定填充范围，如图18-45所示。

图18-44

图18-45

03 在工具栏中单击“创成式填充”按钮，接着输入“黄色的连衣裙”，单击“生成”按钮即可，如图18-46所示。稍等片刻，查看生成结果，如图18-47所示。

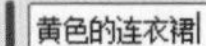

图18-46

图18-47

04 如果对填充结果不满意，在“属性”面板中选择任意一种生成结果，单击右上角的“生成”按钮，系统会再次执行生成操作，显示3款连衣裙供用户选择。可以多次执行生成操作，在得到的结果中择优选取，如图18-48所示。

05 选择合适的结果，按快捷键Ctrl+D取消选区，效果如图18-49所示。

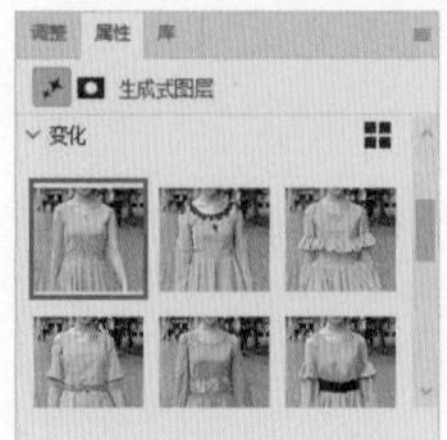

图18-48

图18-49

18.3.3　实战：替换背景

本实例首先选择图像背景，执行“创成式填充”操作，可以更换背景。输入关键词，如场景类型、构成元素、时间等，系统会按照设定生成背景，具体的操作步骤如下。

01 启动Photoshop 2024，按快捷键Ctrl+O，打开相关素材中的“友好的柯基犬.jpg”文件，效果如图18-50所示。

02 单击工具栏中的“选择主体”按钮，稍等片刻，选择图像中的小狗，如图18-51所示。

图18-50

图18-51

03 按快捷键Ctrl+Shift+I，反选选区，此时选择背景区域，如图18-52所示。

图18-52

04 在工具栏中单击“创成式填充”按钮，接着输入“繁华的街道”，如图18-53所示。

繁华的街道　…　取消　生成

图18-53

05 单击“生成”按钮，在“属性”面板中选择适用的背景，如图18-54所示。更换背景的效果如图18-55所示。

图18-54　　图18-55

06 输入其他关键词，如输入“宠物房间，地上有玩具”，选择合适的场景，替换结果如图18-56所示。

图18-56

18.4 Neural Filters

Neural Filters 包含了诸如“皮肤平滑度”滤镜、“智能肖像”滤镜、“妆容迁移”滤镜等多种类型的滤镜。本节将详细介绍如何利用这些滤镜来编辑图像的具体操作方法。

18.4.1 实战：皮肤平滑度

选择“皮肤平滑度”滤镜，可以有效去除皮肤上的疤痕或痘印，使肌肤恢复平滑与光泽。但请注意，滤镜虽然功能强大，却并非万能。它可以减轻疤痕与痘印的视觉影响，但无法完全还原皮肤至原始无瑕状态。为了达到最佳效果，可能需要结合其他编辑工具来进一步优化皮肤呈现，具体的操作步骤如下。

01 启动Photoshop 2024，按快捷键Ctrl+O，打开相关素材中的“苦恼的女孩.jpg”文件，效果如图18-57所示。

02 双击背景图层，使之转换为普通图层。选择图层并右击，在弹出的快捷菜单中选择“转换为智能对象”选项。

03 执行“滤镜”→Neural Filters命令，如图18-58所示。

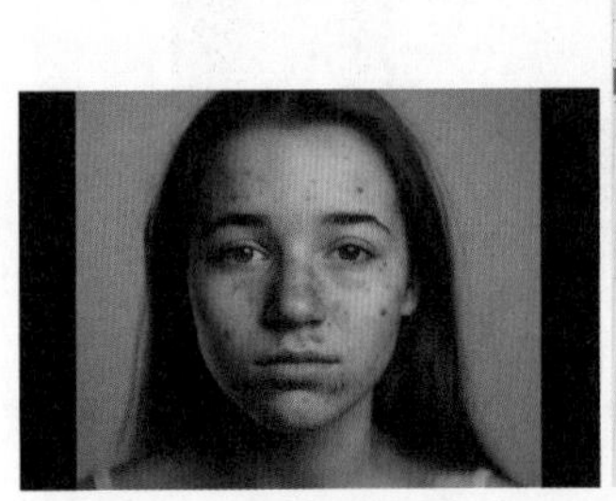
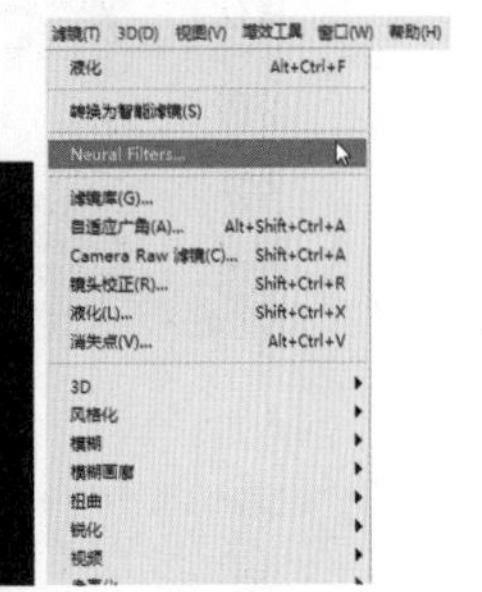

图18-57　　图18-58

04 进入Neural Filters界面，在“所有筛选器”列表中选择“皮肤平滑度”选项。将右侧的“模糊”“平滑度”滑块移至右侧，在“输出”列表中选择“智能滤镜”选项，如图18-59所示。

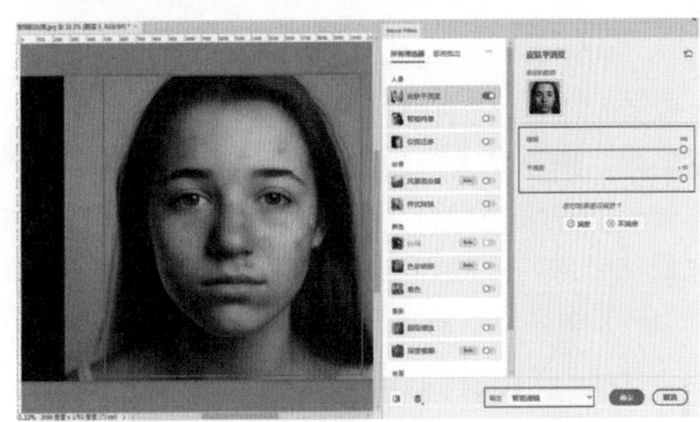

图18-59

05 单击“确定”按钮，观察调整结果，如图18-60所示，可以看到疤痕和痘印对于皮肤的影响已经减轻。

06 在工具箱中选择“污点修复画笔工具”，调整合适的画笔大小，将鼠标指针放置在痘印处，如图18-61所示，单击即可消除痘印。

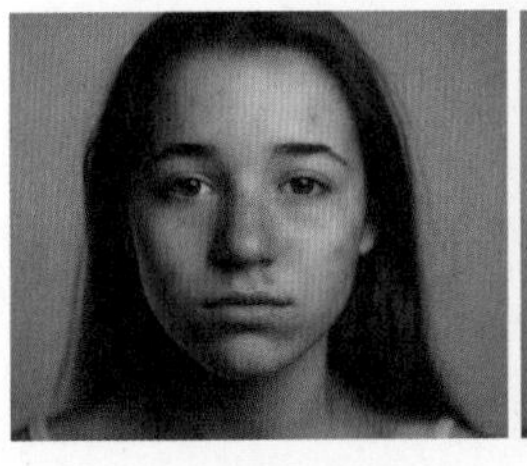
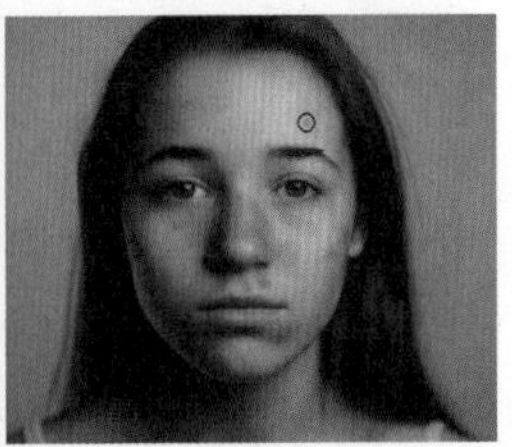

图18-60　　图18-61

07 经过“污点修复画笔工具”对皮肤的修复后，疤痕与痘印进一步被淡化，结果如图18-62所示。

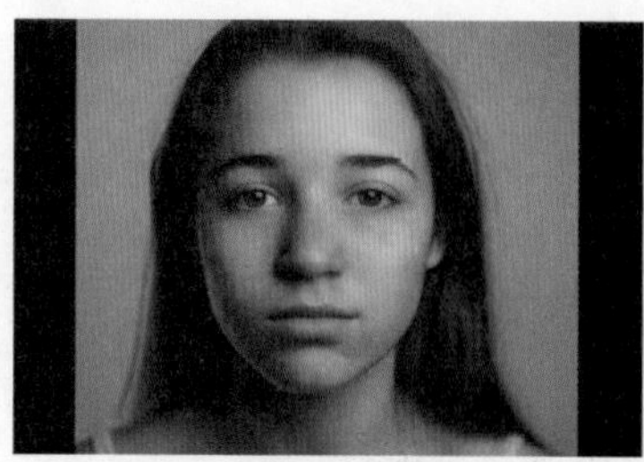

图18-62

> **提示**
>
> “污点修复画笔工具”并不能完全抹除所有的疤痕与痘印。在使用过程中，需要特别注意避免在皮肤表面造成失真感，确保保留皮肤原有的质感与光泽。

18.4.2 实战：智能肖像

“智能肖像”滤镜，可以通过为人物添加细节，如调整表情、年龄、发型等，来改变人物的面貌。在选择图像时，建议尽量选择正面人像进行处理，以确保最佳效果。处理过程中若出现错误，可返回默认值并重新调整，直至找到最合适的数值。

扫码看资源

打开一张图像，执行“滤镜”→Neural Filters命令。在“所有筛选器”列表中选择“智能肖像”，然后在右侧界面中通过输入参数或直接拖动滑块来进行调整，系统将自动进行相应处理，如图18-63所示。

图18-63

操作前后人像对比效果如图18-64所示。较之先前较为伤心的状态，表情显得和缓温柔了许多。

图18-64

18.4.3 实战：妆容迁移

“妆容迁移”滤镜，可以将一张图像中眼部和嘴部的妆容迁移到另一张图像上。然而，在操作过程中可能会出现妆容错位的情况。这时，可以尝试更换参考对象或者重新进行操作以解决问题，具体的操作步骤如下。

扫码看资源

01 打开素材图像，将其转换为智能对象，执行“滤镜”→Neural Filters命令。在“所有筛选器”列表中选择“妆容迁移”选项，在“参考图像”列表中选择“从计算机中选择图像”选项，如图18-65所示。

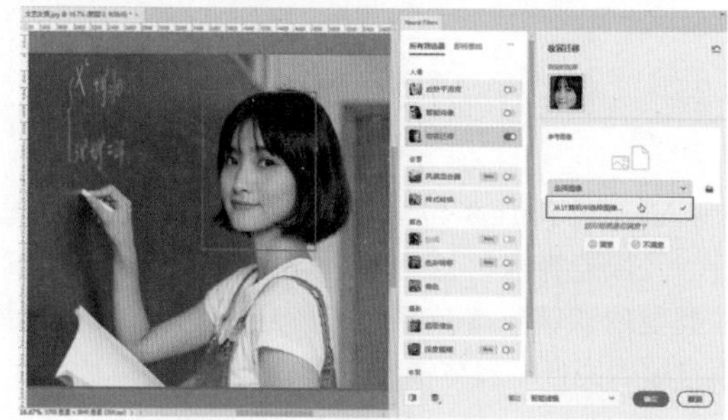

图18-65

02 等待系统自动迁移，稍后可以在左侧的窗口预览操作结果，如图18-66所示。选择“输出”类型为“智能对象”。

图18-66

03 单击“确定”按钮结束操作。对比妆容迁移的结果，如图18-67所示，参考图像中的红唇妆容被迁移至素材图像。

图18-67

18.4.4 实战：风景混合器

选择风景混合器，可以将当前图像与另一个图像进行混合，或者通过改变时间、季节等属性，实现景观的神奇变换，具体的操作步骤如下。

扫码看资源

01 打开素材图像，执行“滤镜”→Neural Filters命令，在“所有筛选器”列表中选择“风景混合器”。在右侧的界面中单击“自定义”按钮，在“选择图像”列表中选择一张已经打开的图像，如图18-68所示。或者选择“从计算机中选择图像”选项，选择已存储的图像。

图18-68

02 系统根据指定的图像执行混合操作，在左侧的窗口中预览结果，如图18-69所示。选择“输出”为“智能滤镜”。

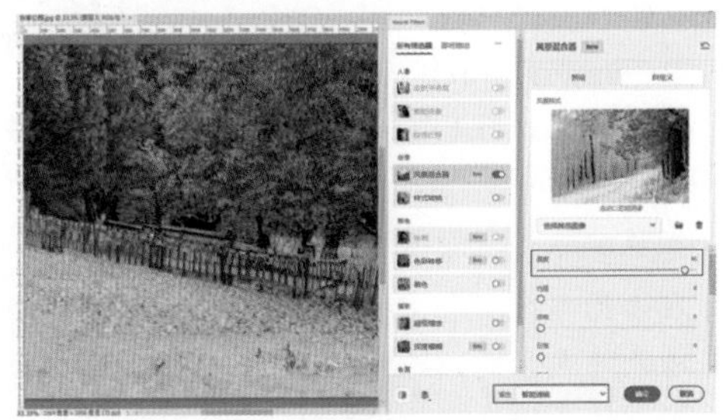

图18-69

03 单击“确定”按钮，图像混合前后的对比效果如图18-70和图18-71所示。

图18-70

图18-71

18.4.5 实战：样式转换

执行样式转换操作，可以将参考图像的纹理、颜色和风格转移到目标图像上，或者为目标图像应用特定艺术家的风格，具体的操作步骤如下。

扫码看资源

01 打开素材图像，执行“滤镜”→Neural Filters命令，在“所有筛选器”列表中选择“样式转换”。在右侧的界面中选择一张参考图像，选择“输出”为“智能滤镜”，如图18-72所示。

图18-72

02 单击“确定”按钮退出操作。样式转换前后的图像对比效果如图18-73所示。

图18-73

18.4.6 实战：协调

执行协调操作，系统可以自动调整两个图层的亮度、对比度等属性，使它们完美融合，形成和谐的复合效果，具体的操作步骤如下。

01 启动Photoshop 2024，按快捷键Ctrl+O，打开相关素材中的“汉服美女.png”和“园林.jpg”文件，如图18-74所示。将这两个图像文件都放置在一个文档里，此时会产生两个图层。

图18-74

02 执行“滤镜”→Neural Filters命令，在“所有筛选器”列表中选择“协调”选项，在“参考图像”下选择“图层0”，如图18-75所示。选择“输出”为“新图层”，单击“确定”按钮退出操作。

图18-75

03 添加“曲线”调整图层，参数设置如图18-76所示，调整图像的亮度与对比度，最终结果如图18-77所示。

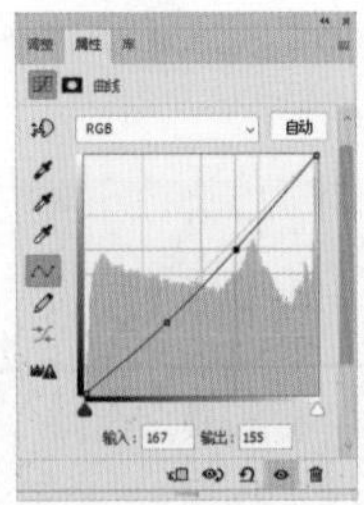

图18-76

图18-77

18.4.7 实战：色彩转移

执行色彩转移操作，可以创造性地将一张图像的调色板转移到另一张图像上。通过调整明亮度、颜色强度以及饱和度等属性，可以进一步编辑图像的色彩，从而控制最终的显示效果，具体的操作步骤如下。

01 打开素材图像，执行“滤镜”→Neural Filters命令，在“所有筛选器”列表中选择“色彩转移”选项。在右侧的界面中选择一张参考图像，选择“输出”为“新图层”，如图18-78所示。

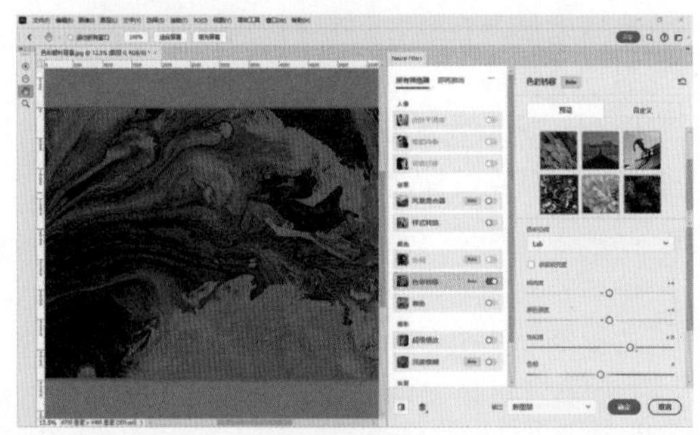

图18-78

02 单击“确定”按钮退出操作，色彩转移前后的图像对比效果如图18-79所示。

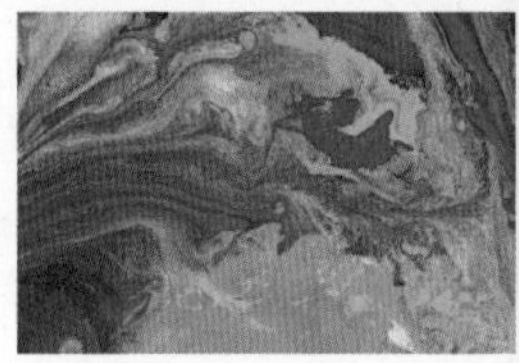
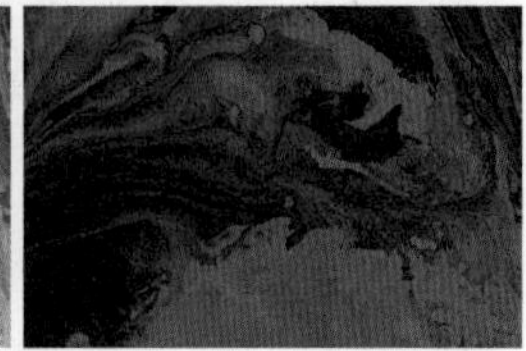

图18-79

18.4.8 实战：着色

执行着色操作，可以为黑白照片上色，具体的操作步骤如下。

01 打开素材图像，执行“滤镜”→Neural Filters命令，在“所有筛选器”列表中选择“着色”选项。系统将自动为照片赋予颜色，如图18-80所示。

02 在右侧的界面中，“配置文件”列表提供多种着色模式，默认选择“无”。调整属性参数，如“轮廓强度”“饱和度”等，可以重定义着色效果，在预览窗口中实时查看效果。

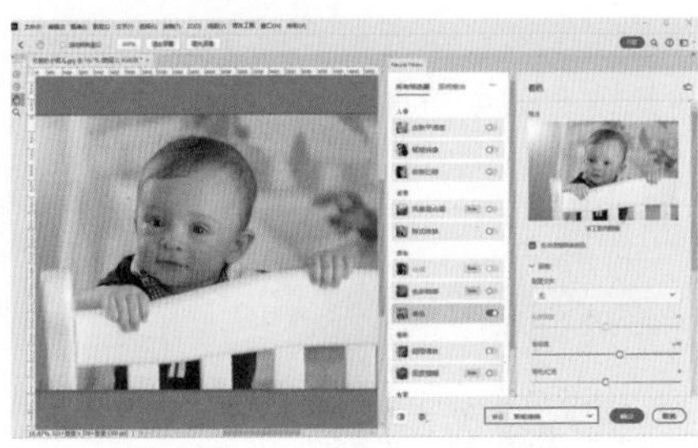

图18-80

03 选择“输出”为“智能滤镜”，单击“确定”按钮结束操作。观察上色前后照片的对比效果，如图18-81所示。

图18-81

18.4.9 实战：超级缩放

执行超级缩放操作，可以放大并裁剪图像。之后，利用Photoshop添加细节，以弥补因放大而导致的图像分辨率损失，具体的操作步骤如下。

扫码看资源

01 打开素材图像，执行“滤镜”→Neural Filters命令，在“所有筛选器”列表中选择“超级缩放”选项。单击右侧界面中的“放大镜”按钮🔍，将图像放大一倍。系统进入处理模式，在左下角显示处理进程及所需时间，如图18-82所示。

图18-82

02 在“输出”中选择“新文档”，单击“确定”按钮结束操作。超级缩放前后图像的对比效果如图18-83所示。可以看到放大图像后细节仍然完好。

图18-83

18.4.10 实战：深度模糊

执行深度模糊操作，可以在图像中创造出环境深度感，从而凸显前景或背景对象，具体的操作步骤如下。

扫码看资源

01 打开素材图像，执行“滤镜”→Neural Filters命令，在“所有筛选器”列表中选择“深度模糊”选项。在右侧的界面中选中“焦点主体”复选框，调整“模糊强度”参数，选择“输出”为“智能滤镜”，如图18-84所示。

图18-84

02 单击“确定”按钮结束操作。深度模糊前后的图像对比效果如图18-85所示。草原背景被虚化，更加凸显奔腾斑马的主体性。

图18-85

18.4.11 实战：转移JPEG伪影

压缩照片后，照片可能会出现噪点、锯齿以及不规则的杂光，这些问题会影响照片的整体效果。通过执行

扫码看资源

"移除照片伪影"操作，可以有效减轻这些伪影对照片造成的不良影响，从而提升照片的质感。

具体操作步骤为：打开一张图片，然后执行"滤镜"→ Neural Filters 命令。在"所有筛选器"列表中选择"移除照片伪影"选项。接着，在右侧界面中选择"强度"类型，例如选择"高"选项，此时系统会自动进行处理。最后，在输出选项中选择"新图层"，如图 18-86 所示。这样一来，就可以得到一张去除了伪影、质感更佳的照片。

图18-86

移除照片伪影前后的图像对比效果如图 18-87 所示。需要特别注意的是，执行"移除照片伪影"操作时，会占用大量的系统内存。如果计算机配置较低或同时运行了多款应用软件，可能会导致系统崩溃的情况发生。因此，在进行此项操作时，请确保计算机配置足够且尽可能关闭其他不必要的软件。

图18-87

18.4.12 实战：照片恢复

执行照片恢复操作，可以利用 AI 的强大功能，快速恢复旧照片的质量。通过提高对比度、增强细节以及消除划痕等操作，使旧照片焕然一新，具体的操作步骤如下。

扫码看资源

01 打开素材图像，执行"滤镜"→Neural Filters 命令，在"所有筛选器"列表中选择"照片恢复"选项。在右侧界面中拖动滑块，调整参数，系统自动进行处理，选择"输出"为"智能滤镜"，如图18-88所示。

图18-88

02 单击"确定"按钮结束操作。照片恢复前后的图像对比效果如图18-89所示。背景以及人物皮肤上的划痕减弱了许多。

图18-89

18.5 综合实战

18.5.1 实战：过中秋

扫码看资源

执行"创成式填充"操作，可以为餐桌添加各种物品，例如茶壶、茶杯和水果盘等。此外，如果桌子空间不足，还可以通过扩展图像背景来增加餐桌的宽度，从而营造出更加宽敞的场景，具体的操作步骤如下。

01 启动Photoshop 2024，按快捷键Ctrl+O，打开相关素材中的"餐桌.jpg"文件，如图18-90所示。

02 选择“矩形选框工具”⬚，绘制矩形选框指定填充区域，如图18-91所示。

图18-90

图18-91

03 在工具栏中单击“创成式填充”按钮，输入“中国茶壶”，如图18-92所示。单击“生成”按钮，等待系统生成填充结果。

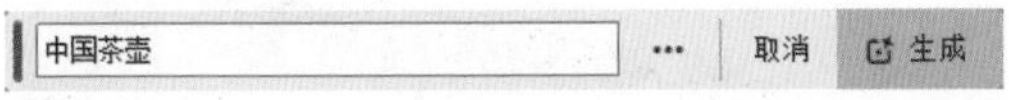

中国茶壶 ··· 取消 生成

图18-92

04 在“属性”面板中选择最合适的填充结果，如图18-93所示。

图18-93

05 添加茶壶后的餐桌如图18-94所示。选择“矩形选框工具”⬚，绘制矩形选框指定填充区域，如图18-95所示。

图18-94

图18-95

06 在工具栏中输入“茶杯”，如图18-96所示。

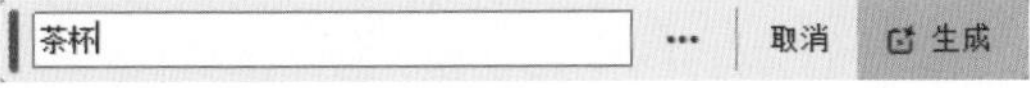

图18-96

07 单击“生成”按钮，生成茶杯的效果如图18-97所示。

图18-97

08 选择“矩形选框工具”⬚，绘制矩形选框指定填充区域，如图18-98所示。

09 在工具栏中输入“茶杯”，单击“生成”按钮，生成茶杯的效果如图18-99所示。

图18-98

图18-99

10 选择“裁剪工具”⌗，向左拖动裁剪框，扩展画布宽度，如图18-100所示。

11 选择“矩形选框工具”⬚，在图像的右侧绘制矩形选框，框选一部分背景内容，如图18-101所示。

图18-100

图18-101

12 在工具栏中单击“创成式填充”和“生成”按钮，等待系统填充背景，如图18-102所示。填充结果如图18-103所示。

图18-102

图18-103

13 使用“矩形选框工具”，在桌子的左侧绘制选框，如图18-104所示。

图18-104

14 在工具栏中输入“水果盘”，如图18-105所示。单击“生成”按钮，稍等片刻即可完成填充。

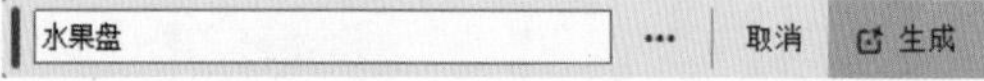

图18-105

15 在“属性”面板中选择合适的果盘，如图18-106所示。最终结果如图18-107所示。

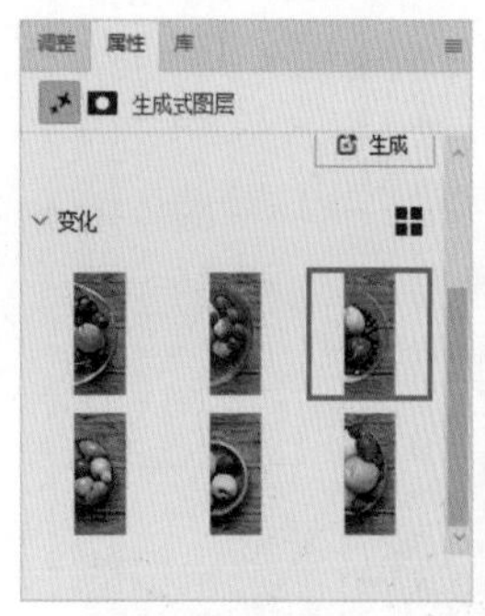

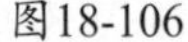

图18-106　图18-107

18.5.2 实战：调整照片白平衡

本实例主要运用白平衡进行调色，这种方法可以快速调整偏色照片。具体操作为：执行“滤镜”→“Camera Raw 滤镜”命令，然后选择“白平衡工具”，在图像中的蓝色部分单击进行调整。如图 18-108 所示为原图像，而经过调整后的图像则如图 18-109 所示。若想了解详细的操作方法，建议观看本书配套的视频教程。

图18-108

图18-109